机械制造基础

主编　温秉权

北京理工大学出版社
BEIJING INSTITUTE OF TECHNOLOGY PRESS

图书在版编目（CIP）数据

机械制造基础 / 温秉权主编. —北京：北京理工大学出版社，2016.10（2021.9重印）
ISBN 978-7-5682-3223-4

Ⅰ. ①机… Ⅱ. ①温… Ⅲ. ①机械制造–教材 Ⅳ. ①TH

中国版本图书馆 CIP 数据核字（2016）第 243513 号

出版发行 /	北京理工大学出版社有限责任公司	
社　　址 /	北京市海淀区中关村南大街 5 号	
邮　　编 /	100081	
电　　话 /	（010）68914775（总编室）	
	（010）82562903（教材售后服务热线）	
	（010）68948351（其他图书服务热线）	
网　　址 /	http://www.bitpress.com.cn	
经　　销 /	全国各地新华书店	
印　　刷 /	北京虎彩文化传播有限公司	
开　　本 /	787 毫米×1092 毫米　1/16	
印　　张 /	16	责任编辑 / 孟雯雯
字　　数 /	372 千字	文案编辑 / 多海鹏
版　　次 /	2016 年 10 月第 1 版　2021 年 9 月第 4 次印刷	责任校对 / 周瑞红
定　　价 /	39.00 元	责任印制 / 王美丽

编 审 人 员

主　编　　温秉权

副主编　　许爱芬　谢　霞　钱继锋

主　审　　贾巨民

前言

  本书根据军事交通学院最新的人才培养方案和课程改革要求进行编写,主要用作军事装卸工程和车辆运用工程两个专业"机械制造基础"课程的配套教材,也可作为高等院校工程类各专业的通用教材。

  遵循理论与实践相结合、理论够用及突出应用的编写原则,本书阐述了工程材料及机械制造的基本理论,着重介绍了常用工程材料的性能特点及应用、常用机械制造工艺方法的特点及应用,并注意体现最新学科发展动态,将新材料、新工艺、新技术等充实到教材中。

  参加本书编写的人员有:温秉权、王晓燕、贾继红、任莹、徐柳、谢坤、陈小,编写绪论、第一章、第二章和第六章;许爱芬、刘占东、马超,编写第四章和第八章;谢霞、钱继锋、赵蓉、张健、张晓丽,编写第三章、第五章和第七章。

  本书由温秉权任主编,许爱芬、谢霞、钱继锋为副主编。本书由贾巨民主审。

  本书在编写过程中参考了大量国内同类教材,并得到了有关专家教授与领导的大力支持和帮助,在此一并致谢。

  由于水平所限,书中的缺点和不当之处在所难免,恳请读者批评指正。

编　者

目 录
CONTENTS

绪　论

人类文明与社会的发展，归根到底是生产力的发展。材料的不断发现和应用，以及制造技术与工艺的推陈出新，是生产力发展的巨大推动力。机械制造业的技术水平和现代化程度，是生产力发展水平最直接的体现。

机械是由许多零件组成的，要使机械从设计图纸变成实物，需要经过零件的制造、装配，以及零件装配后的试验等过程。"机械制造基础"就是研究机械零件的常用材料和加工方法，即从选择材料、制造毛坯、直到加工出零件的综合性课程。通过对本课程的学习，学生可获得常用工程材料及零件加工工艺的知识，培养工艺分析的初步能力，为专业课程的学习奠定必要的基础。

一、材料的发展及其分类

（一）材料及材料科学的发展

材料是人们用来制造各种有用器件的物质。材料和人类社会的关系极为密切，它是人类赖以生存和生活的物质基础。人类所用材料的创新和进步大大推动了社会生产力的发展，它标志着历史发展和人类文明的进程。人类文明的发展史，实际上就是一部学习利用材料、制造材料、创新材料的历史。大约在 25 000 年前，人类学会了使用第一种工具材料——石器；公元前 8 000 年，人类第一次有意识地创造发明了自然界并没有的新材料——陶器；公元前2140—公元前 1711 年，人类炼出了第一种金属材料——铜；公元前 770—公元前 475 年，人类发明了生铁冶铸技术；1 800 多年前，我国掌握了两步炼钢法技术——先炼铁再炼钢，并一直沿用至今；今天，随着高纯度、大直径的硅单晶体而发展起来的集成电路的研制成功，出现了先进的计算机和电子设备。正因为如此，历史学家根据制造生产工具的材料，将人类生活的时代划分为石器时代、青铜器时代和铁器时代。当今，人类在发展高性能金属材料的同时，也在迅速发展和应用高性能的非金属材料，并逐渐跨入人工合成材料的新时代。

然而，长期以来，人们对材料本质的认识是表面的、肤浅的，每种材料的发现、制造和使用过程都要靠工艺匠人的经验，如听声音、看火候或者凭借祖传秘方等。后来，随着经验的积累，出现了讲述制造过程和规律的"材料工艺学"。18 世纪后，由于工业的迅速发展，对材料特别是钢铁的需求急剧增长。为适应这一需要，在化学、物理和材料力学等学科的基础上，产生了一门新的学科——金属学。它明确地提出了金属的外在性能取决于内部结构的理论，并以探讨与研究金属的组织和性能之间的关系为自己的主要任务。1863 年，光学显微镜问世，并第一次被用于观察和研究金属材料的内部组织结构，从而出现了"金相学"。1913年，人们开始用 X 射线衍射技术研究固体材料的晶体结构、内部原子排列的规律。1932 年发明的电子显微镜以及后来出现的各种谱仪等分析手段，把人们对微观世界的认识带入了更深的层次。此外，化学、量子力学、固体物理学等一些与材料有关的基础学科的进展也大大推动了材料研究的深化。陶瓷学、高分子科学等相关应用学科的发展，同样为 20 世纪后期跨越多学科的材料科学与工程的形成打下了基础。

材料科学是研究材料化学成分、组织结构和性能之间相互关系及其变化规律的一门科学。它的任务是解决材料的制备问题，合理、有效地利用现有材料及不断研制新材料。其任务的实现实际上是一个工程问题，故在材料科学这个名词出现后不久就提出了材料科学与工程（MSE）的概念。材料科学与工程包括四个基本要素，即合成和加工、成分和结构、性质、使用表现。任何材料都离不开这四个基本要素，这是几千年来人类对材料驾驭过程的总结。材料的合成与加工着重研究获取材料的手段，以工艺技术的进步为标志；材料的成分（材料所含元素的种类和各元素的相对量）与结构（材料的内部构造）反映材料的本质，是认识材料的理论基础；材料的性质（材料在外界因素作用下表现出来的行为）表征了材料固有的性能，如力学性能、物理性能和化学性能等，是选用材料的重要依据；使用表现（材料在使用条件下表现出来的行为）则可以用材料的加工性（工艺性能）和服役条件（使用性能）相结合来考察，它常常是材料科学与工程的最终目标。

1957 年 11 月，苏联人造卫星被送入太空，对当时的美国造成极大震动。美国政府的调查表明，其未能先行发射的主要问题在于其材料科学与工程的研究相对落后于苏联。此后，以美国为代表的西方先进工业国家十分重视材料的研究与开发，并逐步促使了该 MSE 新兴边缘学科的形成。能源、材料、信息作为现代科学技术的三大支柱，在我国也形成了相应的三大支柱产业。能源与信息产业的发展在很大程度上要依赖于材料的发展，所以，全世界工业技术先进的国家都十分重视在材料领域内的研究与开发。美国的关键技术委员会在 1991 年确定的 22 项关键技术中，材料占了 5 项：材料的合成与加工；电子和光电子材料；陶瓷；复合材料；高性能金属和合金。日本为开拓 21 世纪选定的基础技术研究项目共涉及 46 个领域，其中有关新材料的基础研究项目就占 14 项之多。

20 世纪 80 年代以后，世界各国对新材料的开发都非常重视。光电子信息材料、先进复合材料、先进陶瓷材料、新型金属材料、高性能塑料、超导材料等不断涌现，并被迅速投入使用，给社会生产和人们的生活带来了巨大的变化。材料科学与工程的努力目标是按指定性能来进行材料的设计，未来的新材料将建立在"分子设计"基础之上，改变利用化学方法探索和研制新材料的传统做法。届时，新材料的合成，只要通过化学计算，重新组合分子就行了，人类将完全摆脱对天然材料的依赖，材料的研究和生产将发生根本性变革，人类的物质文明将进入一个令人神往的新时代。

（二）工程材料及其分类

满足不同工程用途所使用的材料称为工程材料，对本课程而言主要是指固体材料领域中与工程（结构、零件、工具等）有关的材料。现代的工程材料种类繁多。

（1）机械工程材料按其化学成分分为金属材料、非金属材料（有机、无机）和复合材料三大类。

① 金属材料是指化学元素周期表 B-At 线左侧的全部元素和由这些元素构成的合金材料，其主要特征是具有金属光泽及良好的塑性、导电性、导热性和较高的刚度、正的电阻温度系数。它是工程领域中用量最大的一类材料，依据其成分可分为由铁和以铁为基的合金构成的钢铁材料及由除铁以外的其他金属及其合金构成的非铁（有色）金属材料两大类，其中

钢铁材料因具有优良的力学性能、工艺性能和低成本等综合优势，占据了主导地位，达到金属材料用量的 95%，并且这种趋势仍将延续一段时间。

②　非金属材料中的有机高分子材料是由分子量很大的大分子组成，主要含有碳、氢、氧、氮、氯、氟等元素。其主要特征是质地轻、比强度高、弹性好、耐磨耐蚀、易老化、刚性差、高温性能差。工程上使用的高分子材料包括塑料、合成橡胶和合成纤维等。目前全世界每年生产的高分子材料超过 2 亿吨，其体积是钢铁的 2 倍，其中塑料占了约 75%。高分子材料具备金属材料不具备的某些特性，发展很快，应用日益广泛，已成为工程上不可缺少甚至是不可取代的重要材料。无机非金属材料（陶瓷）主要由氧和硅或其他金属化合物、碳化物、氮化物等组成，主要特征是耐高温、耐蚀、高硬度、高脆性、无塑性。按照习惯，陶瓷一般分为传统陶瓷和特种陶瓷两大类。传统陶瓷主要用作日用、建筑、卫生以及工业上应用的电器绝缘陶瓷（高压电瓷）、化工耐酸陶瓷和过滤陶瓷等。特种陶瓷具有独特的力学、物理、化学、电学、磁学和光学等性能，能满足工程技术的特殊要求，是发展宇航、原子能和电子等高、精、尖科学技术不可缺少的材料，并已成为高温材料和功能材料的主力军。

③　复合材料是由两种或两种以上不同化学性质或不同组织结构的物质，通过人工制成的一种多相固体材料。按增强相的性质和形态，可分为颗粒复合材料、纤维复合材料、层叠复合材料、骨架复合材料及涂层复合材料等。其中最常用的是纤维复合材料，如玻璃纤维复合材料、碳纤维复合材料、硼纤维复合材料、金属纤维复合材料和晶须复合材料等。由于复合材料具有各单纯材料不具备的优点，因此，今后有望得到进一步发展。

当然，上述各种材料之间也存在着交叉关系，如非晶态金属介于金属和非金属之间；复合材料把金属和非金属结合起来。

（2）工程材料按其用途不同分为结构材料和功能材料两大类。

①　结构材料主要是利用它们的强度、硬度、韧性和弹性等力学性能，用于制造以受力为主的构件，是机械工程、建筑工程、交通运输、能源工程等方面的物质基础。它包括金属材料、非金属材料和复合材料。

②　功能材料主要是利用它们所具有的电、光、声、磁、热等功能和物理效应而形成的一类材料。它们在电子、红外、激光、能源、计算机、通信、电子和空间等许多新技术的发展中起着十分重要的作用。

（3）工程材料按其开发、使用时间的长短及先进性分为传统材料和新型材料两类。

①　传统材料是指那些已经成熟且长期在工程上大量应用的材料，如钢铁、塑料等，其特征是需求量大和生产规模大，但环境污染严重。

②　新型材料是指那些为适应高新技术产业而正在发展且具有优异性能和应用前景的材料，如新型高性能金属材料、特种陶瓷、陶瓷基和金属基复合材料等，其特征是投资强度大、附加值高、更新换代快、风险性大、知识和技术密集程度高，一旦成功，回报率也较高，且不以规模取胜。但传统材料与新型材料并无严格的界限。

二、机械制造工艺及其发展

在现代机械制造业中，切削加工是将金属毛坯加工成具有一定尺寸、形状和精度的零件的主要加工方法。切削加工按所选用切削工具的类型可分为两类：一类是利用刀具进行加工，如车削、钻削、镗削和刨削等；另一类是用磨料进行加工，如磨削、珩磨、研磨和超精加工等。目前，绝大多数零件，尤其是精密零件，主要是依靠切削加工来达到所需的加工精度和表面粗糙度的。因此，切削加工是近代加工技术中最重要的加工方法之一，在机械制造业中占有十分重要的地位。

随着科学技术的发展，各种新材料、新工艺和新技术不断涌现，机械制造工艺正向着高质量、高生产率和低成本方向发展。电火花、电解、超声波、激光、电子束和离子束加工等工艺，已突破传统的依靠机械能、切削力进行切削加工的范畴，可以加工各种难加工材料、复杂的型面和某些具有特殊要求的零件。数控机床的出现，提高了单件小批量零件和形状复杂零件的加工生产率及加工精度。计算方法和计算机技术的迅速发展，大大推进了机械加工工艺的进步，使工艺过程的自动化程度达到了一个新阶段。目前，数控机床的工艺功能已由加工循环控制、加工中心，发展到适应控制。加工循环控制可实现每个加工工序的自动化，但不同工序中刀具的更换及工件的重新装夹，仍须人工来完成。加工中心是一种高度自动化的多工序机床，又称为自动换刀数控机床，它能自动完成刀具的更换、工件转位和定位、主轴转速和进给量的变换等，使得只需在机床上装夹一次工件就可以完成全部加工。因此，它可以显著缩短辅助时间，提高生产率，改善劳动条件。适应控制数控机床是一种具有"随机应变"功能的机床，它能在加工过程中根据切削条件（如切削力、切削功率、切削温度、刀具磨损及表面质量等）的变化，自动调整切削条件，使机床保持在最佳的状态下进行加工，而不受其他一些参数发生非预料性变化的影响，因而有效地提高了加工效率，扩大了加工品种，更好地保证了加工质量，能获得最大的经济效益。

精密成形技术的快速发展，使毛坯的形状、尺寸和表面质量更接近零件要求。近净成形（Near Net Shape Technique）和净成形（Net Shape Technique）技术迅速发展，包括近净铸造成形、精密塑性成形、精密焊接与精确连接、精密热处理和表面改性等专业领域，使机械构件具有精确的外形、高的尺寸精度与形位精度和理想的表面粗糙度。国际机械加工技术学会预测，21世纪初精密成形与磨削加工相结合，将逐渐取代大部分中、小零件的切削加工，它所成形的公差可相当于磨削精度。

当今，科学技术迅猛发展，微电子、计算机、自动化技术与制造工艺和设备相结合，形成了从单机到系统，从刚性到柔性，从简单到复杂等不同档次的多种自动控制加工技术；成形加工过程的计算机模拟、仿真与并行工程、敏捷化工程及虚拟制造技术相结合，已成为网络化异地设计与制造的重要内容；应用新型传感器、无损检测等自动监控技术及可编程控制器等新型控制装置可以实现系统的自适应控制和自动化控制；工业机器人更是涉及众多新的领域。现代机械制造系统，是以提高企业竞争力为目标，把先进技术与经济效果紧密结合，包含自动化技术、计算机控制与辅助制造技术、设计与工艺技术、材料技术，以及财会金融与工商管理，已非传统意义的机械制造。

近年来，科学家们又提出智能结构系统的概念，它是以生物界的方式感知结构系统的内部状态和外部环境，并及时做出判断和响应。智能结构系统是在结构中集成传感器、控制器及执行器，赋予结构健康自诊断、环境自适应及损伤自愈合等某些智能功能与生命特征，达到增强结构安全、减轻质量、降低能耗和提高性能总目标的一种仿生结构系统。可以预见，随着该系统的产生和应用，全球制造业将发生巨大变化。

尽管各种新技术、新工艺不断出现，新的制造理念不断形成，但铸造、锻压、焊接、热处理及机械加工等传统工艺至今仍被大量而广泛地应用。因此，不断改进和提高常规工艺，并通过各种途径实现其高效化、精密化、轻量化和绿色化，具有重大的经济意义。

三、我国材料生产及制造工艺发展

在材料生产及其成形工艺的历史上，我们的祖先曾取得辉煌的成就，为人类文明做出了重大贡献。我国在原始社会后期即开始制作陶器，在仰韶文化和龙山文化时期制陶技术就已相当成熟。青铜冶炼始于夏代，至商周时期（公元前 16 世纪—公元前 8 世纪）冶铸技术已达到相当高的水平，形成了灿烂的青铜文化。公元前 7 世纪—公元前 6 世纪的春秋时期，我国已开始大量使用铁器，白口铸铁、麻口铸铁和可锻铸铁相继出现，比欧洲国家早 1 800 多年。在大约 3 000 年前，我国就已采用铸造、锻造、淬火等技术生产工具和各种兵器。大量的历史文物，例如：河南安阳武官村出土的商代后母戊鼎，重 875 kg，在大鼎四周有精致的蟠龙花纹；湖北江陵楚墓中发现的埋藏了 2 000 多年的越王勾践的宝剑，至今仍异常锋利，寒光闪闪；陕西临潼秦始皇陵出土的大型彩绘铜车马，由 3 000 多个零、部件组成，综合采用了铸造、焊接、凿削、研搪、抛光及各种连接工艺，结构复杂，制作精美；河南南阳汉代冶金作坊出土的 9 件铁农具，有 8 件是黑芯韧性铸铁，其质量与现代同类产品相当；现存于北京大钟寺内明朝永乐年间制造的大钟，重 46.5 t，其上遍布经文 20 余万字，其浑厚悦耳的钟声至今仍伴随着华夏子孙辞旧迎新……体现出中华民族在材料、成形方法及热处理等方面的卓越成就，以及对世界文明和人类进步所做出的显著贡献。春秋时期的《考工记》中关于钟鼎和刀剑不同的铜锡配比的珍贵记载，是世界上出现最早的合金配比规律；明朝（1368—1644）宋应星所著《天工开物》一书，记载了冶铁、铸钟、锻铁、焊接（锡焊和银焊）和淬火等多种金属成形、改性方法及日用品的生产技术和经验，并附有 123 幅工艺流程图，是世界上有关金属加工工艺最早的科学论著之一。

然而，18 世纪以后，我国科学技术的发展与工业发达国家之间产生了较大的差距。

新中国成立以后，特别是近几十年来，我国工业生产迅速发展，取得了举世瞩目的成就。20 世纪 60 年代，我国自行设计生产的 12 000 t 水压机，是制造大型发电机、大型轧钢机、大型化工容器和大型动力轴类锻件的必备设备；我国人造地球卫星、洲际弹道导弹及长征系列运载火箭的研制成功，均与机械制造工艺水平的发展密切相关，我国是世界上少数几个拥有运载火箭和人造卫星发射实力的国家。这些飞行器的壳体均选用铝合金、钛合金或特殊合金材料的薄壳结构，采用胶接（或黏结）和钨极氩弧焊、等离子弧焊、真空电子束焊、真空钎焊和电阻焊等方法焊接而成。我国成功生产了世界上最大的轧钢机机架铸钢件（重 410 t）和长江三峡巨型水轮发电机组特大型零、部件；锻造了 196 t 汽轮机转子；进行了 3×10 BW 电站锅炉的焊接，并能够建造 150 000 t 的超大型船舶。

四、本课程的基本任务、学习目的和方法

"机械制造基础"是一门综合性的技术基础课，旨在使学生建立生产过程的概念；掌握常用金属切削加工基础理论、基本加工工艺方法、零件的结构工艺性及机械加工工艺过程的基础知识；了解新材料及现代先进的制造技术和工艺知识，培养学生的机械工程的基本素质和零件结构工艺性设计的能力。"机械制造基础"在培养高级工程技术人才的全局中，具有增强学生的工程实践能力、对机械技术工作的适应能力和机械结构创新设计能力的作用。

通过本课程的学习，期望学生能达到以下目标。

（1）建立工程材料和材料成形工艺与现代机械制造的完整概念，培养良好的工程意识。

（2）掌握金属材料的成分、组织和性能之间的关系，强化金属材料的基本途径、钢的热处理原理和方法，以及常用金属材料、非金属材料和复合材料的性质、特点、用途和选用原则。

（3）掌握各种成形方法和常用设备的基本原理、工艺特点和应用场合，具有合理选择毛坯成形方法的能力。

（4）掌握零件（毛坯）的结构工艺性，并具有设计毛坯和零件结构的初步能力。

（5）了解与本课程有关的新技术、新工艺。

本课程融多种工艺方法于一体，信息量大，实践性强，叙述性内容较多。首先，在学习中必须重视生产实践感性知识的积累，这样才能得到预期效果。在教学方式上，应以课堂教学为主，同时辅之以电教片、多媒体 CAI、实物与模型、课堂讨论等多种教学手段和形式，以增强学生的感性认识，加深其对教学内容的理解。在教学安排上，一般将本课程教学安排在金工实习之后，所以要求学生重视金工实习教学。在金工实习过程中，应注意积累对产品生产和零件加工过程的感性知识，培养一定的操作技能，在此基础上再来学习本课程的内容，才有助于上升到理性认识的高度。其次，在学习过程中应注意理论联系实际，必须善于联系实习中遇到的各种实际问题，深入领会课程的内容，做到灵活运用和融会贯通，在扎实地掌握本课程的基本理论与知识的同时，努力提高分析和解决工程实际问题的能力。最后，在学习本课程的同时，还要注意了解本学科与相关学科的最新技术成果及发展，以便拓宽知识面，不断地探索、发现新的规律和确立新的规范，如此才能较好地掌握本课程的内容，提高课堂教学效果。

第一章 工程材料基础知识

第一节 金属的力学性能

金属材料的性能包括使用性能和工艺性能。所谓使用性能是指金属材料在使用过程中表现出来的力学、物理和化学性能。其中，力学性能又称机械性能，是指金属在外力作用下表现出来的性能，表示金属材料抵抗外力的能力。工艺性能是指金属材料在加工制造过程中所表现出来的性能，如铸造性、焊接性和切削加工性等。金属的工艺性能与力学性能密切相关。

汽车的大多数零件是在多种应力作用下工作的，如连杆、锤杆、锻模等主要承受冲击力和循环载荷，选材时需综合考虑多项力学性能；发动机曲轴、齿轮、弹簧及滚动轴承等零件的失效，大多数是由疲劳破坏引起的，因此，主要考虑材料抵抗疲劳的能力；对于承受较大冲击力和要求耐磨性高的汽车、拖拉机变速齿轮，选材时应主要考虑抵抗磨损的能力。军用车辆由于其特殊的服役条件，对某些力学性能要求更高。我国军车为验证新车的技术性能、可靠性、地区和气候适应性及质量水平，各车型都要经过严格的"两高一低"（高温、高原、低温）试验和有关专项试验后方可定型。

评定材料的力学性能指标可采用国家标准规定的试验，根据试验条件不同分为：静力学性能（如强度、塑性、硬度）、动力学性能（如冲击韧性、疲劳强度）和高温力学性能。

一、静力学性能

常用的静力学性能主要有强度、塑性和硬度，其中，强度和塑性由静拉伸试验测定，硬度可由压入法、划痕法或弹跳回弹法等试验测定。

（一）强度

强度是指在外力作用下材料抵抗变形与断裂的能力，是零件承受载荷后抵抗发生断裂或超过容许限度的残余变形的能力。也就是说，强度是衡量零件本身承载能力（即抵抗失效能力）的重要指标。强度是机械零、部件首先应满足的基本要求。机械零件的强度一般可以分为静强度、疲劳强度（弯曲疲劳和接触疲劳等）、断裂强度、冲击强度、高温和低温强度、在腐蚀条件下的耐腐蚀强度及胶合强度等项目。强度的试验研究是综合性的研究，主要是通过其应力状态来研究零、部件的受力状况以及预测破坏失效的条件和时机。其中，静强度的常用指标有屈服强度、规定塑性延伸强度或规定残余延伸强度和抗拉强度等，可通过光滑试样的静拉伸试验测得。

1. 光滑试样静拉伸试验

光滑试样是为了使金属材料承受单向应力的试样，以便测得的材料指标稳定，具有广泛的可比性。试样材料与尺寸依据我国国家标准 GB/T 228.1—2010《金属材料拉伸试验第 1 部分：室温试验方法》给定。常用试样的断面为圆形，称为圆形试样，如图 1-1 所示。图中 d_0 为圆试样平行长度的原始直径（mm），L_0 为原始标距长度（mm），S_0 为试样平行长度的原始横截面积，L_u 为拉断后标距长度（mm），S_u 为试样拉断后的最小横截面积。依据国标 GB/T 228.1—2010，拉伸试样可制成长试样（$L_0=10d_0$）或短试样（$L_0=5d_0$）。为了研究金属材料在拉伸载荷作用下的变形和断裂过程，材料选用退火低碳钢。

拉伸试验在拉伸试验机上进行，通过对试样缓慢施加轴向拉力，测量试样在变形过程中直至断裂的各项力学性能。试验材料的全面性能反映在拉伸曲线上，根据试验材料的特性，拉伸曲线可分为两种类型，其中以退火低碳钢为试样所得的拉伸曲线为典型类型拉伸曲线，如图 1-2 所示。由曲线描述可知金属变形过程分为六个阶段。

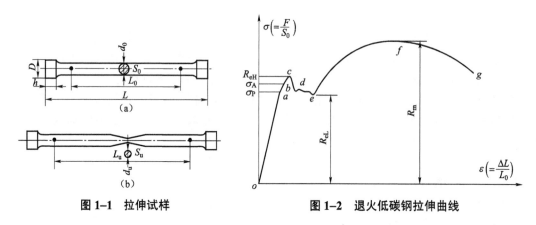

图 1-1　拉伸试样　　　　　　　　图 1-2　退火低碳钢拉伸曲线

1）第 1 阶段：弹性变形阶段（oa）

弹性变形阶段有两个特点。

（1）从宏观上看，力与伸长量成直线关系，弹性伸长量与力的大小和试样标距长短成正比，与材料弹性模量及试样横截面积成反比。

（2）变形是完全可逆的。加力时产生变形，卸力后变形完全恢复。

oa 线段的 a 点是应力-应变呈直线关系的最高点，此点的应力叫理论比例极限，超过 a 点，应力-应变则不再呈直线关系，即不再符合虎克定律。

2）第 2 阶段：滞弹变形阶段（ab）

在此阶段，应力-应变出现了非直线关系，其特点是：当力加到 b 点后卸力，应变仍可回到原点，但不是沿原曲线轨迹回到原点，而是在不同程度上滞后于应力回到原点，形成一个闭合环，加力和卸力所表现的特性仍为弹性行为，只不过有不同程度的滞后，因此称为滞弹性阶段。这个阶段的过程很短，也称理论弹性阶段，当力超过 b 点时，就会产生微塑性应变。

3）第 3 阶段：微塑性应变阶段（bc）

这一阶段是材料在加力过程中屈服前的微塑性变形部分。

4）第 4 阶段：屈服阶段（cde）

这一阶段是金属材料不连续屈服的阶段，也称为间断屈服阶段，其现象是当力加至 c 点时，突然产生塑性变形，由于试样变形速度非常快，以致试验机夹头的拉伸速度跟不上试样的变形速度，试验力不能完全有效地施加于试样上，在这个曲线阶段上表现为力不同程度的下降，而试样塑性变形急剧增加，直至达到 e 点结束。当力达到 c 点时，在试样的外表面能观察到与试样轴线呈 45°的明显的滑移带。在此期间，应力相对稳定，试样不产生应变硬化。

c 点是拉伸试验的一个重要的性能判据点，de 范围内的最低点也是重要的性能判据点，分别称上屈服点和下屈服点。e 点是屈服的结束点，所对应的应变是判定板材成型性能的重要指标。

5）第 5 阶段：塑性应变硬化阶段（ef）

屈服阶段结束后，试样在塑性变形下产生应变硬化，在 e 点的应力不断上升，在这个阶段内试样的变形是均匀和连续的，在此过程中，必须不断地连续施加力，才能使塑性变形增加，直至 f 点。

f 点通常是应力–应变曲线的最高点（特殊材料除外），此点所对应的应力是重要的性能判据。

6）第 6 阶段：颈缩变形阶段（fg）

当力施加至 f 点时，试验材料的应变硬化与几何形状导致的软化达到平衡，此时力不再增加，试样最薄弱的截面中心部分开始出现微小空洞，然后扩展连接成小裂纹，试样的受力状态由两向受力变为三向受力状态。裂纹扩展的同时，在试样表面可看到产生了缩颈变形，在拉伸曲线上，从 f 点到 g 点力是下降的，但是在试样缩颈处，由于截面积已变小，实际应力大大增加。试验达到 g 点试样完全断裂。

许多脆性材料在拉伸过程中并不出现明显屈服现象，只有 3～4 阶段，如 oa—弹性变形阶段；ab—滞弹变形阶段；bf—应变硬化阶段（对淬火钢，到 f 点断裂，对中强钢有缩颈）。

2. 强度指标

（1）上屈服强度 R_{eH}（c 点）：试样发生屈服而力首次下降前的最高应力。

（2）下屈服强度 R_{eL}（e 点）：屈服期间的最低应力。

当金属材料在拉伸试验过程中没有明显屈服现象发生时，应测定规定塑性延伸强度 R_p 或规定残余延伸强度 R_r，应采用 $R_{p0.2}$ 或 $R_{r0.2}$。$R_{p0.2}$ 表示规定塑性延伸率为 0.2%时的应力；$R_{r0.2}$ 表示规定残余延伸率为 0.2%时的应力。其中，0.2 表示试样施加并卸除应力后引伸计标距的延伸等于引伸计标距的 0.2%。

（3）抗拉强度 R_m（f 点）：在最大力点所对应的应力。

注意：最大力是指屈服阶段之后的最大力，当材料无明显屈服时，则是试验期间的最大力。

强度问题十分重要，许多房屋、桥梁、堤坝等的倒塌，飞机、航天飞船的坠毁都是由于其强度不够而造成的。所以，在工程设计中，强度问题常被列为最重要的问题之一。为了确保强度满足要求，必须在给定的环境（如外力和温度）下对结构进行强度计算或强度试验，即计算出材料或结构在给定环境下的应力和应变，并根据强度理论确定材料或结构是否被破坏。

（二）塑性

塑性是一种在某种给定载荷下，材料产生永久变形的特性，是指在外力作用下，材料能稳定地发生永久变形而不破坏其完整性的能力。通常金属塑性变形的能力用其断裂前产生的最大塑性变形代表其塑性指标：断后伸长率 A 和断面收缩率 Z。塑性指标也是通过光滑试样静拉伸试验测得的。

断后伸长率 A 是指断后标距的残余伸长（L_u-L_0）与原始标距 L_0 之比的百分率，计算公式如下：

$$A = \frac{L_u - L_0}{L_0} \times 100\%$$

断面收缩率 Z 是指断裂后试样横截面积的最大缩减量（S_0-S_u）与原始横截面积 S_0 之比的百分率，计算公式如下：

$$Z = \frac{S_0 - S_u}{S_0} \times 100\%$$

（三）硬度

硬度是衡量材料软硬程度的指标，表示材料抵抗局部塑性变形的能力。一般情况下，硬度越高，材料的耐磨性越好。金属材料的硬度多以压入法测定，常用的压入硬度指标有布氏硬度和洛氏硬度。

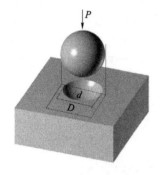

图1-3 布氏硬度实验示意图原理

1. 布氏硬度

其原理是用一规定的载荷 P（N），把规定直径的淬火钢球、硬质合金球压入金属表层，保持规定的时间，测得球冠形压痕的面积，如图1-3所示。

布氏硬度定义为球冠形压痕面积除所施加的载荷，公式如下（当 P 的单位为 N 时，应标出单位 MPa）：

$$HB = \frac{P}{F} = \frac{P}{\pi D h} = \frac{2P}{\pi D(D - \sqrt{D^2 - d^2})}$$

$$h = \frac{D}{2} - \frac{1}{2}\sqrt{D^2 - d^2}$$

式中：P——载荷，kgf[①]；

F——压痕表面积，mm^2；

D——压头直径，mm；

d——压痕直径，mm；

h——压痕深度，mm。

采用钢球压头时布氏硬度标为 HBS，采用硬质合金球压头时标为 HBW，因为布氏硬度（HBS）超过450以后两种球打出的硬度值明显不同。布氏硬度的表示方法如下。

120 HBS 10/1 000/30：表示直径 D=10 mm 的钢球压头在 1 000 kgf 下保持 30 s 测得的布氏硬度值为120。

500 HBW 5/750/10～15：表示直径 D=5 mm 的硬质合金球压头在 750 kgf 下保持 10～15 s 测得的硬度值为500。

---

① 1 kgf=9.8 N。

为避免钢球发生塑性变形而导致测量不准确，当材料的布氏硬度（HBW）≥650时，改用洛氏硬度测定法。

2. 洛氏硬度

洛氏硬度的原理（见图1-4）是将初载 P_0 和主载 P_1 组合成总载荷 P，把金刚石压头或钢球压头压入金属表层，卸去主载 P_1，在初载条件下测得主载 P_1 的压入深度，计算硬度值，即

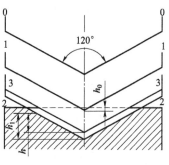

图1-4　洛氏硬度试验原理图

$$HR = \frac{K - e}{k}$$

式中：K——转向系数，其作用是使硬度值随材料实际硬度值增加而增加，人为设定；

$\quad\quad e$——计量压入深度；

$\quad\quad k$——单位硬度值长度，一般为0.002 mm和0.001 mm。

测量时，洛氏硬度值可直接在硬度计刻度盘上读出。

按载荷不同，选择的压头不同，相应的洛氏硬度有HRC、HRB、HRA三种类型，此值为一无名数。各种洛氏硬度标尺，其硬度符号、试验条件和应用范围见表1-1。

表1-1　洛氏硬度试验适应范围

标尺	测量范围	初载荷/N	主载荷/N	压头类型	适用范围
HRA	60~88	98.07	490.3	120°金刚石圆锥体	硬质合金、表面淬火层、渗碳层
HRB	20~100	98.07	882.6	直径1.588 mm钢球	退火钢、正火钢及非铁金属
HRC	20~67	98.07	1 373.0	120°金刚石圆锥体	调质钢、淬火钢等
注：部分摘自GB/T 203.1—2009					

洛氏硬度试验虽可用来测定各种金属材料的硬度，但采用不同的压头和总载荷，标度不同，硬度值彼此没有联系，也不能直接换算。为了从软到硬的各种金属材料能用一个压头测得连续一致的硬度标度，制定了维氏硬度试验法。

3. 其他硬度

维氏硬度的测定原理与布氏硬度法基本相同，也是根据压痕单位面积上的载荷来计量硬度值，所不同的是，维氏硬度试验的压头不是钢球，而是金刚石的正四棱锥体。维氏硬度更适合测定薄工件的表面硬化层或金属镀层，以及薄片金属的硬度。

显微硬度是从维氏硬度引入的，它选用了更小的载荷，可以得到很微小的压痕，故能够测定单独相组成的硬度。

纳米硬度是比显微硬度更精细的一种新规定的超微观硬度法。测量仪器是纳米硬度计，有压痕硬度和划痕硬度两种工作模式，主要用于电子薄膜、各类涂层、材料表面及改性的力学性能检测。

努氏硬度的测量原理与维氏硬度相似，根据压痕单位投影面积所承受的试验力的大小来表示硬度值。压痕为细长菱形，这使得它有很高的测量精度，是其他方法所不及的。

肖氏硬度是应用弹性回跳法使一撞销（具有尖端的小锥）从一定高度落到试样表面并发

生回跳，用测得的回跳高度表示硬度，这是一种动载试验法。肖氏硬度计携带方便，便于现场测试，测试效率高，特别适用于冶金、重型机械行业中的中大型工件，如曲轴、轧辊、特大型齿轮等。其硬度值可与布氏、洛氏硬度换算。

二、动力学性能

（一）冲击韧性

汽车在高速行驶中急刹车或通过凹坑，飞机在起飞与降落时，零件常常会受到冲击载荷的作用，如果零件的韧性不好则可能发生突然的脆性断裂。机件的脆性断裂是工程技术中很难解决的一个问题。

钢在低温冲击时冲击功极低，这种现象称为钢的冷脆。事实上，不仅是钢，其他金属材料都有冷脆的弊病，这与金属的晶体结构有关。冷脆的最大特征是断裂功极低，事发突然，后果大多是灾难性的破坏。容易发生冷脆事故的机械设备有：万吨级巨轮、能通过汽车的大型水轮机蜗壳、大型桥梁、海上采油平台、大型储油罐、飞船火箭等，这些设备的零件在选材时必须衡量材料的冲击韧性。

材料在冲击载荷作用下抵抗断裂的能力称为冲击韧性，常用标准试样的冲击吸收功 $A_{kV(U)}$ 表示。$A_{kV(U)}$ 由冲击试验测得，国家标准 GB/T 229—1994 对整个试验做出相应的规定。其原理如图 1-5 所示。把带 U 形或 V 形缺口的标准试样放在冲击试验机上，用摆锤自由落下将其冲断，所消耗的功即为冲击吸收功 $A_{kV(U)}$，可直接在试验机刻度盘上读出。将 $A_{kV(U)}$ 除以试样断口处截面积 F，即得材料的冲击韧度 $a_{kV(U)}$，单位为 J/cm，如下式：

$$a_{kV(U)} = \frac{A_{kV(U)}}{F}$$

$a_{kV(U)}$ 值越大，材料的冲击韧性越好，材料越可靠。

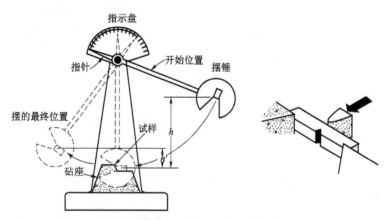

图 1-5　冲击试验示意图

1—摆锤；2—试样；3—机架；4—刻度盘

冲击值与试验的温度有关。有一些材料，在常温试验时并不显示脆性，而在较低温度下则可能发生脆断。使材料的冲击韧性值急剧降低的温度叫作"脆性转变温度"，这一温度范围与材料成分、显微组织和试验条件等因素有关。金属材料的脆性转变温度越低，代表金属越能在低温下承受冲击载荷，因此脆性转变温度的高低也是金属材料的一个性能指标。

材料不同，冲击韧性的脆性转变温度也不同，如图 1-6 所示。

实际上，在动载荷下工作的机件，很少因受一次冲击而破坏的。不少情况下，其所承受的冲击载荷均是属于小能量的多次重复冲击载荷，如曲轴、气门弹簧等。材料承受多次重复冲击的能力，主要决定于其在动载荷下的强度。强度高则抗冲击能力强，反之则抗冲击能力弱。

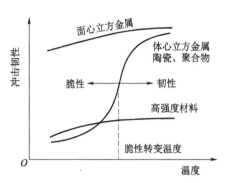

图 1-6 不同材料冲击韧性与温度曲线关系示意图

（二）疲劳强度

许多汽车零件是在重复或交变应力作用下工作的，如传动轴、连杆、弹簧等。所谓重复或交变应力，是指应力的大小和方向随时间做周期性变化。在多次重复或交变应力作用下，使金属材料在远低于金属的屈服强度时即发生断裂的现象，称为"疲劳"。

试验证明，钢铁材料所受重复或交变应力 σ 与其断裂前所能承受的应力循环次数 N 有关。两者之间的关系曲线称为疲劳曲线，如图 1-7 所示。

由曲线可以看出，应力值 σ 越低，则断裂前的循环次数 N 越多，当应力降到某一定值后，疲劳曲线与横坐标轴平行，即表示当应力达到此值时，材料可经受无数次循环应力而不断裂。金属在无数次交变载荷作用下不致引起断裂的最大应力，称为"疲劳强度"。当交变应力是对称循环应力时，疲劳极限用符号 σ_{-1} 表示，对钢铁来说，当 N 达到 10^7 周次时，曲线便出现水平线，所以把经受 10^7 次循环而不破坏的最大应力定为钢铁的疲

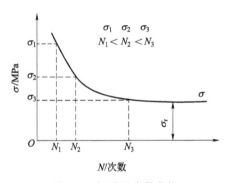

图 1-7 钢铁的疲劳曲线

劳强度。钢的 σ_{-1} 约为 R_m 的一半。有色金属循环次数取 10^8 次。

为了提高零件的疲劳强度，除在设计时应考虑结构形状，避免应力集中外，还可以通过提高零件的表面质量，如减少表面粗糙度、表面喷丸、滚压、表面淬火及表面化学热处理等措施来达到目的。

三、高温力学性能

（一）蠕变强度

温度对金属材料的力学性能影响很大，一般随着温度升高，金属材料强度降低、塑性增加，并且在高温下载荷持续时间对力学性能影响也很大，高温下钢的抗拉强度随载荷持续时间的增长而降低，如 20 钢在 450 ℃时的瞬时抗拉强度为 33 kgf/mm²，但当试样承受 23 kgf/mm² 的应力时，应力持续 300 h 左右便断裂了。

在工业应用中，汽车发动机中的很多零件都是长期工作在高温条件下，高压蒸汽锅炉、汽轮机、燃气轮机、柴油机、化工炼油设备以及航空发动机中很多机件也是长期运转于高温条件下。金属在长时间的恒温、恒应力作用下会发生蠕变，即虽然应力小于屈服强度，但仍

然会缓慢地产生塑性变形。由于这种变形而导致的材料断裂称为蠕变断裂。蠕变在低温下也会产生，只是变形量不大，但当温度超过 $0.3T_{\mathrm{m}}$（绝对温度表示的熔点）时蠕变现象将较为显著。碳钢温度超过 300 ℃、合金钢温度超过 400 ℃时，就必须考虑蠕变的影响。蠕变强度是指在高温长时间负荷作用下，材料对塑性变形的抗力指标，是给定温度下、规定时间内，使试样产生一定蠕变量的应力值。表示方法：$\sigma_{1\times10^5}^{500} = 100\ \mathrm{MPa}$，表示在 500 ℃温度下，10 万小时后变形量为 1%的蠕变强度为 100 MPa。

（二）持久强度与高温硬度

蠕变强度表征了材料在高温长期载荷作用下对塑性变形的抗力，但不能反映断裂时的强度和塑性。为了使零件在高温长时间使用时不破坏，要求材料具有一定的持久强度。与室温下的抗拉强度相似，持久强度是材料在高温长期载荷下抵抗断裂的能力，是在给定温度 T 和规定时间 t 内使试样发生断裂的应力。

金属材料的高温硬度，对于高温轴承及某些工具材料等是重要的质量指标。高温下金属材料的硬度值随承载时间的延长而逐渐下降。获得高温硬度的试验因试验温度不同而不同：试验温度不高时，用布氏、洛氏和维氏试验法测得；试验温度较高时，多采用特制的高温硬度计；温度不超过 800 ℃时，压头采用金刚石圆锥（维氏和洛氏）和硬质合金球（布氏和洛氏）；温度更高时，压头采用人造蓝宝石、刚玉或其他陶瓷材料。

第二节　金属的结构与结晶

不同金属材料具有不同的力学性能，即使同一种金属材料在不同的条件下其力学性能也是不相同的，金属力学性能的这种差异从本质上来说，是由其内部构造所决定的。因此，掌握金属的内部构造及其对金属性能的影响，对于选用和加工金属材料具有非常重要的意义。

一、金属的晶体结构

（一）晶体与非晶体

一切物质都是由原子组成的。根据原子在物质内部聚集状态的不同，可将物质分为晶体与非晶体两大类。非晶体物质内部的原子是无规则杂乱地堆积着的，而晶体物质内部的原子是按一定规律排列的。

在自然界中，除少数物质（如松香、玻璃、沥青、树胶等）属于非晶体外，绝大多数的固态物质都是晶体。一般情况下，固体金属都是晶体。

晶体与非晶体相比，其根本区别在于它们的原子排列方式不同，因此，它们的性能也有明显的差异。例如，晶体内部在不同的方向上具有不同的性能，这种现象称为各向异性；而非晶体则不具备这一特点，它是各向同性的。

（二）晶体结构的基本知识

1. 晶格、晶胞和晶格常数

晶体内部的原子是按一定的几何规律排列的。如果把金属中的原子近似地看成是刚性的小球，则金属晶体就是由刚性小球按一定的几何规律堆积而成的，如图 1–8（a）所示。

为了形象地表示晶体中原子排列的规律，可以把原子简化为一个点，再假设将这些点用线条连接起来，就得到了一个有一定几何形状的空间格架，称为结晶格子，简称晶格，如图1-8（b）所示。

由图1-8（b）可见，一个体积相当大的晶格是由许多形状、大小相同的小几何单元重复堆积而成的。能够完整地反映晶格特征的最小几何单元称为晶胞，如图1-8（c）所示。分析一个晶胞的形状及原子排列的规律，即可知道整个晶体中原子排列的规律。

晶胞的大小和形状以晶胞棱边长度a、b、c及棱间夹角α、β、γ来表示，如图1-9所示。

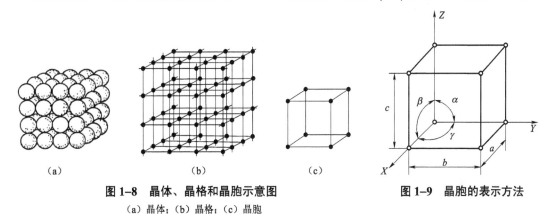

图1-8　晶体、晶格和晶胞示意图
（a）晶体；（b）晶格；（c）晶胞

图1-9　晶胞的表示方法

晶胞的棱边长度称为晶格常数，其单位用埃（Å）来表示（1Å=10^{-8} cm）。图1-9所示为简单立方晶格的晶胞，其三个棱边相等（即$a=b=c$），三个棱边夹角也相等（$\alpha=\beta=\gamma=90°$）。

2. 晶面和晶向

金属晶体中，由一系列原子构成的平面称为晶面，如图1-10所示。通过两个或两个以上原子中心的直线，可代表晶格空间的一定方向，称为晶向，如图1-11所示。由于在同一晶格中的不同晶面和晶向上原子排列的疏密程度的不同，原子间的结合力也不相同，从而在不同的晶面和晶向上显示出不同的性能，这就是晶体具有各向异性的原因。

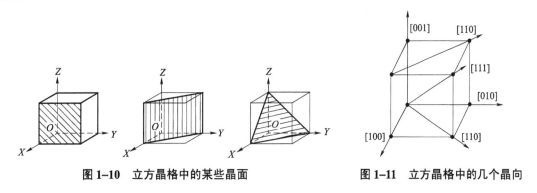

图1-10　立方晶格中的某些晶面

图1-11　立方晶格中的几个晶向

3. 金属晶格的常见类型

晶格描述了金属晶体内部原子的排列规律，金属晶体结构的主要差别就在于晶格形式及晶格常数的不同。在已知的金属元素中，除少数具有复杂的晶体结构外，大多数金属具有以下三种简单的晶体结构。

1）体心立方晶格

体心立方晶格的晶胞是一个立方体，如图1-12（a）所示，即在晶胞的中心和八个顶角各有一个原子，因每个顶角上的原子同属于周围八个晶胞所共有，所以每个体心立方晶胞的原子数为1/8×8+1=2。属于这类晶格的金属有铁（α-Fe）、铬（Cr）、钒（V）、钨（W）、钼（Mo）等。这类金属的塑性较好。

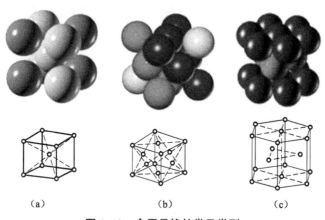

图1-12 金属晶格的常见类型

（a）体心立方晶格；（b）面心立方晶格；（c）密排六方晶格

2）面心立方晶格

面心立方晶格的晶胞也是一个立方体，如图 1-12（b）所示，即在立方晶格晶胞的八个顶角和六个面的中心各有一个原子。因每个面中心的原子同属于两个晶胞所共有，故每个面心立方晶胞的原子数为 1/8×8+1/2×6=4。属于这类晶格的金属有铝（Al）、铜（Cu）、铅（Pb）、镍（Ni）、铁（γ-Fe）等。这类金属的塑性优于具有体心立方晶格的金属。

3）密排六方晶格

密排六方晶格的晶胞是一个六棱柱体，如图 1-12（c）所示。原子位于上下两面的中心处和 12 个顶点上，棱柱内部还包含着三个原子，其晶胞的实际原子数为 12×1/6+2×1/2+3=6。属于这类晶格的金属有镁（Mg）、铍（Be）、镉（Cd）、锌（Zn）等。这类金属通常较脆。

金属的晶格类型不同，其性能必然存在差异。即使晶格类型相同的金属，由于各元素的原子大小和原子间距的不同，其性能也不相同。金属的晶格类型和晶格常数发生改变时，金属的性能也会发生相应的变化。

二、金属的结晶

金属由液态转变为固态时的凝固过程，即晶体结构形成的过程称为结晶。

（一）纯金属的冷却曲线及过冷度

一切纯金属从液态转变为固态的过程是原子从无序到有序的过程，这一过程是在一定温度下进行的，这一转变温度称为结晶温度。金属的结晶温度可以由液态金属在冷却过程中温度的变化来测得，这种测定的方法叫作热分析法。用热分析法测定金属结晶温度的步骤如下：先将金属熔化，然后让熔化金属缓慢冷却下来，同时记录下液态金属的温度随时间而变化的数据，最后将记录下来的数据在温度-时间坐标中绘成如图 1-13（a）所示的冷却曲线。从图中可以看出，液态金属在冷却过程中，由于它的热量向外散失，故温度不断降低。当冷却至某一温度时便开始进行结晶，结晶时由于放出的结晶潜热补偿了向外界散失的热量，所以在冷却曲线上出现了一段恒温的水平线段。

结晶完成后，由于金属继续向周围散失热量，故温度又重新下降。冷却曲线上水平线段所对应的温度就是金属的结晶温度。

在极其缓慢的冷却条件下，所测得的结晶温度称为理论结晶温度（T_0）。但是在生产实践中，金属自液态向固态结晶时，都有较大的冷却速度，此时金属要在理论结晶温度以下某一温度才开始结晶。金属的实际结晶温度（T_1）较理论结晶温度（T_0）低，这一现象称为过冷现象。理论结晶温度与实际结晶温度之差ΔT（T_0-T_1）叫作过冷度，如图1-13（b）所示。

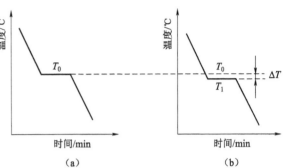

图 1-13　纯金属结晶时的冷却曲线
（a）理论结晶温度；（b）实际结晶温度

金属结晶时的过冷度与冷却速度有关。冷却速度越大，过冷度也越大，即金属的实际结晶温度越低。这是由于冷却速度增大时，金属的结晶过程发生滞后现象，因而在较低温度时才开始结晶。

（二）纯金属的结晶过程

在液态金属中，原子的活动能力很强，做不规则的热运动。随着金属液体的温度逐渐下降，金属原子的活动能力随之减弱，原子间的吸引作用逐渐增强。当达到凝固温度时，首先在液体中某些部分，有一些原子规则地排列起来，形成细微的晶体，其中体积较小而又不能稳定存在的晶体很快地又消散在液体中，只有那些体积足够大的才可以稳定存在，并进一步长大，这样的小晶体称为结晶核心，简称晶核，如图1-14所示。晶核形成后依靠吸附周围液体的原子而长大，同时液体金属中又会不断地产生新的晶核，并不断长大，直到全部液体转变成固体，结晶过程结束。因此，结晶过程是由晶核的产生和晶核长大这两个基本过程所组成的，并且两个过程又是先后或同时进行的。

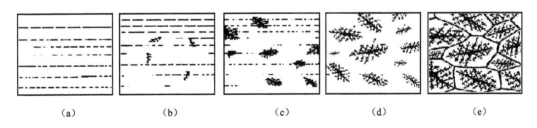

（a）　　　　　（b）　　　　　（c）　　　　　（d）　　　　　（e）

图 1-14　纯金属结晶过程示意图

金属在结晶过程中，晶核是大量、不断地形成并长大的。起初各个晶体都是按照自己的方向自由地生长，并且保持着规则的外形，随着晶核的长大，晶体形成棱角。由于棱角处散热速度快，因而优先长大，如树枝一样先形成枝干，称一次晶轴，如图1-15所示，然后再形成分枝，称为二次晶轴，依此类推。晶核的这种成长方式称为树枝状长大，图1-16所示为钢锭中的树枝状晶体。

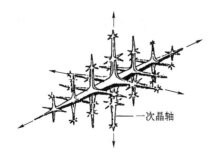

图1-15 树枝状晶体生长示意图

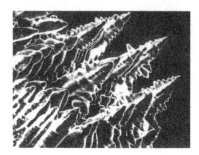

图1-16 钢锭中的树枝状晶体

在晶体长大过程中，彼此接触后，在接触处被迫停止生长，规则的外形遭到了破坏，凝固后，便形成了许多互相接触而外形不规则的晶体。这些外形不规则的晶体通称为晶粒。由于各晶粒是由不同的晶核长大而来的，故每个晶粒的晶格位向都不同，所以自然地形成分界面，晶粒之间的分界面称为晶界。正如前面所讲，物质内部原子呈规则排列的称为晶体，在晶体内部，如果晶格位向是完全一致的，则称这种晶体称为单晶体，如图1-17（a）所示。在实践生产中，金属材料的体积即使很小，其内部仍包含了许许多多外形不规则的小晶体（晶粒）。每个小晶体内部的晶格位向是一致的，而每个小晶体彼此之间的位向都不相同。这种由许多晶粒组成的晶体称为多晶体，如图1-17（b）所示。

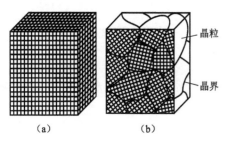

图1-17 单晶体和多晶体结构示意图
（a）单晶体；（b）多晶体

由于单晶体在不同的晶面和晶向上原子排列的疏密程度不同，因此在不同的方向上性能有差异，这种现象称为"各向异性"或"有向性"。而多晶体由于各个晶粒的位向不同，它们的"有向性"彼此抵消，整体呈现无向性，称为"伪无向性"。

（三）晶粒大小对力学性能的影响

实验表明，晶粒大小对力学性能有很大影响，晶粒越细，金属的力学性能越好；反之则力学性能越差。表1-2列出了晶粒大小对纯铁力学性能的影响。

表1-2 晶粒大小对纯铁力学性能的影响

晶粒平均直径/μm	R_m/（N·mm^{-2}）	R_{eH}/（N·mm^{-2}）	A/%
7.0	184	34	30.6
2.5	216	45	39.5
2.0	268	58	48.8
1.6	270	66	50.7

为了提高金属的力学性能，必须控制金属结晶后的晶粒大小。晶粒大小可用晶粒平均直径（μm）或单位体积内晶粒的数目来表示，平均直径越小，数目越多，晶粒越细。分析结晶过程可知，金属晶粒的大小取决于结晶时的生核率 N（单位时间、单位体积内所形成的晶核数目）与晶核的长大速度 G。生核率越大，晶核数目就越多，晶核长大的余地越小，结晶后

晶粒越细小；长大速度越小，在晶核长大的时间内产生的晶核越多，晶粒数目就越多，晶粒越细小。因此，细化晶粒的根本途径是控制生核率与长大速度。常用的方法有以下几种。

1. 增加过冷度

如图 1-18 所示，生核率和长大速度都随过冷度ΔT增大而增大，但在很大的范围内生核率比长大速度变化更快，因此增加过冷度总能使晶粒细化。在铸造生产中，用金属型浇注得到的铸件比用砂型浇注得到的铸件晶粒细，这是因为在金属型铸造中冷却散热快，过冷度大。

2. 变质处理

细化晶粒的另一种方法是在浇注前向金属液体中加入一些能促进生核或作为晶核的物质，使金属晶粒细化。这种方法称为变质处理，或孕育处理。在铸铁铸造时加入硅铁、铸造铝硅合金时加入钠的化合物，都能达到细化晶粒的目的。

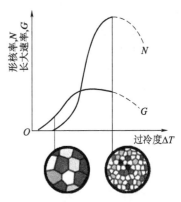

图 1-18　晶粒大小与过冷度的关系

3. 附加振动

金属在结晶时，对液态金属附加机械振动、超声波振动、电磁振动等措施，使刚刚结晶的金属因振动而破碎、碎晶，增加了生核率，从而使晶粒细化。

用细化晶粒强化金属的方法称为细晶强化，它是强化金属材料的基本途径之一。

三、金属的同素异构转变

有些金属在固态下，存在着两种以上的晶格形式，这类金属在结晶后的冷却过程中，随着温度的变化，其晶格形式也发生变化。

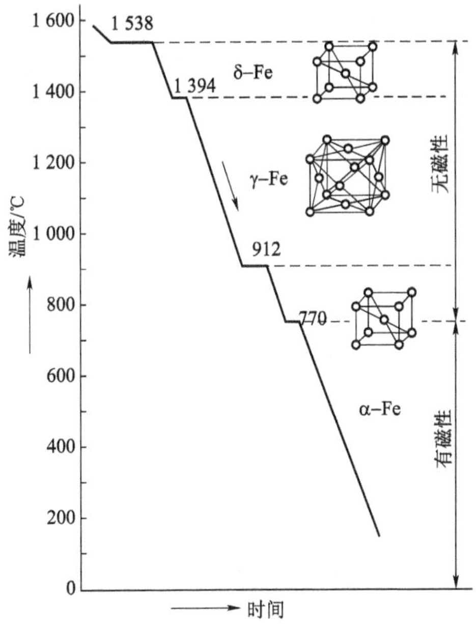

金属在固态下随温度的改变，由一种晶格转变为另一种晶格的现象，称为同素异构转变。由同素异构转变所得到的不同晶格的晶体，称为同素异晶体。同一金属的同素异晶体，按其稳定存在的温度，由低温到高温，依次用希腊字母α、β、γ、δ等表示。具有同素异构转变的金属有铁（Fe）、钴（Co）、钛（Ti）、锡（Sn）、锰（Mn）等。

图 1-19 所示为纯铁的同素异构转变曲线。由图可知，液态纯铁在 1 538 ℃进行结晶，得到具有体心立方晶格的 δ-Fe，继续冷却到 1 394 ℃时发生同素异构转变，α-Fe 转变为面心立方晶格的 γ-Fe，再继续冷却到 912 ℃时又发生同素异构转变，γ-Fe 转变为体心立方晶格的α-Fe。如继续冷却，晶格的类型不再发生变化。这些转变可以用下式表示：

图 1-19　纯铁的同素异构转变

$$\underset{\text{（体心立方晶格）}}{\delta\text{-Fe}} \overset{1\,394\ ℃}{\Longleftrightarrow} \underset{\text{（面心立方晶格）}}{\gamma\text{-Fe}} \overset{912\ ℃}{\Longleftrightarrow} \underset{\text{（体心立方晶格）}}{\alpha\text{-Fe}}$$

金属的同素异构转变与液态金属的结晶过程相似，它遵循液体结晶的一般规律，恒温结晶；转变时有过冷现象，放出（或吸收）潜热；转变过程也是由生核和长大两个基本过程组成的。

同素异构转变时，晶核优先在原来晶粒的晶界处形成，并向原晶粒中长大，直到原晶粒全部消失为止，并且转变具有较大的过冷度和内应力。

铁的同素异构转变是铁的一种极重要的特性。正是由于铁能发生同素异构转变，才使钢和铸铁能够进行各种热处理，从而改变其组织和性能。

控制冷却速度，可以改变同素异构转变后的晶粒大小，从而改变金属的性能，这种方法具有极其重要的意义。

四、实际金属的晶体缺陷

金属原子排列绝对规则的晶体是理想晶体，而实际金属晶体其原子排列总是会有不规则的区域，如晶界处的原子。这种差别缘于外界的种种干扰和破坏，所以，原子排列不像理想晶体那样规则和完整。通常把这种区域称为晶体缺陷。晶体缺陷对金属的性能有重要影响。

（一）点缺陷——空位和间隙原子

实际金属晶体中，晶格上应由原子占据的节点部位，有时未被原子所占领，这种空着的位置称为空位。同时，也可能在晶格的某些空隙处出现多余的原子，这种不占有正常位置而处在晶格空隙中的原子，称为间隙原子。晶体中的空位和间隙原子如图1-20所示。

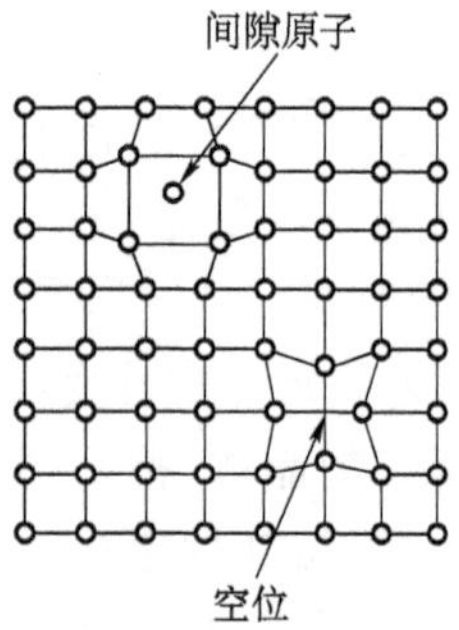

在空位和间隙原子的附近，由于原子间原来的平衡关系被破坏，使其周围的原子离开原来的平衡位置，发生靠拢和撑开的现象。这种现象称晶格畸变。由空位和间隙原子造成的畸变体积很小，故称为点缺陷。点缺陷可使金属材料抵抗塑性变形的能力提高，从而使金属强度提高。

图1-20 空位和间隙原子示意图

（二）线缺陷——位错

晶体中某处有一列或若干列原子发生有规律的错排现象称为位错。形式比较简单的位错是"刃型位错"，如图1-21（a）所示。由图可见，在这个晶体的某一水平面（ABCD）的上方多出一个半原子面（EFGH），它中断于 ABCD 面上的 EF 处，由于这个半原子面像刀刃一样切入晶体，故称为刃型位错。由于多余原子面的相对位置不同，刃型位错有正、负之分。通常把晶体上半部多出半原子面的位错称为正刃型位错，用符号"⊥"表示；在晶体下半部多出半原子面的位错称为负刃型位错，用符号"⊤"表示，图1-21（b）所示。

位错受力后，沿某些晶面移动而导致金属变形，当金属晶体中位错及其他缺陷增多时，由于它们之间的相互作用，而使位错运动的阻力增大，从而使金属强度提高。

（三）面缺陷——晶界和亚晶界

工业上常用的金属大多是由许多晶粒构成的多晶体。一个晶粒内部，原子排列基本一致，但由于各个晶粒的位向互不相同（位向差一般为30°～40°），故晶界处的原子排列是不规则的。晶界实际上是不同位向的两晶粒之间的过渡层，如图1-22所示。

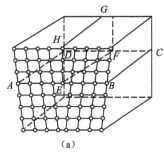
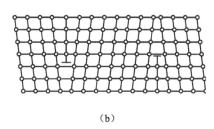

（a） （b）

图1-21 刃型位错示意图

（a）立体图；（b）平面图

实践证明，即使在一个晶粒内部，其晶格位向也并不像理想晶体那样完全一致，而是分隔着许多尺寸很小、位向差也很小（一般几十分到1°～2°）的小晶块，它们相互嵌镶成一个晶粒，这些小晶块称为亚晶（或嵌镶块），亚晶之间的界面称为亚晶界。图1-23所示为亚晶示意图。亚晶界处的原子排列与晶界相似，也是不规则的，也会产生晶格畸变。

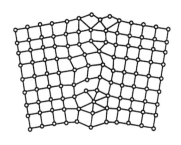

图1-22 晶界的过渡结构示意图 **图1-23 亚晶示意图**

晶界、亚晶界都是曲面形状的缺陷，厚度很小，故称面缺陷。面缺陷是位错运动的障碍，晶粒、亚晶粒越细小，它们的界面越多，晶格畸变越大，位错阻力越大，金属强度越高。

五、合金结构与合金相图

合金是由两种或两种以上的金属元素或金属元素与非金属元素所组成的金属材料。一般来说，纯金属有良好的导电性、导热性、塑性等性能，但强度、硬度低，成本较高，种类又有限，无法满足人们对金属材料提出的多种多样的要求。因此，除特殊需要外，工业上应用最广泛的金属材料是合金。

（一）相关术语

合金比纯金属复杂得多，为便于研究，先介绍其相关名词及含义。

1. 组元

组成合金最基本的、能够独立存在的物质称为组元，简称"元"。组元在一般情况下是元素，如黄铜是由 Cu 和 Zn 组成的二元合金，硬铝是 Al、Cu、Mg 组成的三元合金，保险丝是由 Sn、Bi、Cd、Pb 组成的四元合金。但在所研究的范围内，既不发生分解，也不发生任何化学反应的稳定化合物，也可称为组元，如 Fe_3C、Al_2O_3、CaO 等。

2. 合金系

由若干（如二个）给定组元按不同比例配制成一系列不同成分的合金，这一系列的合金，构成一个合金系统，简称合金系。例如，黄铜是 Cu、Zn 组成的二元合金系，含碳量不同的碳钢和生铁构成"铁碳合金系"。

3. 相

晶体中化学成分一致，物理状态相同，与其他部分有明显界面的部分称为相，如水和冰虽然化学成分相同，但物理状态不同，因此为两个相。冰可碎成许多块，但还是一个固相。

4. 组织

组织是指由单相或多相组成的具有一定形态的聚合物，一般指金属由哪些"相"组成的，以及相与相的配置状态。纯金属的组织是由一个相组成的，合金的组织可以是一个相，也可以是由两个或两个以上的相组成的。通常所指的组织包括：

（1）基本结构是纯金属还是化合物。

（2）晶粒是粗的还是细的。

（3）第二相分布是在晶界还是在晶内。

（4）第二相形状是片状、粒状和网状等。

（5）第二相分散度是大的还是小的。

用显微镜观察到的金属材料的特征和形貌称为显微组织。显微组织对金属的性能起着很重要的作用。

（二）合金的基本结构

合金在熔化状态时，若其各组元能相互溶解成为均匀溶液，那么就只有一个相。在冷却结晶过程中，由于各组元间相互作用不同，故可以得到固溶体、化合物及机械混合物三种类型的结构。

1. 固溶体

一种组元均匀地溶解在另一组元中而形成的晶体相称为固溶体，形成固溶体后，晶格保持不变的组元称为"溶剂"，晶格消失的组元称为"溶质"。固溶体是单相，它的晶格类型与溶剂组元相同。根据溶质原子在溶剂晶格中分布情况的不同，固溶体可分为置换固溶体及间隙固溶体两种类型。

1）置换固溶体

置换固溶体是溶剂晶格结点上的原子被溶质原子所代替的晶体相，如图 1-24（a）所示。置换固溶体根据溶解度的不同，可分为无限固溶体与有限固溶体。无限固溶体即溶质能以任

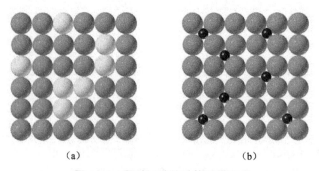

（a）　　　　　　　　　　　　（b）

图 1-24　两种固溶体结构示意图

（a）置换固溶体；（b）间隙固溶体

何比例溶入溶剂中，铜镍合金就是无限固溶体。有限固溶体的溶解度有一定的限度，如黄铜中的含锌量小于 39% 时，所有的锌都能溶解于铜中，形成单相的α 固溶体；当含锌量大于 39% 时，组织中除α 固溶体外，还将出现铜与锌的化合物。形成无限固溶体的必要条件是：两组元具有相同晶格，原子直径相差很小。若不能满足上述条件，则只能形成有限固溶体。

2）间隙固溶体

间隙固溶体是指溶质原子分布在溶剂晶格间隙处而形成的晶体相，如图 1-24（b）所示。

显然，只有溶剂原子直径较大而溶质原子直径很小时，才能形成这种固溶体。例如，碳溶解在α-Fe 中形成的固溶体就是间隙固溶体。

应当指出，如图 1-25 所示，由于溶质原子与溶剂原子总有大小和性能上的差别，不论形成置换固溶体或间隙固溶体，其晶格常数必然有所变化，导致晶格发生歪扭、畸变，使晶体的位错运动阻力和合金塑性变形抗力增大，由此强化了合金。这种因为形成固溶体而引起合金强度、硬度升高的现象称为固溶强化。固溶强化是提高金属材料性能的重要途径之一。

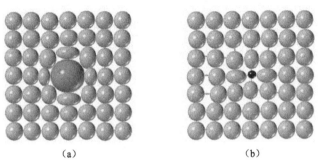

（a）　　　　　　　　　　　（b）

图 1-25　固溶体中溶质原子引起的晶格畸变示意图

2. 金属化合物

合金中各组元原子按一定整数比结合而成的晶体相，称为金属化合物。与各组元不同，它具有自己特殊的晶格，因此化合物也是单相，而且也可以看成是一个组元。例如，钢中的渗碳体 Fe_3C，它的晶格、性能与组成它的组元完全不同，纯铁的硬度约为 80 HBS，石墨的硬度约为 3 HBS，而 Fe_3C 的硬度达 800 HBW，脆性也很大。因此，渗碳体的存在使钢的强度、硬度提高，韧性、塑性下降。

3. 机械混合物

纯金属、固溶体、金属化合物都是组成合金的基本相，机械混合物就是两种以上的相紧密混合而成的独立整体。机械混合物的性能取决于组成各相的性能，以及各自的数量、形状、大小与分布等。

（三）合金相图与铁碳合金相图

纯金属成分单一，其结晶是在某一温度下进行的，结晶过程简单，用一条冷却曲线即可描述。合金的结晶凝固过程和纯金属虽有相似之处，但由于含有多种原子，使得绝大多数合金的结晶是在某一温度范围内进行的，在结晶过程中组成合金的相及聚合状态还会发生变化。所以，合金的结晶过程比纯金属要复杂得多，需要用相图才能表达清楚。

合金相图就是表示在十分缓慢的冷却条件（平衡条件）下，合金状态与温度及成分之间关系的图形。相图亦称状态图、平衡图，它是研究合金成分、温度和晶体结构之间变化规律的重要工具。利用相图可以正确制定热加工工艺参数。工业上应用最为广泛的合金是钢和铸铁，所以本书只介绍铁碳合金相图。

铁碳合金就是由铁和碳两种元素为主构成的二元合金。由于含碳量大于 6.69%的铁碳合金在工业上没有应用价值，故只研究含碳量小于 6.69%的铁碳合金，其组元是 Fe 和 Fe_3C。

1. 铁碳合金的基本相及组织

铁碳合金在液态时可以无限互溶，在固态时碳能溶解于铁的晶格中，形成间隙固溶体。当碳量超过铁的溶解度时，多余的碳便与铁形成化合物 Fe_3C。此外还可以形成由固溶体与化合物（Fe_3C）组成的机械混合物，因此，铁碳合金的基本相及组织有以下五种。

1）铁素体

碳溶解在 α-Fe 中的间隙固溶体称为铁素体，用符号"F"表示。它保持 α-Fe 的体心立方晶格，晶格中空隙分散，最大空隙半径为 0.36 Å，而碳原子半径为 0.77 Å，大于最大空隙半径。按上述情况，α-Fe 中几乎不能溶解碳原子。实际上，由于 α-Fe 存在的许多晶体缺陷（如空位、位错、晶界）都是碳原子可能存在的地方，所以碳可以溶入 α-Fe 中但溶解度很小，在727 ℃时，最大溶解度为 0.021 8%，在室温时降为 0.008%。图 1-26 所示为铁素体显微组织。正由于铁素体溶解碳量很小，所以它的性能几乎与纯铁相同，它的强度、硬度较低（80 HBS），但塑性、韧性较好。工业上的纯铁，含碳量为 0.006%～0.021 8%，其几乎全部是铁素体组织。

2）奥氏体

碳溶解于 γ-Fe 中的间隙固溶体称为奥氏体，用符号"A"表示。它仍保持 γ-Fe 的面心立方晶格结构，晶格空隙集中，且空隙半径较大，所以它的溶碳能力比 α-Fe 大得多，727 ℃时为 0.77%，在 1 148 ℃时最大达 2.11%。奥氏体具有良好的塑性和低的变形抗力，是多数钢种在高温进行压力加工时要求的组织。

3）渗碳体

渗碳体是铁与碳的金属化合物，分子式为 Fe_3C。碳在铁中的溶解度有限，并且随温度不同而发生变化。当碳的含量超过其在铁中的溶解度时，多余的碳就会和铁按一定比例化合而形成 Fe_3C，称为渗碳体。渗碳体含碳量为 6.69%，具有复杂的晶格，如图 1-27 所示，它的硬度很高（800 HBS），脆性很大，而塑性和韧性几乎等于零。在钢中，渗碳体的大小、形状及分布对钢的性能影响很大。

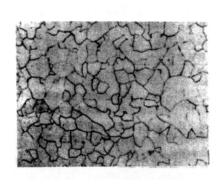

图 1-26 铁素体组织

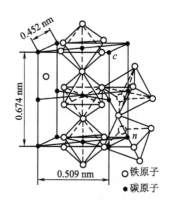

图 1-27 Fe_3C 的晶体结构

4）珠光体

铁素体和渗碳体组成的机械混合物称为珠光体，用符号"P"表示。它是奥氏体在冷却过程中，在 727 ℃的恒温下发生共析转变而得到的产物，因此它只存在于 727 ℃以下。珠光体中的铁素体与渗碳体是片层交替地排列的，其显微组织如图 1–28 所示。

珠光体的平均含碳量为 0.77%，由于它是硬的渗碳体和软的铁素体两相组织的混合物，所以其力学性能介于铁素体和渗碳体之间，它的强度较高，硬度适中，具有一定的塑性。

5）莱氏体

含碳量为 4.3%的铁碳合金，在 1 148 ℃时，从液体中同时结晶出奥氏体和渗碳体的机械混合物称为莱氏体，用符号"Ld"表示。由于奥氏体在 727 ℃时转变为珠光体，所以在室温时，莱氏体由珠光体和渗碳体所组成。为区别起见，将 727 ℃以上的莱氏体称为高温莱氏体，用 Ld 表示；727 ℃以下的莱氏体称为低温莱氏体，用 Ld′ 表示。图 1–29 所示为低温莱氏体显微组织。莱氏体的性能与渗碳体相似，硬度很高（700 HBS），塑性很差。

在铁碳合金的基本相及组织中，铁素体、奥氏体、渗碳体是基本相，珠光体和莱氏体则是由基本相组成的多相组织。

图 1–28　珠光体组织

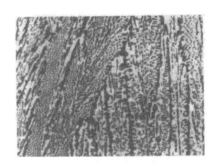

图 1–29　低温莱氏体组织

2. 铁碳合金相图分析

铁碳合金相图是表示在极缓慢冷却（或极缓慢加热）的情况下，不同成分的铁碳合金的状态或组织随温度变化的一种图形。

铁碳合金相图是研究钢、铁的基本工具。由于大于 6.69%含碳量的铁碳合金在工业上没有实用价值，所以，目前应用的铁碳合金相图的含碳量不是 0～100%的完整图形，而只是研究含碳量 0～6.69%的部分，即 Fe–Fe₃C 相图，如图 1–30 所示。

Fe–Fe₃C 相图的左上角及左下角部分，生产中实用意义不大，为了便于分析研究，常进行简化，图 1–31 所示为简化后的 Fe–Fe₃C 相图。

在铁碳合金相图中，有两个转变非常重要，它们都是恒温转变。

（1）相图中的恒温转变。

① 共晶转变。

所谓共晶转变就是在恒温下，由一定成分的液相同时结晶出两种一定成分的固相的反应。共晶产物为两相混合物，称为共晶体。所有成分位于 ECF 线内，即碳的质量分数在 2.11%～6.69%内的铁碳合金，当由液态冷却至 1 148 ℃时，均会在该温度下发生共晶转变，转变方程式为：$L_{4.3} \xrightleftharpoons{1148℃} A_{2.11}+Fe_3C$。因此，$ECF$ 线对应的温度（1 148 ℃）称为共晶温度，C 点为共

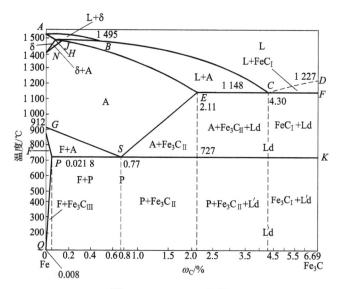

图1-30　Fe–Fe₃C 相图

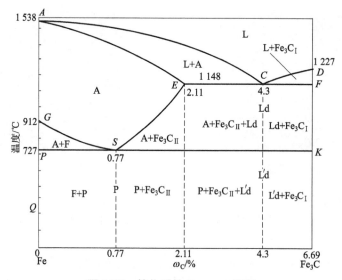

图1-31　简化后的 Fe–Fe₃C 相图

晶点，*ECF* 线称为共晶线。在铁碳合金中共晶体是莱氏体。

② 共析转变。

所谓共析转变就是在恒温下，由一定成分的固相同时结晶出两种一定成分的新固相的反应。共析产物也是两相混合物，称为共析体。所有成分位于 *PSK* 线内，即碳的质量分数在 0.021 8%～6.69%内的铁碳合金冷却至 727 ℃时，均会在该温度下发生共析转变，转变方程式为：$A_{0.77} \overset{727℃}{\Longleftrightarrow} F_{0.021\,8}+Fe_3C$。因此，*PSK* 线对应的温度（727 ℃）称为共析温度，*S* 点为共析点，*PSK* 线称为共析线。在铁碳合金中共析体是珠光体。

（2）Fe–Fe₃C 相图的主要特征点、特征线的物理意义。

① Fe–Fe₃C 相图中的主要特征点。

相图中的主要特性点有 A、C、D、E、G、P、S 等，其各点的物理意义见表 1-3。

表 1-3　Fe-Fe$_3$C 相图中主要特性点

特性点	温度/℃	含碳量/%	含　义
A	1 538	0	纯铁的熔点
C	1 148	4.3	共晶点，有共晶反应 $L_{4.3} \Longleftrightarrow A_{2.11} + Fe_3C$
D	1 227	6.69	Fe$_3$C 的熔点
E	1 148	2.11	碳在 γ-Fe（A）中的最大溶解度，钢与铁分的界点
G	912	0	纯铁的同素异构转变点 α-Fe $\Longleftrightarrow \gamma$-Fe
P	727	0.021 8	碳在 α-Fe 中的最大溶解度点
S	727	0.77	共析点，有共析反应 $A_{0.77} \Longleftrightarrow F_{0.021\,8} + Fe_3C$

② Fe-Fe$_3$C 相图中的主要特征线。

ACD 线：液相线，在此线以上合金处于液体状态，冷却时含碳量小于 4.3% 的合金在 AC 线开始结晶出奥氏体。含碳量大于 4.3% 的铁碳合金在 CD 线开始结晶出 Fe$_3$C，称一次渗碳体，并用 Fe$_3$C$_I$ 表示。

AE 线：钢的固相线，钢液冷却到此温度线时，全部结晶为奥氏体。

GS 线（A_3 线）：含碳量小于 0.77% 的奥氏体开始析出铁素体的温度线。

ES 线（A_{cm} 线）：碳在奥氏体中的溶解度曲线，在 1 148 ℃时，奥氏体的溶碳能力最大为 2.11%，随着温度的降低，溶解度也沿此线降低，到 727 ℃时，奥氏体的溶碳量为 0.77%。含碳量大于 0.77% 的合金，当冷却到此线时，析出渗碳体，称为二次渗碳体，并用 Fe$_3$C$_{II}$ 表示。

ECF 线：生铁的固相线，又叫共晶线。合金冷却到此线时发生共晶反应。

PSK 线（A_1 线）：又称共析线，合金在此线发生共析反应。

3. 铁碳合金成分、组织、性能之间的关系

由 Fe-Fe$_3$C 相图中的 E 点（2.11%C）将铁碳合金分为钢、白口铁两大部分，又由 S 点（0.77%C）及 C 点（4.3%C）把钢和白口铁分别分为三类，并且分别决定了相应的组织。其关系如表 1-4 所示。

表 1-4　铁碳合金含碳量与组织关系

名　称	含碳量/%	室温组织
亚共析钢	<0.77	F+P
共析钢	0.77	P
过共析钢	0.77～2.11	P+Fe$_3$C$_{II}$
亚共晶白口铁	2.11～4.3	P+Fe$_3$C$_{II}$+Ld$'$
共晶白口铁	4.3	Ld$'$
过共晶白口铁	4.3～6.69	Ld$'$+Fe$_3$C$_I$

含碳量对钢的力学性能的影响，是由钢的基本组织（F、P、Fe₃C）决定的，三种组织的主要力学性能如表 1-5 所示。

表 1-5　铁素体、渗碳体、珠光体的主要力学性能

组织名称	符号	HB	σ_b/(N·mm^{-2})	A/%	$a_{kV(U)}$/(J·cm^{-2})
铁素体	F	80	250	50	250
渗碳体	Fe₃C	800	—	≈0	≈0
珠光体	P	240	830	20~25	10~20

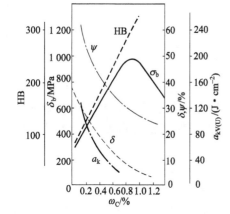

图 1-32　含碳量对钢力学性能的影响

当含碳量不同时，这三种组织在钢中的比例也将不同。含碳量越少，铁素体越多，钢的强度、硬度越低，而塑性和韧性值越高，如图 1-32 所示。随着含碳量的增加，珠光体增加，强度、硬度不断提高，而塑性、韧性下降。当含碳量超过共析成分（0.77%C）时，钢中出现了二次渗碳体，其强度、硬度继续上升，而含碳量超过 0.9%时，由于渗碳体形成网状，虽然硬度不断增加，但强度开始下降。所以为了保证钢具有较高的强度及足够的塑性、韧性，其含碳量一般不超过1.3%。含碳量超过 2.11%的铁碳合金，其组织以 Fe₃C为主，断面呈银白色，故称白口铁。其性能是硬度高、脆性大，不易切削加工，不适于直接制造机器零件，但可作为可锻铸铁和炼钢原料。

（四）Fe-Fe₃C 相图的应用及局限性

1. Fe-Fe₃C 相图的应用

（1）Fe-Fe₃C 相图在钢铁材料选用方面的应用。

根据 Fe-Fe₃C 相图，可将钢铁材料分为工业纯铁、钢和白口铁三大类。相图中所表明的某些成分、组织、性能的规律，为钢铁材料的选用提供了根据。建筑结构和各种型钢需要塑性、韧性好的材料，应选用含碳量较低的钢材。各种机器零件需要强度、塑性及韧性都较好的材料，即选用含碳量适中的中碳钢。各种工具要用硬度高及耐磨性好的材料，因此选用含碳量高的钢种。工业纯铁的强度低，不宜作结构材料，但其导磁率高，矫顽力低，故可作软磁材料使用，如作电磁铁的铁芯等。白口铁硬度高，脆性大，不能切削加工，也不能锻造，但其耐磨性和铸造性能好，适用于要求耐磨、不受冲击、形状复杂的铸件，如拔丝模、冷轧辊、车轮、犁铧、球磨机的铁球等。

（2）Fe-Fe₃C 相图在铸造工艺方面的应用。

根据 Fe-Fe₃C 相图可以确定合金的浇注温度。浇注温度一般在液相线以上 50 ℃~100 ℃，如图 1-33 所示。从相图可以看出，纯铁和共晶白口铁的铸造性能最好。因为它们的凝固温度区间最小（为零），因而流动性好，分散缩孔少，可以获得致密铸件。所以铸铁的成分在生产上总是选在共晶成分附近。在铸钢生产中，含碳量规定在 0.15%~0.6%，因为这一范围内钢

的结晶区间较小，铸造性能好。

（3）在热锻、热轧工艺方面的应用。

钢处于奥氏体状态时强度较低，塑性较好。因此钢
的锻造或轧制温度必须选在单相奥氏体区。一般始锻及
始轧温度控制在固相线以下 100 ℃～200 ℃内，如
图 1–33 所示。温度高时钢的变形抗力小，设备要求的
吨位较低。但不能过高，以免钢材严重氧化或发生过烧
（晶界熔化）。终锻及终轧温度不能过低，以免因钢材塑
性差而导致锻裂、轧裂。

（4）在热处理工艺方面的应用。

Fe–Fe$_3$C 相图对于制定热处理工艺有着特别的意
义。一些热处理工艺如退火、淬火的加热温度都是依据
相图确定的。这将在热处理一章中详细阐述。

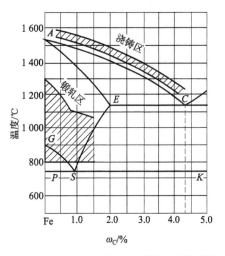

图 1–33 Fe–Fe$_3$C 相图与铸锻工艺的关系

2. Fe–Fe$_3$C 相图的局限性

Fe–Fe$_3$C 相图的应用很广，为了正确掌握它的应用，必须了解其局限性。

（1）Fe–Fe$_3$C 相图反映的是平衡相，相图能给出平衡条件下的相、相的成分和各相的相
对重量，但不能给出相的形状、大小和空间相互配置的关系。

（2）Fe–Fe$_3$C 相图只反映铁碳二元合金中相的平衡状态。实际生产中应用的钢和铸铁，
除了铁和碳以外，往往还含有其他元素。其他元素的含量较高时，将使相图发生重大变化。
因此严格地说，在这样的条件下 Fe–Fe$_3$C 相图已不再适用。

（3）Fe–Fe$_3$C 相图反映的平衡组织只有在非常缓慢的冷却和加热的条件下才能达到。也
就是说，相图没有反映时间的作用。所以，钢铁在实际的生产和加工过程中，当冷却和加热
速度较快时，常常不能用相图来分析问题。

必须指出，对于普通的钢和铸铁，在不违背平衡的情况下，如在炉中冷却，甚至在空气
中冷却时，Fe–Fe$_3$C 相图的应用是有足够的可靠性和准确性的。而对于特殊的钢和铸铁，或
在距平衡条件较远的情况下，利用 Fe–Fe$_3$C 相图来分析问题是不准确的，但它仍然可以作为
分析问题的参考依据。

复习思考题

1. 金属材料的性能包括哪些？各自的概念是什么？

2. 静载荷下的力学性能有哪些？其中，哪些性能可以由拉伸试验测得？

3. 解释以下指标表征的性能和含义。

$$R_{eH}、R_{eL}、R_m、A、Z、\sigma_{-1}、HBS、HBW、HRC$$

4. 什么叫冲击韧性？什么是脆性转变温度？

5. 什么叫疲劳强度？

6. 什么叫晶体、单晶体、多晶体和晶体结构？

7. 金属中常见的晶体结构有哪些？

8. 什么叫同素异构转变？写出纯铁的同素异构转变式。

9. 实际晶体中的晶体缺陷有哪几种类型？它们对晶体的性能有什么影响？

10. 什么叫结晶？什么叫结晶温度和过冷度？画出纯金属的冷却曲线。

11. 什么是合金、相、组织、固溶体、合金相图？

12. 合金的基本结构有哪几种？什么是固溶强化？

13. 铁碳合金的基本相有哪几个？基本组织有哪几个？各有何性能特点？

14. 什么叫共晶转变和共析转变？写出铁碳合金的共晶转变与共析转变方程式。

15. 根据 Fe–Fe$_3$C 相图说明产生下列现象的原因：

（1）ω_C=1.0%的钢比 ω_C=0.5%的钢硬度高；

（2）ω_C=0.77%的钢比 ω_C=1.2%的钢强度高。

第二章　常用工程材料

第一节　碳　素　钢

目前工业上使用的钢铁材料中，碳钢占有很重要的地位。由于碳钢冶炼方便、加工容易、价格低廉、性能可以满足许多场合的要求，故在工业中的应用非常广泛。

一、碳钢的分类

（一）按钢的含碳量分

（1）低碳钢：$\omega_C \leq 0.25\%$。

（2）中碳钢：$0.25\% < \omega_C \leq 0.6\%$。

（3）高碳钢：$\omega_C > 0.6\%$。

（二）按钢的质量分类

主要是根据钢中含有害杂质 S、P 的多少来分：

（1）普通碳素钢：$\omega_S \leq 0.055\%$，$\omega_P \leq 0.045\%$。

（2）优质碳素钢：$\omega_S \leq 0.040\%$，$\omega_P \leq 0.040\%$。

（3）高级优质碳素钢：$\omega_S \leq 0.030\%$，$\omega_P \leq 0.035\%$。

（三）按用途分类

（1）碳素结构钢。这类钢主要用于制造各种工程构件（如桥梁、船舶、建筑等）和机器零件（如齿轮、轴、螺钉，螺母和连杆等），一般属于低碳钢和中碳钢。

（2）碳素工具钢。这类钢主要用于制造各种刀具、量具和模具。碳素工具钢含碳量较高，属于高碳钢。

（四）按组织分类

根据含碳量和室温组织不同，可将碳钢分为共析钢、亚共析钢和过共析钢。

（1）共析钢：$\omega_C = 0.77\%$。

（2）亚共析钢：$0.02\% \leq \omega_C < 0.77\%$。

（3）过共析钢：$0.77\% < \omega_C \leq 2.11\%$。

（五）按脱氧程度分类

根据钢中的含氧量和钢液凝固时放出一氧化碳的程度，可将碳钢分为镇静钢、沸腾钢和半镇静钢三类。

1. 沸腾钢

脱氧不完全的钢，在冶炼末期仅进行轻度脱氧，使相当数量的氧（0.03%～0.07%）留在钢液中，钢液注入锭模后，钢中的氧与碳发生反应，析出大量一氧化碳（FeO+C→Fe+CO），产生沸腾现象。此类钢成分偏析大，组织不致密，机械性能不均匀，冲击韧性值较低，时效倾向较大，不适合制造对机械性能要求较高的零部件。

2. 镇静钢

脱氧完全的钢。钢液在浇注前用锰铁、硅铁和铝充分脱氧，使含氧质量分数不超过 0.01%（一般为 0.002%～0.003%），所以钢液在凝固时不析出一氧化碳，镇静不沸腾，能够得到成分比较均匀、组织比较致密的钢锭。

3. 半镇静钢

脱氧较完全的钢。脱氧程度介于沸腾钢和镇静钢之间。

4. 特殊镇静钢

比镇静钢脱氧程度更充分彻底，一般用过量的铝脱氧，质量最优。

二、常存杂质对碳钢性能的影响

碳钢是指含碳量小于 2.11%的铁碳合金，但实际使用的碳钢并不是单纯的铁碳合金，除碳以外，还含有少量的锰、硅、硫、磷等，这些元素是从矿石、燃料和冶炼等渠道进入钢中的，统称为杂质，它们对钢的性能有一定的影响，下面简要介绍。

（一）锰的影响

锰是炼钢时用锰铁脱氧而残留在钢中的，锰能够清除钢中的 FeO，改善钢的品质，降低钢的脆性；锰还能与硫化合成 MnS，消除硫的有害作用，改善钢的热加工性能。碳钢中的锰含量通常为 0.25%～0.80%，锰大部分溶于铁素体中，形成置换固溶体（含锰铁素体），使铁素体强化；一部分锰则能溶于 Fe_3C 中，形成合金渗碳体；锰还能增加珠光体的相对量，并使它细化，从而提高钢的强度；当含锰量不多时，对钢的性能影响并不显著。

（二）硅的影响

硅也是作为脱氧剂而加入钢中的，在镇静钢中硅的含量通常为 0.10%～0.40%，在沸腾钢中则只含有 0.03%～0.07%的硅。大部分硅溶于铁素体，使铁素体强化，提高了钢的强度及硬度，但却使钢的塑性、韧性下降。少部分硅存在于硅酸盐夹杂物中。当含硅量不多时，对钢的性能影响不显著。

（三）硫的影响

硫是在炼钢时由矿石、燃料带进钢中的，硫只能溶于钢液中，在固态铁中几乎不能溶解。硫不溶于铁，它以 FeS 的形式存在，FeS 与 Fe 形成低熔点的共晶体，熔点为 985 ℃，分布在晶界。当钢材在 1 000 ℃～1 200 ℃进行热加工时，共晶体熔化，使钢材变脆，这种现象称为热脆性。此外，含硫质量分数较高时，还会使钢铸件在铸造应力作用下产生热裂纹，在焊接时产生 SO_2 气体，还会使焊缝产生气孔和缩松。为此，钢中的含硫量必须严格控制。

增加钢中的锰含量，可消除硫的有害作用。锰与硫的化学亲和力大于铁与硫的亲和力，所以硫与锰形成 MnS，熔点为 1 620 ℃，高于热加工温度，而且在高温下具有一定的塑性，不会产生热脆。在一般工业用钢中，含锰质量分数常为含硫量的 5～10 倍。

（四）磷的影响

磷是由矿石和生铁等炼钢原料带入钢中的，无论是高温还是低温，磷在铁中都具有较大的溶解度，所以磷都固溶于铁素体中，具有很强的固溶强化作用，使钢的强度、硬度显著提高，但会剧烈地降低钢的韧性，尤其是使其低温韧性急剧下降，这种现象称为冷脆。所以，磷是一种有害的杂质，钢中含磷量要严格控制。

（五）氮的影响

钢中的氮主要来自铁水、炉膛的炉气和与钢水接触的空气。氮的有害作用主要是通过淬火时效和应变时效造成的。

如果将含氮量较高的钢从高温急速冷却下来（淬火），就会得到氮在α-Fe中的过饱和固溶体，将此钢材在室温下长期放置或稍加热，氮就会逐渐以氮化铁的形式从铁素体中析出，使钢的强度、硬度升高，塑性、韧性下降，导致钢材变脆，这种现象称为淬火时效。

另外，含有氮的低碳钢材经冷塑性变形后，性能也将随着时间而变化，即强度、硬度升高，塑性、韧性明显下降，这种现象称为应变时效。

这两种时效现象对低碳钢材性能的影响是十分有害的，解决办法是往钢中加入足量的铝，铝能与氮结合成AlN，可以减弱或完全消除这两种在较低温度下发生的时效现象。此外，AlN还会阻碍加热时奥氏体晶粒的长大，起到细化晶粒的作用。

（六）氢的影响

钢中的氢是由锈蚀含水的炉料或从含有水蒸气的炉气中吸入的，在含氢的还原性气氛中加热钢材、酸洗和电镀等，氢均可被钢件吸收，并通过扩散进入钢内。氢对钢的危害很大，一是引起氢脆，即在低于钢材强度极限的应力作用下，经过一定时间后，在无任何预兆的情况下突然断裂，往往造成灾难性的后果。钢的强度越高，对氢脆的敏感性越大。二是导致钢材内部产生大量细微裂纹缺陷——白点，在钢材纵断面上呈现光滑的银白色斑点，在酸洗后的横断面上则呈现较多的发丝状裂纹。白点使钢材的延伸率显著下降，尤其是断面收缩率和冲击韧性降低得更多，有时可接近零值，因此有白点的钢是不能使用的。

（七）氧及其他非金属夹杂物的影响

氧在钢中的溶解度非常小，几乎全部以氧化物夹杂物的形式存在于钢中。此外，钢中往往存在硫化铁、硫化锰、硅酸盐、氧化物、氮化物和磷化物等。这些非金属夹杂物破坏了钢基体的连续性，在静载荷和动载荷的作用下，往往成为裂纹的起点。它们的性质、大小、数量及分布状态不同程度地影响着钢的各种性能，尤其是对钢的塑性、韧性、疲劳强度和抗腐蚀性能等危害很大。因此，对非金属夹杂物应严加控制。对于有高质量要求的钢材，炼钢生产中应用真空技术、渣洗技术、惰性气体净化、电渣重熔等炉外精炼手段，可以有效减少钢中的气体和非金属夹杂物。

三、碳钢的编号和用途

（一）碳素结构钢

碳素结构钢含碳量低，具有较高的强度和良好的塑性与韧性，同时工艺性能（焊接性和冷成形性）优良、冶炼成本低。因此，碳素结构钢广泛应用于一般建筑、工程结构及普通机械零件。

碳素结构钢通常热轧成扁平成品（钢板、钢带等）或型材（圆钢、方钢、工字钢、钢筋等）供应，使用中一般不再进行热处理，而是在热轧状态下直接使用。按国家标准 GB/T 700—2006，碳素结构钢的牌号见表 2–1。

表 2–1　碳素结构钢牌号与化学成分（GB/T 700—2006）

牌号	等级	化学成分/%（≤）					脱氧方法
		C	Mn	Si	S	P	
Q195	—	0.12	0.50	0.30	0.040	0.035	F、Z
Q215	A	0.15	1.20	0.35	0.050	0.045	F、Z
	B				0.045		
Q235	A	0.22	1.40	0.35	0.050	0.045	F、Z
	B	0.20			0.045		
	C	0.17			0.040	0.040	Z
	D				0.035	0.035	TZ
Q275	A	0.24	1.50	0.35	0.050	0.045	F、Z
	B	0.21			0.045	0.045	Z
	C	0.22			0.040	0.040	Z
	D	0.20			0.035	0.035	TZ

碳素结构钢的牌号是以钢材厚度（或直径）不大于 16 mm 钢的屈服点（R_{eH}、R_{eL}）数值划分的，并且还有根据质量等级和脱氧方法的细划分。表 2–1 中符号、代号的意义如下：

Q——钢屈服点，"屈"字汉语拼音首位字母；

A、B、C、D——各个质量等级；

F——沸腾钢，"沸"字汉语拼音首位字母；

Z——镇静钢，"镇"字汉语拼音首位字母；

TZ——特殊镇静钢，"特镇"两字汉语拼音首位字母。

在牌号组成表示方法中，"A"级 S、P 含量最高，质量等级最低；"D"级 S、P 含量最低，质量等级最高。"Z"与"TZ"符号予以省略。

钢在冶炼后，除了少数直接铸成铸件外，绝大部分都要先铸成钢锭，然后轧成各种钢材，如板、棒、管、带材等，用于制造工具和某些机器零件时需要进行热处理，但是更多的情况是在热轧状态下直接使用。钢锭的宏观组织与缺陷，不但会直接影响其热加工性能，而且对热变形后钢的性能有显著影响。

例如，Q235AF 表示 $\sigma_s \geqslant 235$ MPa 的 A 级碳素结构钢（属沸腾钢）。

碳素结构钢的力学性能见表 2–2。

表 2-2　碳素结构钢的力学性能

牌号	等级	屈服点 R_{eH}/MPa 钢材厚度（直径）/mm ≤16	>16~40	>40~60	>60~100	>100~150	>150~200	抗拉强度 R_m/MPa	伸长率 A_5/% 钢材厚度（直径）/mm ≤40	>40~60	>60~100	>100~150	>150~200	温度/℃	V型冲击功（纵向）/J
		不　　小　　于							不　　小　　于						不小于
Q195	—	(195)	(185)	—	—	—	—	315~430	33	—	—	—	—	—	—
Q215	A	215	205	195	185	175	165	335~450	31	30	29	27	26	—	—
	B													20	27
Q235	A	235	225	215	205	195	185	375~500	26	25	24	22	21	—	—
	B													20	27
	C													0	27
	D													−20	27
Q275	A	275	265	255	245	225	215	410~540	22	21	20	18	17	—	—
	B													20	27
	C													0	27
	D													−20	27

碳素结构钢的特性和应用见表 2-3。

表 2-3　碳素结构钢的特性和应用

牌号	主　要　特　性	应　用　举　例
Q195	具有较高的塑性、韧性和焊接性能，良好的压力加工性能，但强度低	用于制造对强度要求不高、便于加工成形的坯件，如钢丝、紧固件、日用小五金、犁铧、烟筒、屋面板、铆钉、薄板和焊管等
Q215		
Q235	具有良好的塑性、韧性、焊接和冷冲压性能，以及一定的强度、好的冷弯性能	广泛用于一般要求的零件和焊接结构，如受力不大的拉杆、连杆、销、轴、螺钉、螺母、套圈、支架、机座、建筑结构、桥梁等
Q275	具有较高的强度、较好的塑性和切削加工性能及一定的焊接性能，小型零件可以淬火强化	用于制造要求强度较高的零件，如齿轮、轴、链轮、键、螺栓、螺母、农机用型钢、输送链等

（二）优质碳素结构钢

这类钢中有害杂质及非金属夹杂物含量较少，化学成分控制得也较严格，塑性和韧性较高，多用于制造较重要的零件。

这类钢的编号方法是以平均含碳量万分数表示，如平均含碳量为 0.45% 的优质碳素结构钢，就称为 45 号钢。若牌号后加 Mn，则为含锰量较高的优质碳素结构钢，其淬透性和强度比相应普通含锰量的钢稍高，可用于制造截面稍大或强度要求稍高的弹性零件。优质碳素结构钢的牌号、化学成分及力学性能见表 2-4。

表 2-4　优质碳素结构钢的牌号、化学成分及力学性能（GB/T 699—1999）

牌号	化学成分/%					机　械　性　能						
	C	Mn	Si	S	P	屈服点 σ_s/MPa 不小于	抗拉强度 σ_b/MPa 不小于	伸长率 A_5/% 不小于	断面收缩率 Ψ/% 不小于	冲击韧性 a_k/(J·cm^{-2}) 不小于	热轧钢 /HBS 不大于	退火钢 /HBS 不大于
08F	0.05~0.11	0.25~0.50	≤0.03	<0.035	<0.035	175	295	35	60	—	131	—
10	0.07~0.13	0.35~0.65	0.17~0.37	<0.035	<0.035	205	335	31	55	—	137	—
20	0.17~0.23	0.35~0.65	0.17~0.37	<0.035	<0.035	245	410	25	55	—	156	—
35	0.32~0.39	0.50~0.80	0.17~0.37	<0.035	<0.035	315	530	20	45	55	197	—
40	0.37~0.44	0.50~0.80	0.17~0.37	<0.035	<0.035	335	570	19	45	47	217	187
45	0.42~0.50	0.50~0.80	0.17~0.37	<0.035	<0.035	355	600	16	40	39	229	197
50	0.47~0.55	0.50~0.80	0.17~0.37	<0.035	<0.035	375	630	14	40	31	241	207
60	0.57~0.65	0.50~0.80	0.17~0.37	<0.035	<0.035	400	675	12	35	—	255	229
65	0.62~0.70	0.50~0.80	0.17~0.37	<0.035	<0.035	410	695	10	30	—	255	229
65Mn	0.62~0.70	0.90~1.20	0.17~0.37	<0.035	<0.035	430	735	9	30	—	285	229

注：本表摘自（GB/T 699—1999）中部分牌号。

优质碳素结构钢主要用于制造重要的机械零件，一般都要在经过热处理之后使用。随着优质碳素结构钢含碳量的增加，其强度、硬度提高，塑性、韧性降低。因此，不同牌号的优质碳素结构钢具有不同的力学性能及用途。

优质碳素结构钢的特性和应用见表 2-5。

表 2-5　优质碳素结构钢的特性和应用

牌号	主　要　特　性	应　用　举　例
08F	优质沸腾钢，强度、硬度低，塑性极好。深冲压、深拉延等冷加工性好，焊接性好。成分偏析倾向大，时效敏感性强（钢经时效处理后，韧性下降），故冷加工时可采用消除应力热处理或水韧处理，防止冷加工断裂	易轧成薄板、薄带、冷变型材、冷拉钢丝，用作冲压件、压延件，各类不承受载荷的覆盖件，渗碳、渗氮、碳氮共渗件，以及制作各类套筒、靠模和支架

牌号	主 要 特 性	应 用 举 例
10	强度低（稍高于 08 钢），塑性、韧性很好，焊接性优良，无回火脆性。易冷热加工成形，淬透性很差，正火或冷加工后切削性能好	宜用冷轧、冷冲、冷镦、冷弯、热轧、热挤压、热镦等工艺成形，制造要求受力不大、韧性高的零件，如摩擦片、深冲器皿、汽车车身、弹体等
20	强度、硬度稍高于 15F、15 钢，塑性和焊接性好，热轧或正火后韧性好	制作不太重要的中小型渗碳、碳氮共渗件、锻压件，如杠杆轴、变速箱和变速叉、齿轮、重型机械拉杆和钩环等
35	强度适当，塑性较好，冷塑性高，焊接性尚可。冷态下可局部镦粗和拉丝。淬透性低，正火或调质后使用	适于制造小截面零件，可承受较大载荷的零件，如曲轴、杠杆、连杆、钩环等，各种标准件、紧固件
40	强度较高，可切削性良好，冷变形能力中等，焊接性差。无回火脆性，淬透性低，水淬时易生裂纹，多在调质或正火态使用，两者综合性能相近，表面淬火后可用于制造承受较大应力件	适于制造曲轴、心轴、传动轴、活塞杆、连杆、链轮和齿轮等，做焊接件时需先预热，焊后缓冷
45	最常用中碳调质钢，综合力学性能良好，淬透性低，水淬时易生裂纹。小型件宜采用调质处理，大型件宜采用正火处理	主要用于制造强度高的运动件，如透平机叶轮、压缩机活塞、轴、齿轮、齿条、蜗杆等。焊接件注意焊前预热，焊后消除应力退火
50	高强度中碳结构钢，冷变形能力低，可切削性中等。焊接性差，无回火脆性，淬透性较低，水淬时易生裂纹，使用状态：正火，淬火后回火，高频表面淬火，适用于在动载荷及冲击作用不大的条件下耐磨性高的机械零件	锻造齿轮、拉杆、轧辊、轴摩擦盘、机床主轴、发动机曲轴、农业机械犁铧、重载荷心轴及各种轴类零件等，以及较次要的减震弹簧、弹簧垫圈等
60	具有高强度、高硬度和高弹性，冷变形时塑性差，可切削性能中等，焊接性不好，淬透性差，水淬时易生裂纹，故大型件用正火处理	轧辊、轴类、轮毂、弹簧圈、减震弹簧、离合器和钢丝绳
65	适当热处理或冷作硬化后具有较高的强度与弹性，焊接性不好，易形成裂纹，不宜焊接，可切削性差，冷变形塑性低，淬透性不好，一般采用油淬，大截面件采用水淬油冷，或正火处理。其特点是在相同组态下其疲劳强度可与合金弹簧钢相当	宜用于制造截面形状简单、受力小的扁形或螺形弹簧零件，如气门弹簧、弹簧环等，也宜用于制造高耐磨性零件，如轧辊、曲轴、凸轮及钢丝绳等
65Mn	强度、硬度、弹性和淬透性均比 65 钢高，具有过热敏感性和回火脆性倾向，水淬有形成裂纹倾向。退火态可切削性尚可，冷变形塑性低，焊接性差	受中等载荷的板弹簧，直径达 7~20 mm 螺旋弹簧及弹簧垫圈、弹簧环。高耐磨性零件，如磨床主轴、弹簧卡头、精密机床丝杠、犁、切刀、螺旋辊子轴承上的套环和铁道钢轨等

（三）碳素工具钢

这类钢的编号方法是在"碳"或"T"后加数字，数字表示钢的平均含碳量的千分数。例如，碳 7（T7），碳 12（T12）分别表示平均含碳量为 0.7% 和 1.2% 的碳素工具钢。碳素工具钢的牌号、化学成分及性能见表 2-6。

表 2-6 碳素工具钢的牌号、化学成分、硬度（GB/T 1298—2008）

牌号	化 学 成 分/%					退火钢的硬度/HBS 不大于	淬火温度/℃，冷却剂	淬火后钢的硬度/HRC 不小于
	C	Mn	Si	S 不大于	P 不大于			
T7	0.65～0.74	≤0.40	≤0.35	0.030	0.035	187	800～820，水	62
T8	0.75～0.84						780～800，水	
T8Mn	0.80～0.90	0.40～0.60						
T9	0.85～0.94	≤0.40				192	760～780，水	
T10	0.95～1.04					197		
T11	1.05～1.14					207		
T12	1.15～1.24							
T13	1.25～1.35					217		

注：① 高级优质钢（钢号后加 A），w_S≤0.020%，w_P≤0.030%；

② 钢中允许有残余元素，w_{Cr}≤0.25%，w_{Ni}≤0.20%，w_{Cu}≤0.25%。供制造铅浴淬火钢丝时，钢中残余元素含量 w_{Cr}≤0.10%，w_{Ni}≤0.12%，w_{Cu}≤0.20%，三者之和不大于 0.40%。

碳素工具钢都是优质以上的钢，若为高级优质碳素工具钢，则在钢号后面加一个"高"字或 A，如碳 12 高（或 T12A）。

碳素工具钢一般以退火状态供应，使用时需进行适当的热处理，各种碳素工具钢淬火后的硬度相近，但随着含碳量的增加，钢中未溶渗碳体增多，钢的耐磨性增加，而韧性降低。

碳素工具钢的特性和应用见表 2-7。

表 2-7 碳素工具钢的特性和应用

牌号	主 要 特 性	应 用 举 例
T7 T7A	经热处理（淬火、回火）之后，可得到较高的强度和韧性以及相当的硬度，但淬透性低，淬火变形，而且热硬度低	用于制作能够承受撞击、振动载荷，韧性较好，硬度中等且切削能力不高的各种工具，如小尺寸风动工具（冲头、凿子），木工用的凿和锯，压模、锻模、钳工工具，铆钉冲模，车床顶针，钻头，钻软岩石的钻头，镰刀，剪铁皮的剪子，还可用于制作弹簧、销轴、杆和垫片等耐磨、承受冲击和韧性不高的零件，T7 还可制作手用大锤与钳工锤头和瓦工用的抹子
T8 T8A	经淬火回火处理后，可得到较高的硬度和良好的耐磨性，但强度和塑性不高，淬透性低，加热时易过热，易变形，热硬性低，承受冲击载荷的能力低	用于制造切削刀口在工作中不变热的、硬度和耐磨性较高的工具，如木材加工用的铣刀、埋头钻、斧、凿、纵向手锯、圆锯片、滚子、铅锡合金压铸板和型芯、简单形状的模子和冲头、软金属切削刀具、打眼工具、钳工装配工具、铆钉冲模、虎钳口以及弹性垫圈、弹簧片、卡子、销子、夹子和止动圈等
T8Mn T8MnA	性能和 T8、T8A 相近，由于合金元素锰的作用，淬透性比 T8、T8A 好，能获得较深的淬硬层，可以制作截面较大的工具	用途和 T8、T8A 相似

牌号	主 要 特 性	应 用 举 例
T9 T9A	性能和T8、T8A相近	用于制作硬度、韧性较高，但不受强烈冲击振动的工具，如冲头、冲模、木工工具、切草机刀片和收割机中的切割零件
T10 T10A	钢的韧性较好，强度较高，耐磨性比T8、T8A、T9、T9A均高，但热硬性低，淬透性不高，淬火变形较大	用于制造切削条件较差、耐磨性较高，且不受强烈振动、要求韧性及锋刃的工具，如钻头、丝锥、车刀、刨刀、扩孔工具、螺丝板牙、铣刀、切烟和切纸机的刀刃、锯条、机用细木工具、拉丝模、直径或厚度为6～8 mm且断面均匀的冷切边模及冲孔模、卡板量具以及用于制作冲击不大的耐磨零件，如小轴、低速传动轴、滑轮轴和销子等
T11 T11A	具有较好的韧性和耐磨性、较高的强度和硬度，而且对晶粒长大和形成碳化物网的敏感性较小，但淬透性低，热硬性差，淬火变形大	用于制造钻头、丝锥、手用锯金属的锯条、形状简单的冲头及阴模、剪边模和剪冲模
T12 T12A	具有高硬度和高耐磨性，但韧性较低、热硬性差、淬透性不好、淬火变形大	用于制造冲击小、切削速度不高、高硬度的各种工具，如铣刀、车刀、钻头、铰刀扩孔钻、丝锥、板牙、刮刀、切烟丝刀、锉刀、锯片、切黄铜用工具、羊毛剪刀、小尺寸的冷切边模及冲孔模，以及高硬度但冲击小的机械零件
T13 T13A	在碳素工具钢中，硬度和耐磨性都是最好的工具钢，韧性较差，不能承受冲击	用于制造要求极高硬度但不受冲击的工具，如刮刀、剃刀、拉丝工具、刻锉刀纹的工具、钻头、硬石加工用的工具、锉刀、雕刻用工具和剪羊毛刀片等

（四）碳素铸钢

在生产中，一些形状复杂的零件，在工艺上难以用锻压方法生产，在性能上用力学性能较低的铸铁又不能满足要求，此时常采用铸钢件。铸造碳钢的铸造性能比铸铁差，但力学性能大大优于铸铁，工程上广泛用于制造重型机械、矿山机械、冶金机械及机车车辆上的零件和构件。

一般工程用铸造碳钢的牌号、化学成分和力学性能见表2-8。

表 2-8　工程用铸造碳钢的牌号、化学成分和力学性能（GB/T 11352—2009）

牌号	主要化学成分 w/%				室温力学性能（不小于）				
	C ≤	Si ≤	Mn ≤	P、S ≤	R_{eH}（$R_{p0.2}$） /MPa	R_m/MPa	A_5/%	Z/%	A_{kV}/J
ZG200–400	0.20		0.80		200	400	25	40	30
ZG230–450	0.30				230	450	22	32	25
ZG270–500	0.40	0.60	0.90	0.035	270	500	18	25	22
ZG310–570	0.50				310	570	15	21	15
ZG340–640	0.60				340	640	10	18	10

一般工程用铸造碳钢的特性和应用见表 2-9。

表 2-9　铸造碳钢的特性和应用

牌号	主 要 特 性	应 用 举 例
ZG200-400	有良好的塑性、韧性和焊接性能	用于受力不大、要求韧性高的各种机械零件，如机座、变速箱壳体等
ZG230-450	有一定的强度和较好的塑性、韧性，焊接性能良好，可加工性好	用于受力不大、要求韧性较高的各种机械零件，如砧座、外壳、轴承盖、底板、阀体和犁柱等
ZG270-500	有较高的强度和较好的塑性，铸造性能、焊接性能及可加工性好	用于轧钢机机架、轴承座、连杆、箱体、曲轴和缸体等
ZG310-570	强度和可加工性良好，塑性、韧性较低	用于负荷较高的零件，如大齿轮、缸体、制动轮、辊子和机架等
ZG340-640	有高的强度、硬度和耐磨性，可加工性中等，焊接性较差，铸造时流动性好，但裂纹敏感性较大	用于齿轮、棘轮、连接器和叉头等

第二节　合　金　钢

合金钢是为了改善钢的组织与性能，有意识地在碳钢中加入某些合金元素后所获得的钢种。尽管碳素钢由于价格低廉、生产和加工方便，并且通过改变碳的含量和采取相应的热处理，可以满足许多工业上所要求的性能，因而至今仍是工业上应用最广泛的钢铁材料，占钢材总量的 80%。但碳钢存在的一些不足限制了它的使用。

（1）淬透性低。对于直径大于 20～25 mm 的零件，即使水淬也难以淬透。因此，在整个截面上的性能分布不均匀，这对于性能要求高的大型构件就限制了碳钢的使用。

（2）力学性能比合金钢低。如 20 钢的强度 $\sigma_b \geq 410$ MPa，而 16 Mn 仅加入少量的 Mn，强度就提高为 $\sigma_b \geq 520$ MPa。可见，对于承受高负荷的零件，若采用碳钢，就要增大尺寸，致使设备变得庞大、笨重。再如调质处理的碳钢，若保证较高的强度，则韧性较低；若保证较好的韧性，则强度较低。

（3）碳钢不能满足特殊性能的要求。碳钢在抗氧化、耐蚀、耐热、耐低温、耐磨损以及特殊电磁性等方面往往较差，不能满足特殊使用性能的要求。

合金钢的用量虽然较少，但却非常重要。合金钢的综合力学性能较好，但由于生产和加工工艺较复杂，所以价格也较贵。因此，在碳钢能满足使用要求时，尽量不要使用合金钢。

一、合金元素在钢中的作用

合金钢中常用的合金元素有锰（Mn）、硅（Si）、铬（Cr）、钼（Mo）、钨（W）、钒（V）、钛（Ti）、铌（Nb）、锆（Zr）、镍（Ni）和钴（Co）等元素。

合金元素在钢中可以与铁和碳形成固溶体（包括合金奥氏体、合金铁素体、合金马氏体）及碳化物（包括合金渗碳体、特殊碳化物），也可以相互之间形成金属化合物，从而改变钢的组织和性能，它们在钢中的具体作用可归纳如下。

（一）固溶强化

合金元素 Ni、Si、Al、Co、Cu、Mn、Cr、Mo、W 等可以固溶于铁素体、奥氏体、马氏体中引起晶格畸变，增加位错运动阻力，产生固溶强化。

（二）第二相强化

合金元素 Mn、Cr、Mo、W 等可以固溶于渗碳体中，形成合金渗碳体（Fe·Mn）$_3$C、（Fe·Cr）$_3$C、（Fe·Mo）$_3$C、（Fe·W）$_3$C，增加了铁和碳的亲和力，提高了渗碳体的稳定性。这种稳定性较高的合金渗碳体在钢加热形成奥氏体时，难以溶于奥氏体中，也难以聚集长大，冷却后保留在钢中，成为位错运动的障碍，会提高钢的强度和硬度。合金元素 V、Ti、Nb 等常与碳形成特殊碳化物 VC、TiC、NbC；另外，当 Cr、W、Mo 含量较高时，也会与碳形成特殊碳化物 Cr$_{23}$C$_6$、W$_2$C、Mo$_2$C。这些特殊碳化物熔点、硬度和稳定性高，加热时更难溶于奥氏体中，当它们以细小质点分布在钢中时，能更有效地提高钢的强度和硬度。

（三）细化晶粒

大多数合金元素都能细化奥氏体和铁素体晶粒及马氏体针条，尤其是 V、Ti、Nb、Zr、Al 的细化作用最显著，晶界或马氏体针条边界成为位错运动的障碍。奥氏体和铁素体晶粒或马氏体针条越细，位错运动阻力越大，强化效果越大。

（四）提高淬透性

除 Co 以外，几乎所有的合金元素固溶于奥氏体中都能增加奥氏体的稳定性，从而减慢过冷奥氏体的分解速度，使 C 曲线右移，从而降低钢淬火时的临界冷却速度，提高淬透性。

（五）提高回火稳定性

回火稳定性是指淬火钢在回火过程中抵抗硬度下降的能力，又称回火抗力。硬度下降越慢，则回火抗力越高。合金元素固溶于淬火马氏体中减慢了碳的扩散速度，阻碍了碳化物从过饱和固溶体中析出，推迟了马氏体的分解，抵抗硬度下降，因而合金钢具有较高的回火稳定性。

合金的回火稳定性比碳钢高。在达到相同硬度的情况下，合金钢的回火温度高，残余应力可得到充分消除，塑性和韧性比碳钢好。若以与碳钢相同的温度回火，则合金钢的强度和硬度比碳钢高。高的回火稳定性使钢在较高的温度条件下仍保持高硬度和高耐磨性，这种性能称为红硬性，它对于切削速度较高的刀具具有重要意义。

（六）合金元素使钢获得特殊性能

合金元素加入钢中可以使钢形成稳定的单相组织或形成致密的氧化膜和金属间化合物，从而使钢获得耐腐蚀、耐热等特殊性能。

1. 形成稳定的单相组织

当 Ni、Mn、Cu、N 等元素固溶于铁素体和奥氏体中，且含量较高时，例如 ω_{Ni} 为 9% 或 ω_{Mn} 为 13%，则可使 A_3 线降至室温以下，此时钢在室温呈单相奥氏体组织，称为奥氏体钢，它有着碳钢不具备的耐腐蚀、耐高温、抗磨损等特殊性能。当 Si、Cr、W、Mo、V、Ti、Al 等元素含量较高时，如 ω_{Cr} 为 17%～28%，则可使奥氏体区消失，此时钢在室温呈单相铁素体组织，称为铁素体钢，此类钢也具有耐腐蚀、耐高温等特殊性能。

2. 形成致密氧化膜和金属间化合物

在不锈钢和耐热钢中，合金元素 Si、Cr、Al、Ni、W、Mo、Ti 等可以形成致密的氧化膜

SiO_2、Cr_2O_3、Al_2O_3 和金属间化合物 FeSi、FeCr、Ni_3Al、 Ni_3Ti、Fe_2W、Fe_2Mo 等。致密氧化膜覆盖在钢的表面，提高钢的耐腐蚀性和高温抗氧化性；金属间化合物则阻碍位错在高温下运动，提高钢的蠕变抗力，特别是当它们的细小颗粒呈弥散分布时，可以显著提高钢的高温强度。

二、合金钢的分类及牌号

（一）合金钢的分类

合金钢的种类繁多，分类方法也较多，常用分类方法如下：

1. 按合金元素的含量分

（1）低合金钢：合金元素总的质量分数小于 5%。

（2）中合金钢：合金元素总的质量分数为 5%～10%。

（3）高合金钢：合金元素总的质量分数大于 10%。

2. 按用途分

（1）合金结构钢
- 低合金高强度结构钢
- 合金渗碳钢
- 合金调质钢
- 合金弹簧钢
- 轴承钢
- 易切钢
- 超高强度钢

（2）合金工具钢
- 刃具钢
- 模具钢
- 量具钢

（3）特殊性能钢
- 不锈钢
- 耐热钢
- 耐磨钢

（二）合金钢的牌号

1. 合金结构钢

低合金高强度结构钢的牌号表示方法与碳素结构钢相同，其他合金结构钢的牌号通常由以下四部分组成。

第一部分：以两位阿拉伯数字表示平均含碳量（以万分之几计）。

第二部分：合金元素含量，以化学元素符号及阿拉伯数字表示。具体表示方法为平均含量小于 1.50% 时，牌号中仅标明元素，一般不标明含量；平均含量为 1.50%～2.49%、2.50%～3.49%、3.50%～4.49%、4.50%～5.49%…时，在合金元素后相应写上 2、3、4、5…。

第三部分：钢材冶金质量，高级优质钢、特级优质钢分别以 A、E 表示，优质钢不用字母表示。

第四部分（必要时）：产品用途、特性或工艺方法的表示符号。

例如，含碳量为 0.17%～0.23%、含铬量为 1.00%～1.30%、含锰量为 0.80%～1.10%、含钛量为 0.04%～0.10% 的合金结构钢，牌号为 20CrMnTi。

2. 合金工具钢

合金工具钢的牌号通常由两部分组成。

第一部分：平均含碳量小于1.00%时，采用一位数字表示含碳量（以千分之几计）；平均含碳量大于1.00%时，不标明含碳量。

第二部分：合金元素含量，以化学元素符号及阿拉伯数字表示，表示方法与合金结构钢的第二部分相同。低铬（平均含铬量小于1%）合金工具钢，在铬含量（以千分之几计）前加数字"0"。

高速工具钢牌号表示方法与合金结构钢相同，但在牌号头部一般不标明含碳量的阿拉伯数字。为了区别牌号，在牌号头部可以加"C"表示高碳高速工具钢。

例如，含碳量为0.73%～0.83%、含钨量为17.20%～18.70%、含铬量为3.80%～4.50%、含钒量为1.00%～1.20%的高速工具钢，牌号为W18Cr4V。

3. 特殊性能钢

不锈钢和耐热钢的牌号采用合金元素符号和各元素含量的阿拉伯数字表示。各元素含量的阿拉伯数字表示应符合以下规定。

（1）含碳量：用两位或三位阿拉伯数字表示含碳量的最佳控制值（以万分之几或十万分之几计）。只规定含碳量上限者，当含碳量上限不大于0.10%时，以其上限的3/4表示含碳量；当含碳量上限大于0.10%时，以其上限的4/5表示含碳量。

例如，含碳量上限分别为0.08%、0.20%、0.15%时，含碳量分别以06、16、12表示。

对于超低碳不锈钢（含碳量不大于0.030%时），用三位阿拉伯数字表示含碳量最佳控制值（以十万分之几计）。

例如，含碳量上限为0.030%、0.020%时，其牌号中的含碳量分别以022、015表示。

规定含碳量上、下限者，以平均含碳量×100表示。

例如，含碳量为0.16%～0.25%时，其牌号中的含碳量以20表示。

（2）合金元素含量：以化学元素符号及阿拉伯数字表示，表示方法同合金结构钢第二部分。钢中有意加入的铌、钛、锆、氮等合金元素，虽然含量很低，但也应在牌号中标出。

例如：含碳量不大于0.08%、含铬量为18.00%～20.00%、含镍量为8.00%～11.00%的不锈钢，牌号为06Cr19Ni10；含碳量不大于0.030%、含铬量16.00%～19.00%、含钛量为0.10%～1.00%的不锈钢，牌号为022Cr18Ti。

三、合金结构钢

（一）低合金高强度结构钢

低合金高强度结构钢是指含有少量锰、钒、铌、钛等合金元素，用于工程和一般结构的钢种，低合金高强度结构钢的强度比碳素结构钢高30%～150%，并在保持低碳（≤0.20%）的条件下获得不同的强度等级。用低合金高强度结构钢代替碳素结构钢使用，可以减轻结构自重、节约金属材料消耗、提高结构承载能力并延长其使用寿命。

低合金高强度结构钢的牌号和化学成分见表2-10。

低合金高强度结构钢的拉伸试验力学性能见表2-11。

低合金高强度结构钢的特性和应用见表2-12。

表2-10 我国常用的几种低合金高强度结构钢的牌号和化学成分（GB/T 1591—2008）

牌号	质量等级	化学成分（%）≤												
		C	Si	Mn	P	S	Nb	V	Ti	Cr	Ni	Cu	N	Mo
Q345	A	0.20	0.50	1.70	0.035	0.035	0.07	0.15	0.20	0.30	0.50	0.30	0.012	0.10
	B	0.20			0.035	0.035								
	C				0.030	0.030								
	D	0.18			0.030	0.025								
	E				0.025	0.020								
Q390	A	0.20	0.50	1.70	0.035	0.035	0.07	0.20	0.20	0.30	0.50	0.30	0.015	0.10
	B				0.035	0.035								
	C				0.030	0.030								
	D				0.030	0.025								
	E				0.025	0.020								
Q420	A	0.20	0.50	1.70	0.035	0.035	0.07	0.20	0.20	0.30	0.80	0.30	0.015	0.20
	B				0.035	0.035								
	C				0.030	0.030								
	D				0.030	0.025								
	E				0.025	0.020								
Q460	C	0.20	0.60	1.80	0.030	0.030	0.11	0.20	0.20	0.30	0.80	0.55	0.015	0.20 B: 0.004
	D				0.030	0.025								
	E				0.025	0.020								

表 2-11 我国常用的几种低合金高强度结构钢的拉伸试验力学性能（GB/T 1591—2008）

牌号	质量等级	屈服强度/MPa 厚度（直径，边长）/mm									抗拉强度/MPa 厚度（直径，边长）/mm							断后伸长率/% 厚度（直径，边长）/mm					
		≤16	>16~40	>40~63	>63~80	>80~100	>100~150	>150~200	>200~250	>250~400	≤40	>40~63	>63~80	>80~100	>100~150	>150~250	>250~400	≤40	>40~63	>63~100	>100~150	>150~250	>250~400
Q345	A	≥345	≥335	≥325	≥315	≥305	≥285	≥275	≥265	—	470~630	470~630	470~630	450~600	450~600	450~600	—	≥20	≥19	≥19	≥18	≥17	—
	B	≥345	≥335	≥325	≥315	≥305	≥285	≥275	≥265	—	470~630	470~630	470~630	450~600	450~600	450~600	—	≥20	≥19	≥19	≥18	≥17	—
	C	≥345	≥335	≥325	≥315	≥305	≥285	≥275	≥265	—	470~630	470~630	470~630	450~600	450~600	450~600	—	≥20	≥19	≥19	≥18	≥17	—
	D	≥345	≥335	≥325	≥315	≥305	≥285	≥275	≥265	≥265	470~630	470~630	470~630	450~600	450~600	450~600	450~600	≥21	≥20	≥20	≥19	≥18	≥17
	E	≥345	≥335	≥325	≥315	≥305	≥285	≥275	≥265	≥265	470~630	470~630	470~630	450~600	450~600	450~600	450~600	≥21	≥20	≥20	≥19	≥18	≥17
Q390	A	≥390	≥370	≥350	≥330	≥330	≥310	—	—	—	490~650	490~650	490~650	490~650	470~620	—	—	≥20	≥19	≥19	≥18	—	—
	B	≥390	≥370	≥350	≥330	≥330	≥310	—	—	—	490~650	490~650	490~650	490~650	470~620	—	—	≥20	≥19	≥19	≥18	—	—
	C	≥390	≥370	≥350	≥330	≥330	≥310	—	—	—	490~650	490~650	490~650	490~650	470~620	—	—	≥20	≥19	≥19	≥18	—	—
	D	≥390	≥370	≥350	≥330	≥330	≥310	—	—	—	490~650	490~650	490~650	490~650	470~620	—	—	≥20	≥19	≥19	≥18	—	—
	E	≥390	≥370	≥350	≥330	≥330	≥310	—	—	—	490~650	490~650	490~650	490~650	470~620	—	—	≥20	≥19	≥19	≥18	—	—
Q420	A	≥420	≥400	≥385	≥360	≥360	≥340	—	—	—	520~680	520~680	520~680	520~680	500~650	—	—	≥19	≥18	≥18	≥18	—	—
	B	≥420	≥400	≥385	≥360	≥360	≥340	—	—	—	520~680	520~680	520~680	520~680	500~650	—	—	≥19	≥18	≥18	≥18	—	—
	C	≥420	≥400	≥385	≥360	≥360	≥340	—	—	—	520~680	520~680	520~680	520~680	500~650	—	—	≥19	≥18	≥18	≥18	—	—
	D	≥420	≥400	≥385	≥360	≥360	≥340	—	—	—	520~680	520~680	520~680	520~680	500~650	—	—	≥19	≥18	≥18	≥18	—	—
	E	≥420	≥400	≥385	≥360	≥360	≥340	—	—	—	520~680	520~680	520~680	520~680	500~650	—	—	≥19	≥18	≥18	≥18	—	—
Q460	C	≥460	≥440	≥420	≥400	≥400	≥380	—	—	—	550~720	550~720	550~720	550~720	530~700	—	—	≥17	≥16	≥16	≥16	—	—
	D	≥460	≥440	≥420	≥400	≥400	≥380	—	—	—	550~720	550~720	550~720	550~720	530~700	—	—	≥17	≥16	≥16	≥16	—	—
	E	≥460	≥440	≥420	≥400	≥400	≥380	—	—	—	550~720	550~720	550~720	550~720	530~700	—	—	≥17	≥16	≥16	≥16	—	—

表 2-12　低合金高强度结构钢的特性和应用

牌号	主 要 特 性	应 用 举 例
Q345 Q390	综合力学性能好、焊接性及冷、热加工性和耐蚀性好，C、D、E级钢具有良好的低温韧性	船舶、锅炉、压力容器、石油储罐、桥梁、电站设备、起重运输机械及其他较高载荷的焊接结构件
Q420	强度高，特别是在正火或正火加回火状态下有较高的综合力学性能	大型船舶，桥梁，电站设备，中、高压锅炉，高压容器，机车车辆，起重机械，矿山机械及其他大型焊接结构件
Q460	强度最高，在正火、正火加回火或淬火加回火状态下有很高的综合力学性能，全部用铝补充脱氧，质量等级为C、D、E级，可保证钢的良好韧性	备用钢种，用于各种大型工程结构及要求强度高、载荷大的轻型结构

（二）合金渗碳钢

合金渗碳钢是指经过渗碳热处理后使用的低碳合金钢，主要用于制造在摩擦力、交变接触应力和冲击条件下工作的零件，如汽车、拖拉机、重型机床中的齿轮，内燃机的凸轮轴等。这些零件的表面要求有高的硬度和耐磨性及高的接触疲劳强度，芯部则要求有良好的韧性。

合金渗碳钢的碳含量较低，仅为0.10%～0.25%，这样可以保证零件芯部有足够的韧性。常加入的合金元素有Cr、Ni、Mn、B，这些元素除了能提高钢的淬透性，改善零件芯部组织与性能外，还能提高渗碳层的强度与韧性，尤其以Ni的作用最为显著。此外钢中还可加入微量的V、Ti、W、Mo等元素以形成特殊碳化物，阻止奥氏体晶粒在渗碳温度下长大，使零件在渗碳后能进行预冷直接淬火，并提高零件表面硬度和接触疲劳强度及韧性。

合金渗碳钢的热处理一般都是渗碳后直接进行淬火和低温回火，其表层组织为细针状回火高碳马氏体+粒状碳化物+少量残余奥氏体，硬度为58～64 HRC，芯部组织为铁素体（或屈氏体）+低碳马氏体，硬度为35～45 HRC。

常用合金渗碳钢的牌号和化学成分见表2-13。

表 2-13　常用的几种合金渗碳钢的牌号和化学成分（GB/T 3077—1999）　　　%

牌号	化学成分						
	C	Si	Mn	Cr	Mo	V	其他
20Mn2	0.17～0.24	0.17～0.37	1.40～1.80	—	—	—	—
20Cr	0.18～0.24	0.17～0.37	0.50～0.80	0.70～1.00	—	—	—
20MnV	0.17～0.24	0.17～0.37	1.30～1.60	—	—	0.07～0.12	—
20CrMn	0.17～0.23	0.17～0.37	0.90～1.20	0.90～1.20	—	—	—
20CrMnTi	0.17～0.23	0.17～0.37	0.80～1.10	1.00～1.30	—	—	Ti: 0.04～0.10
20MnTiB	0.17～0.24	0.17～0.37	1.30～1.60	—	—	—	B: 0.000 5～0.003 5 Ti: 0.04～0.10
18Cr2Ni4WA	0.13～0.19	0.17～0.37	0.30～0.60	1.35～1.65	—	—	

常用合金渗碳钢的力学性能见表2–14。

表 2–14 常用合金渗碳钢的力学性能

牌号	试样毛坯尺寸/mm	热 处 理					力 学 性 能					
		淬火			回火		抗拉强度 R_m /MPa	屈服强度 R_{eH} /MPa	伸长率 A_5/%	断面收缩率 Z/%	冲击吸收功 A_{KU2}/J	退火或高温回火供应状态布氏硬度 HBS10/3 000
		加热温度/℃		冷却剂	加热温度/℃	冷却剂	≥					≤
		第一次淬火	第二次淬火									
20Mn2	15	850	—	水、油	200	水、空	785	590	10	40	47	187
		880	—	水、油	440	水、空						
20Cr	15	880	780~820	水、油	200	水、空	835	540	10	40	47	179
20MnV	15	880		水、油	200	水、空	785	590	10		55	187
20CrMn	15	850		油	200	水、空	930	735	10	45	47	187
20CrMnTi	15	880	870	油	200	水、空	1 080	850	10	45	55	217
20MnTiB	15	860	—	油	200	水、空	1 130	930	10	45	55	187
18Cr2Ni4WA	15	950	850	空	200	水、空	1 180	835	10	45	78	269

常用合金渗碳钢的特性和应用见表2–15。

表 2–15 常用合金渗碳钢的特性和应用

牌号	主 要 特 性	应 用 举 例
20Mn2	具有中等强度、较小截面尺寸的20Mn2与20Cr性能相似，低温冲击韧性、焊接性能比20Cr好，冷变形时塑性高，切削加工性良好，淬透性比相应的碳钢要高，热处理时有过热、脱碳敏感性及回火脆性倾向	用于制造截面尺寸小于50 mm的渗碳零件，如渗碳的小齿轮、小轴，力学性能要求不高的十字头销、活塞销、柴油机套筒、气门顶杆、变速齿轮操纵杆、钢套，热轧及正火状态下用于制造螺栓、螺钉、螺母及铆焊件等
20Cr	比15Cr与20钢的强度和淬透性高，经淬火+低温回火后，能得到良好的综合力学性能和低温冲击韧性，无回火脆性，渗碳时钢的晶粒仍有长大倾向，因而应进行二次淬火以提高芯部韧性，不宜降温淬火，冷弯变形时塑性较高，可进行冷拉丝，高温正火或调质后，切削加工性良好，焊接性较好（焊前一般应预热至100 ℃~150 ℃）	用于制造小截面（小于30 mm），形状简单、转速较高、载荷较小、表面耐磨、芯部强度较高的各种渗碳或碳氮共渗零件，如小齿轮、小轴、阀、活塞销、衬套棘轮、托盘、凸轮、蜗杆、牙形离合器等，对热处理变形小、耐磨性要求高的零件，渗碳后应进行一般淬火或高频淬火，如小模数（小于3 mm）齿轮、花键轴等，也可做调制钢用于制造低速、中载（冲击）的零件

牌号	主要特性	应用举例
20MnV	性能好，可以代替 20Cr、20CrNi 使用，其强度、韧性及塑性均优于 15Cr 和 20Mn2，淬透性好，切削加工性尚可，渗碳后，可以直接淬火，不需要第二次淬火来改善芯部组织，焊接性较好，但在 300 ℃～360 ℃热处理时有回火脆性	用于制造高压容器、锅炉、大型高压管道等的焊接构件（工作温度不超过 450 ℃～475 ℃），还可用于制造冷轧、冷拉、冷冲压加工的零件，如齿轮、自行车链条、活塞销等，还广泛用于制造直径小于 20 mm 的矿用链环
20CrMn	强度、韧性高，淬透性良好，热处理后性能优于 20Cr，淬火变形小，低温韧性良好，切削加工性较好，但焊接性能低，一般在渗碳淬火或调质后使用	用于制造重载、大截面的调质零件及小截面的渗碳零件，当用于制造中等负载、冲击较小的中小零件时，可代替 20CrNi 使用，如制造齿轮、轴、摩擦轮、蜗杆调速器的套筒等
20CrMnTi	淬火+低温回火后，综合力学性能和低温冲击韧性良好，渗碳后具有良好的耐磨性和抗弯强度，热处理工艺简单，热加工和冷加工性较好，但高温回火时有回火脆性倾向	应用广泛、用量很大的一种合金结构钢，用于制造汽车、拖拉机中截面尺寸小于 30 mm 的中载或重载、冲击耐磨且高速的各种重要零件，如齿轮轴、齿圈、齿轮、十字轴、滑动轴承支承的主轴、蜗杆、牙形离合器，有时还可以代替 20SiMoVB、20MnTiB 使用
20MnTiB	具有良好的力学性能和工艺性能，正火后切削加工性能良好，热处理后的疲劳强度较高	较多地用于制造汽车、拖拉机中尺寸较小、中载荷的各种齿轮及渗碳零件，可代替 20CrMnTi 使用
18Cr2Ni4WA	属于高强度、高韧性、高淬透性的合金渗碳结构钢，在油淬时，截面尺寸小于 200 mm 可完全淬透，空冷淬火时全部淬透直径为 110～130 mm。经渗碳、淬火及低温回火后表面硬度及耐磨性较高，芯部强度和韧性也很高，是渗碳钢中力学性能最好的钢种。工艺性能差，热加工易产生白点，锻造时变形阻力较大，氧化皮不易清理；可切削性差，不能用一般退火来降低硬度，应采用正火及长时间回火；在冷变形时塑性和焊接性也较差	适用于制造截面尺寸较大、载荷较重，又要求良好韧性和低缺口敏感性的重要零件，如大截面齿轮、传动轴、曲轴、花键轴、活塞销及精密机床上控制进刀的蜗轮等；进行调质处理后，可用于制造承受重载荷和振动的零件，如重型和中型机械制造业中的连杆、齿轮、曲轴、减速器轴及内燃机车、柴油机上承受重载荷的螺栓等；调质后再经氮化处理，还可用于制作高速大功率发动机曲轴等

（三）合金调质钢

合金调质钢是指经过调质处理（淬火+高温回火）后使用的中碳合金结构钢，主要用于制造受力复杂、要求有良好综合力学性能的重要零件，如精密机床的主轴、汽车的后桥半轴、发动机的曲轴、连杆螺栓和锻锤的锤杆等。

合金调质钢的含碳量为 0.25%～0.50%，多为 0.40%左右，以保证钢经调质处理后有足够的强度、塑性和韧性。常加入的合金元素有 Mn、Cr、Si、Ni、B 等，它们的主要作用是增加淬透性，强化铁素体，有时还会加入微量的 V，以细化晶粒。对于含 Cr、Mn、Cr-Ni、Cr-Mn 的钢中常加入适量的 Mo、W，以防止或减轻第二类回火脆性。

根据淬透性，将合金调质钢分为三类。

（1）低淬透性合金调质钢，如 40Cr、40MnB 等，用于制造截面尺寸小或载荷较小的零件，如连杆螺栓、机床主轴等。

（2）中淬透性合金调质钢，如 35CrMo、38CrSi 等，用于制造截面尺寸和载荷较大的零件，如火车发动机曲轴和连杆等。

（3）高淬透性合金调质钢，如 38CrMoAlA、40CrNiMoA 等，用于制造截面尺寸和载荷大的零件，如精密机床主轴、汽轮机主轴、航空发动机曲轴和连杆等。

合金调质钢的热处理为淬火+高温回火，即调质，其组织为回火索氏体，具有良好的综合力学性能。

常用合金调质钢的牌号和化学成分见表 2–16。

表 2–16　常用的几种合金调质钢的牌号和化学成分（GB/T 3077—1999）　　　　　　%

牌号	化学成分					
	C	Si	Mn	Cr	Mo	其他
45Mn2	0.42～0.49	0.17～0.37	1.40～1.80	—		
40MnB	0.37～0.44	0.17～0.37	1.10～1.40	—		B：0.000 5～0.0035
40MnVB	0.37～0.44	0.17～0.37	1.10～1.40	—	V：0.05～0.10	B：0.000 5～0.0035
40Cr	0.37～0.44	0.17～0.37	0.50～0.80	0.80～1.10	—	
40CrMn	0.37～0.45	0.17～0.37	0.90～1.20	0.90～1.20	—	
30CrMnSi	0.27～0.34	0.90～1.20	0.80～1.10	0.80～1.10	—	
35CrMo	0.32～0.40	0.17～0.37	0.40～0.70	0.80～1.10	0.15～0.25	
38CrMoAl	0.35～0.42	0.20～0.45	0.30～0.60	1.35～1.65	0.15～0.25–	Al：0.70～1.10
40CrNi	0.37～0.44	0.17～0.37	0.50～0.80	0.45～0.75	—	Ni：1.00～1.40

常用合金调质钢的力学性能见表 2–17。

表 2–17　常用合金调质钢的力学性能

牌号	试样毛坯尺寸/mm	热　处　理						力　学　性　能				
		淬火			回火		抗拉强度 R_m /MPa	屈服强度 R_{eH} /MPa	伸长率 A_5 /%	断面收缩率 Z/%	冲击吸收功 A_{KU2}/J	退火或高温回火供应状态布氏硬度 HBS10/3 000
		加热温度/℃		冷却剂	加热温度/℃	冷却剂	≥					≤
		第一次淬火	第二次淬火									
45Mn2	25	840	—	油	550	水、油	885	735	10	45	47	217
40MnB	25	850	—	油	500	水、油	785	590	10	40	55	187
40MnVB	25	850	—	油	520	水、油	980	785	10	45	47	207
40Cr	25	850	—	油	520	水、油	980	785	9	45	47	207

续表

牌号	试样毛坯尺寸/mm	热 处 理					力 学 性 能					
		淬火			回火		抗拉强度 R_m/MPa	屈服强度 R_{eH}/MPa	伸长率 A_5/%	断面收缩率 Z/%	冲击吸收功 A_{KU2}/J	退火或高温回火供应状态布氏硬度 HBS10/3000
		加热温度/℃		冷却剂	加热温度/℃	冷却剂	$\geqslant$					$\leqslant$
		第一次淬火	第二次淬火									
40CrMn	25	840	—	油	550	水、油	980	835	9	45	47	229
30CrMnSi	25	880	—	油	520	水、油	1 080	885	10	45	39	229
35CrMo	25	850	—	油	550	水、油	980	835	12	45	63	229
38CrMoAl	30	940	—	水、油	640	水、油	980	835	14	50	71	229
40CrNi	25	820	—	油	500	水、油	980	785	10	45	55	241

常用合金调质钢的特性和应用见表 2-18。

表 2-18　常用合金调质钢的特性和应用

牌号	主 要 特 性	应 用 举 例
45Mn2	中碳调质锰钢，其强度、塑性及耐磨性均优于 40 钢，并具有良好的热处理工艺性及切削加工性，焊接性差，当含碳量在下限时，需要预热至 100 ℃～425 ℃才能焊接，存在回火脆性和过热敏感性，水冷时易产生裂纹	用于制造重载工作的各种机械零件，如曲轴、车轴、半轴、杠杆、连杆、操纵杆、蜗杆、活塞杆、螺栓、螺钉、加固环、弹簧，当制造直径小于 40 mm 的零件时，其静强度及疲劳性能与 40Cr 相近，可代替 40Cr 制作小直径的重要零件
40MnB	具有高强度、高硬度及良好的塑性和韧性，高温回火后，低温冲击韧性良好，调质或淬火+低温回火后，承受动载荷能力有所提高，淬透性和 40Cr 相近，回火稳定性比 40Cr 低，有回火脆性倾向，冷热加工性良好，工作温度为 -20 ℃～425 ℃	用于制造拖拉机、汽车及其他通用机器设备中的中、小型重要调质零件，如汽车半轴、转向轴、花键轴、蜗杆和机床主轴等，可代替 40Cr 制造较大截面的零件，如卷扬机中轴。制造小尺寸零件时，可代替 40CrNi 使用
40MnVB	综合力学性能优于 40Cr，具有高强度、高韧性和塑性，淬透性良好，热处理的过热敏感性较小，冷拔、切削加工性好	常用于代替 40Cr、45Cr 及 38SiCr 制造低温回火、中温回火及高温回火状态的零件，还可代替 42CrMo、40CrNi 制造重要调质件，如机床和汽车上的齿轮、轴等
40Cr	经调质处理后，具有良好的综合力学性能、低温冲击韧性及低的缺口敏感性，淬透性良好，油冷时可得到较高的疲劳强度，水冷时复杂形状的零件易产生裂纹，冷弯塑性中等，正火或调质后切削加工性好，但焊接性不好，易产生裂纹，焊前应预热到 100 ℃～150 ℃，一般在调质状态下使用，还可以进行碳氮共渗和高频表面淬火处理	使用最广泛的钢种之一，调质处理后用于制造中速、中载的零件，如机床齿轮、蜗杆、花键轴、顶针套等；调质并高频表面淬火后用于制造表面高硬度、耐磨的零件，如齿轮、主轴、曲轴、心轴、套筒、销子、连杆、螺钉、螺母、进气阀等，经淬火及中温回火后用于制造重载、中速冲击的零件，如油泵转子、滑块、齿轮、主轴、套环等；经淬火及低温回火后用于制造重载、低冲击、耐磨的零件，如蜗杆、主轴、套环等；经碳氮共渗处理后可用于制造尺寸较大、低温冲击韧性较高的传动零件，如轴、齿轮等

牌号	主 要 特 性	应 用 举 例
40CrMn	强度高，可切削性良好，淬透性比 40Cr 大，与 40CrNi 相近，在油中临界淬透直径为 27.5～74.5 mm；热处理时淬火变形小，但形状复杂的零件淬火时易开裂，回火脆性倾向严重，横向冲击值稍低，白点敏感性比铬镍钢稍低	适用于制造在高速与弯曲载荷下工作的轴、连杆以及高速、高载荷下无强力冲击载荷的齿轮轴、齿轮、水泵转子、离合器、小轴、心轴等；在化工工业中可制造直径小于 100 mm，而强度要求超过 785 MPa 的高压容器盖板上的螺栓等；在运输和农业机械制造业中多用作不重要的零件；在制作温度不太高的零件时可以和 40CrMo、40CrNi 互换使用，以制作大型调质件
30CrMnSi	高强度调质结构钢，具有很高的强度和韧性，淬透性较高，冷变形塑性中等，切削加工性能良好，有回火脆性倾向，横向的冲击韧性差，焊接性能较好，但厚度大于 3 mm 时应先预热到 150 ℃，焊后需进行热处理，一般调质后使用	多用于制造高负载、高速的各种重要零件，如齿轮、离合器、链轮、砂轮轴、轴套、螺栓、螺母等，也用于制造耐磨、工作温度不高的零件、变载荷的焊接构件，如高压鼓风机的叶片、阀板及非腐蚀性管道管子
35CrMo	高温下具有高的持久强度和蠕变强度，低温冲击韧性较好，工作温度高温可达 500 ℃，低温可至-110 ℃，并具有高的静强度、冲击韧性及较高的疲劳强度，淬透性良好，无过热倾向，淬火变形小，冷变形时塑性尚可，切削加工性中等，但具有回火脆性，焊接性不好，焊前需预热至 150 ℃～400 ℃，焊后需热处理以消除应力，一般在调质处理后使用，也可在高、中频表面淬火或淬火及低、中温回火后使用	用于制造承受冲击、弯扭、高载荷的各种机器中的重要零件，如轧钢机人字齿轮、曲轴、锤杆、连杆、紧固件，汽轮发动机主轴、车轴、发动机传动零件、大型电动机轴，石油机械中的穿孔器，工作温度低于 400 ℃的锅炉用螺栓，低于 510 ℃的螺母，化工机械中高压无缝厚壁的导管（450 ℃～500 ℃，无腐蚀介质）等，还可代替 40CrNi 用于制造高载荷传动轴、汽轮发电机转子、大截面齿轮、支承轴（直径小于 500 mm）等
38CrMoAl	高级渗氮钢，具有很高的渗氮性能和力学性能、良好的耐热性和耐蚀性，经渗氮处理后能得到高的表面硬度、高的疲劳强度及良好的抗过热性，无回火脆性，切削加工性尚可，高温工作温度可达 500 ℃，但冷变形时塑性低、焊接性差、淬透性低，一般在调质及渗氮后使用	用于制造高疲劳强度、高耐磨性、热处理后尺寸精确、强度较高的各种尺寸不大的渗氮零件，如气缸套、座套、底盖、活塞螺栓、检验规、精密磨床主轴、车床主轴、精密丝杠和齿轮、蜗杆、高压阀门、阀杆、仿模、滚子、样板、汽轮机的调速器、转动套、固定套和塑料挤压机上的一些耐磨零件等
40CrNi	中碳合金调质钢，具有高强度、高韧性及高淬透性，调质状态下综合力学性能和低温冲击韧性良好，有回火脆性倾向，水冷时易产生裂纹，切削加工性良好，但焊接性差	用于制造锻造和冷冲压且截面尺寸较大的重要调质件，如连杆、圆盘、曲轴、齿轮、轴和螺钉等

（四）合金弹簧钢

弹簧是利用弹簧变形来储存能量或缓和冲击的一种零件，它常受到交变外力的作用。因此，对制造弹簧的材料要求具有较高的弹性极限、屈服极限和疲劳强度。同时，还应具有足够的塑性和韧性，以便绕制成形。

合金弹簧钢的含碳量为 0.45%～0.7%。为了提高其塑性、韧性、弹性极限和淬透性以及回火稳定性，常加入的合金元素有硅、锰、铬、钒等。

合金弹簧钢的加工和热处理：

（1）热成形弹簧。这类弹簧多用热轧钢丝或钢板制成，且在热成形后需进行淬火和中温回火。

（2）冷成形弹簧。这类弹簧一般用冷拉弹簧钢丝在冷态下制成。因已有很高的强度和足够的塑性，故不进行淬火和回火处理，只进行一次低温退火（200 ℃～300 ℃）处理，以消除冷卷时造成的内应力并使弹簧定形。例如，用退火钢丝（片）绕制，绕制后需进行淬火和中温回火处理。

常用合金弹簧钢的牌号和化学成分见表 2-19。

表 2-19　常用的几种合金弹簧钢的牌号和化学成分（GB/T 1222—2007）　　　　　%

牌号	化学成分								
	C	Si	Mn	Cr	V	Ni	Cu	P	S
						≤			
65Mn	0.62～0.70	0.17～0.37	0.90～1.20	≤0.25	—	0.25	0.25	0.035	0.035
60Si2Mn	0.56～0.64	1.50～2.00	0.70～1.00	≤0.35	—	0.35	0.25	0.035	0.035
55SiCrA	0.51～0.59	1.20～1.60	0.50～0.80	0.50～0.80	—	0.35	0.25	0.025	0.025
55CrMnA	0.52～0.60	0.17～0.37	0.65～0.95	0.65～0.95	—	0.35	0.25	0.025	0.025
50CrVA	0.46～0.54	0.17～0.37	0.50～0.80	0.80～1.10	0.10～0.20	0.35	0.25	0.025	0.025
60CrMnBA	0.56～0.64	0.17～0.37	0.70～1.00	0.70～1.00	B：0.000 5～0.004	0.35	0.25	0.025	0.025

常用合金弹簧钢的力学性能见表 2-20。

表 2-20　常用合金弹簧钢的力学性能

牌号	热处理			力学性能（≥）				
	淬火温度/℃	淬火介质	回火温度/℃	抗拉强度/MPa	屈服强度/MPa	断后伸长率		断面收缩率/%
						A/%	$A_{11.3}$/%	
65Mn	830	油	540	980	785	—	8	30
60Si2Mn	870	油	480	1 275	1 180	—	5	25
55SiCrA	860	油	450	1 450～1750	1 300	6	—	25
55CrMnA	830～860	油	460～510	1 225	1 080	9	—	20
50CrVA	850	油	500	1 275	1 130	10	—	40
60CrMnBA	830～860	油	460～520	1 225	1 080	9	—	20

常用合金弹簧钢的特性和应用见表 2-21。

表 2-21 常用合金弹簧钢的特性和应用

牌号	主 要 特 性	应 用 举 例
65Mn	提高淬透性，12 mm 的钢材在油中可以淬透，表面脱碳倾向比硅钢小，经热处理后的综合力学性能优于碳钢，但有过热敏感性和回火脆性	用于制作小尺寸的各种扁、圆形弹簧，坐垫弹簧，弹簧发条，也可制作弹簧环、气门簧、离合器簧片、刹车弹簧和冷卷螺旋弹簧
60Si2Mn	钢的强度和弹性极限较 55Si2Mn 稍高，淬透性也较高，在油中的临界淬透直径为 35～73 mm	汽车、拖拉机、机车上的减震板簧和螺旋弹簧，气缸安全阀簧、止回阀簧，还可用作 250 ℃以下非腐蚀介质中的耐热弹簧
55SiCrA	与硅锰钢相比，当塑性相近时，具有较高的抗拉强度和屈服强度，淬透性较大，有回火脆性	用于承受高压力及工作温度在 300 ℃～350 ℃以下的弹簧，如调速器弹簧、汽轮机汽封弹簧和破碎机用弹簧等
55CrMnA	有较高的强度、塑性和韧性，淬透性较好，过热敏感性比锰钢低、比硅锰钢高，脱碳倾向比硅锰钢小，回火脆性大	用于制作车辆、拖拉机上负荷较重、应力较大的板簧和直径较大的螺旋弹簧
50CrVA	有良好的力学性能和工艺性能，淬透性较高。加入钒可使钢的晶粒细化，降低过热敏感性，提高强度和韧性，具有高疲劳强度，是一种较高级的弹簧钢	用作较大截面的高负荷弹簧及工作温度小于 300 ℃的阀门弹簧、活塞弹簧和安全阀弹簧等
60CrMnBA	性能与 60CrMnA 基本相似，但有更好的淬透性，在油中的临界淬透直径为 100～150 mm	适用于制造大型弹簧，如推土机上的叠板簧、船舶上的大型螺旋弹簧和扭力弹簧

（五）滚动轴承钢

滚动轴承钢是用来制造滚动轴承中的滚柱、滚珠、滚针和内外圈的材料。滚动轴承钢要求有高而均匀的硬度和耐磨性以及高的弹性极限、疲劳强度和抗压强度，还要有足够的韧性和淬透性，同时具有一定的抗腐蚀能力。

为了保证滚动轴承钢的高硬度和高耐磨性，钢中的含碳量为 0.95%～1.05%，并加入铬元素，以增加淬透性和耐磨性。若含碳量或含铬量过高，则会增加残余奥氏体量，降低硬度及尺寸稳定性。

滚动轴承钢的牌号和化学成分见表 2-22。

表 2-22 滚动轴承钢的牌号和化学成分（GB/T 18254—2002）　　　　%

牌号	化学成分								
	C	Si	Mn	Cr	Mo	P	S	Ni	Cu
						≤			
GCr4	0.95～1.05	0.15～0.30	0.15～0.30	0.35～0.50	≤0.08	0.025	0.020	0.25	0.20
GCr15	0.95～1.05	0.15～0.35	0.25～0.45	1.40～1.65	≤0.10	0.025	0.025	0.30	0.25 Ni+Cu≤0.50
GCr15SiMn	0.95～1.05	0.45～0.75	0.95～1.25	1.40～1.65	≤0.10	0.025	0.025	0.30	0.25 Ni+Cu≤0.50

续表

牌号	化学成分								
	C	Si	Mn	Cr	Mo	P	S	Ni	Cu
						≤			
GCr15SiMo	0.95~1.05	0.65~0.85	0.20~0.40	1.40~1.70	0.30~0.40	0.027	0.020	0.30	0.25
GCr18Mo	0.95~1.05	0.20~0.40	0.25~0.40	1.65~1.95	0.15~0.25	0.025	0.020	0.25	0.25

滚动轴承钢的硬度见表 2-23。

表 2-23 滚动轴承钢的硬度   HB

牌号	GCr4	GCr15	GCr15SiMn	GCr15SiMo	GCr18Mo
布氏硬度	179~207	179~207	179~217	179~217	179~207

滚动轴承钢的特性和应用见表 2-24。

表 2-24 滚动轴承钢的特性和应用

牌号	主 要 特 性	应 用 举 例
GCr4	具有较好的冷变形塑性和可切削性，耐磨性比碳素工具钢高，但对白点形成敏感性高，焊接性差；热处理时有低温回火脆性倾向；淬透性差，在油中临界淬透直径为5~20mm（50%马氏体），一般经淬火及低温回火后使用	用于制造滚动轴承上的小直径钢球、滚子和滚针等
GCr15	淬透性和耐磨性好，疲劳寿命高，冷加工塑性变形中等，有一定的切削加工性，焊接性差，一般经淬火及低温回火后使用	用于制造大型机械轴承的钢球、滚子和套圈，还可以制造耐磨、高接触疲劳强度的较大负荷的机器零件，如牙轮钻头的转动轴、叶片、靠模、套筒、心轴、机床丝杠和冷冲模等
GCr15SiMn	耐磨性和淬透性比GCr15高，冷加工塑性中等，焊接性差，对白点形成敏感，热处理时有回火脆性	用于制造大型轴承的套圈、钢球和滚子，还可制造高耐磨、高硬度的零件，如轧辊、量规等，应用和特性与GCr15相近

四、合金工具钢

工具钢是用于制造刃具、模具和量具的钢种，虽然其使用目的不同，但作为工具钢必须具有高硬度、高耐磨性、足够的韧性以及小的变形量等特点。因此，有些钢是可以通用的，既可制作刃具又可制作模具和量具。

（一）刃具钢

刃具是用来进行切削加工的工具，主要指车刀、铰刀、刨刀和钻头等。刃具钢要求有高硬度（＞60 HRC）、高耐磨性、高的热硬性以及足够的强度和韧性。

1. 低合金刃具钢

低合金刃具钢是在碳素工具钢的基础之上添加总量不超过 5% 的合金元素，如 Cr、Mn、Si、W、V 等，以提高淬透性、红硬性及耐磨性，通常含碳量为 0.75%～1.45%。合金元素 Cr、Mn、Si 的作用主要是提高钢的淬透性，同时强化马氏体基体，提高回火稳定性，使其在 230 ℃～260 ℃ 回火后硬度仍能保持在 60HRC 以上，从而保证一定的热硬性。合金元素 W、V 的主要作用是形成碳化物，提高硬度和耐磨性，并细化晶粒，从而改善韧性。

低合金刃具钢为了改善切削性能的预先热处理为球化退火，最终热处理为淬火和低温回火。最终热处理后的组织为回火马氏体、合金碳化物和少量残余奥氏体。常用的低合金刃具钢见表 2–25。

常用合金工具钢的牌号和化学成分见表 2–25。

表 2–25 常用合金工具钢的牌号和化学成分（GB/T 1299—2000）　　　　%

钢组	牌号	化学成分								
		C	Si	Mn	Cr	W	Mo	V	Al	其他
量具、刃具用钢	9SiCr	0.85～0.95	1.20～1.60	0.30～0.60	0.95～1.25					
	Cr2	0.95～1.10	≤0.40	≤0.40	1.30～1.65	—	—			Co：≤1.00
冷作模具钢	Cr12	2.00～2.30	≤0.40	≤0.40	11.5～13.0	—				
	Cr12MoV	1.45～1.70	≤0.40	≤0.40	11.0～12.5		0.40～0.60	0.15～0.30		
	9Mn2V	0.85～0.95	≤0.40	1.70～2.00	—			0.10～0.25	—	
	CrWMn	0.90～1.05	≤0.40	0.80～1.10	0.90～1.20	1.20～1.60				Nb：0.20～0.35
热作模具钢	5CrMnMo	0.50～0.60	0.25～0.60	1.20～1.60	0.60～0.90		0.15～0.30			
	5CrNiMo	0.50～0.60	≤0.40	0.50～0.80	0.50～0.80		0.15～0.30			Ni：1.40～1.80
	3Cr2W8V	0.30～0.40	≤0.40	≤0.40	2.20～2.70	7.50～9.00		0.20～0.50		

2. 高速钢

高速钢又称白钢、锋钢，是一种高碳、高合金工具钢，经热处理后，高速钢在 600 ℃ 左右仍然保持高的硬度，可达 62 HRC 以上，从而保证其切削性能和耐磨性。高速钢刀具的切削速度比碳素工具钢和低合金工具钢刀具提高 1～3 倍，耐用性提高 7～14 倍，所谓高速钢即因此而得名。高速钢还有很高的淬透性，甚至在空气中冷却也能形成马氏体组织，故又有"风钢"之称。

高速钢的含碳量为 0.75%～1.65%；合金元素总量大于 10%，加入的合金元素有 W、Mo、Cr、V、Co 等。

　　高的含碳量可获得高硬度的马氏体和足够的合金碳化物，使淬火后高速钢的硬度、耐磨性和红硬性得到提高，但是碳含量过高也会增加碳化物的不均匀性，使钢的韧性降低、工艺性变坏。

　　高速钢广泛用于制造各种用途和类型的高速切削工具，如车刀、刨刀、拉刀、铣刀和钻头等。常用的几种高速钢的牌号和化学成分见表2—26。

表2-26　常用高速钢的牌号和化学成分（GB/T 9943—2008）　　　　　　　　%

牌号	化学成分						
	C	Mn	Si	Cr	V	W	Mo
W18Cr4V	0.73～0.83	0.10～0.40	0.20～0.40	3.80～4.50	1.00～1.20	17.20～18.70	—
W6Mo5Cr4V2	0.80～0.90	0.15～0.40	0.20～0.45	3.80～4.40	1.75～2.20	5.50～6.75	4.50～5.50
W6Mo5Cr4V2Al	1.05～1.15	0.15～0.40	0.20～0.60	3.80～4.40	1.75～2.20	5.50～6.75	4.50～5.50 Al: 0.80～1.20
W2Mo9Cr4VCo8	1.05～1.15	0.15～0.40	0.15～0.65	3.50～4.25	0.95～1.35	1.15～1.85	9.00～10.00 Co: 7.75～8.75

　　常用高速工具钢的硬度见表2—27。

表2-27　常用高速工具钢的硬度

牌号	交货硬度（退火态）/HBW ≤	试样热处理温度及淬、回火硬度					
		预热温度/℃	淬火温度/℃		淬火介质	回火温度/℃	硬度/HRC ≥
			盐浴炉	箱式炉			
W18Cr4V	255	800～900	1 250～1 270	1 260～1 280	油或盐浴	550～570	63
W6Mo5Cr4V2	255		1 200～1 220	1 210～1 230		540～560	64
W6Mo5Cr4V2Al	269		1 200～1 220	1 230～1 240		550～570	65
W2Mo9Cr4VCo8	269		1 170～1 190	1 180～1 200		540～560	66

　　常用高速工具钢的特性和应用见表2—28。

表2-28　常用高速工具钢的特性和应用

牌号	主 要 特 性	应 用 举 例
W18Cr4V	具有良好的热硬性，在600 ℃时仍具有较高的硬度和较好的切削性，被磨削加工性好，淬火过热敏感性小，比合金工具钢的耐热性能好。但由于其碳化物较粗大，强度和韧性随材料尺寸增大而下降，因此仅适于制造一般刀具，不适于制造薄刃或较大的刀具	广泛用于制作加工中等硬度或软材料的各种刀具，如车刀、铣刀、拉刀、齿轮刀具和丝锥等；也可用于制造冷作模具；还可用于制造高温下工作的轴承、弹簧等耐磨、耐高温的零件
W6Mo5Cr4V2	具有良好的热硬性和韧性，淬火后表面硬度可达64～66 HRC，这是一种含钼低钨高速钢，成本较低，是仅次于W18Cr4V而获得广泛应用的一种高速工具钢	适于制作钻头、丝锥、板牙、铣刀、齿轮刀具和冷作模具等

续表

牌号	主　要　特　性	应　用　举　例
W6Mo5Cr4V2Al	含铝超硬型高速钢，具有高热硬性、高耐磨性，热塑性好，高温硬度高，工作寿命长	适于制作加工各种难加工材料，如高温合金、超高强度钢和不锈钢等的刀具，如车刀、镗刀、铣刀、钻头、齿轮刀具和拉刀等
W2Mo9Cr4VCo8	高碳、高钴超硬型高速钢，具有高的室温及高温硬度，热硬性和磨削性好，刀刃锋利	适于制作各种高精度复杂刀具，如成形铣刀、精拉刀、专用钻头、车刀、刀头及刀片，对于加工铸造高温合金、钛合金和超高强度钢等难加工材料，均可得到良好的效果

3. 硬质合金

硬质合金是将高熔点、高硬度的金属碳化物粉末和黏结剂混合，压制成型，再经烧结而成的一种粉末冶金材料。

硬质合金主要用作切削工具，其硬度（87～93 HRA）和热硬性高（可达 1 000 ℃左右）、耐磨性好。与高速钢相比，切削速度提高 4～7 倍、寿命提高 5～8 倍，可切削淬火钢、奥氏体钢等。由于它的硬度高、性脆，所以不能用于切削加工。通常用于制作不同形状、尺寸的刀片，采用机械夹固或钎焊方法固定在刀体上。

目前常用的硬质合金有以下几类：

（1）钨钴类硬质合金。以 WC 粉末和软的 Co 粉末混合制成，Co 起黏结作用，牌号以"YG（"硬钴"的汉语拼音字首）+数字"表示。例如，YG3 是含 Co 量为 3%的硬质合金，其余为 WC 含量。常用的牌号有 YG8、YG6、YG3、YG8C、YG6X、YG3X 等。随 Co 的含量增加，其韧性升高，但硬度、耐磨性降低。这类合金主要用作加工脆性材料，如铸铁、有色金属及塑料等。

（2）钨钛钴类硬质合金。以 TiC、WC 和 Co 的粉末制成的合金，牌号以"YT（"硬钛"汉语拼音字首）+数字"表示，如 YT5 表示 TiC 的含量为 5%，其余含量为 WC 和 Co。钨钛钴类硬质合金的硬度、热硬性比 YG 类高，但抗弯强度与韧性比 YG 类低。这类合金主要用于加工钢材等塑性材料。

（3）钨钛钽类硬质合金。这类硬质合金是在 YT 类硬质合金中添加了少量的碳化钽（TaC）而派生出来的。由于在钽（Ta）提纯时，不可避免地有部分铌（Nb）存在，因此这类硬质合金中同时有部分碳化铌（NbC）存在。加入一定量的 TaC 可提高硬质合金的硬度、耐磨性、耐热性和抗氧化能力，并细化晶粒。这类硬质合金适于加工耐热钢、高锰钢和不锈钢等难加工钢材，也适于加工一般钢材和普通铸铁及有色金属。由于它既能加工钢，又能加工铸铁，故称为通用型硬质合金。它的牌号有 YW1 和 YW2，前者适用于精加工，后者适用于粗加工或半精加工。

（二）模具钢

模具是用于进行压力加工的工具。根据工作条件，可将模具分为冷作模具和热作模具两大类。冷作模具是使金属在冷态下变形的模具，如冷挤压模、冷镦模、冷拉延模、冷弯曲模及切边模等。这类模具工作时的实际温度为 200 ℃～300 ℃。热作模具是使金属在热态下变形的模具，如热挤压模、热锻模和热冲裁模等。这类模具工作时，型腔表面的温度可达到 600 ℃以上。

常用的冷作模具钢有 T10A、9SiCr、9Mn2V、CrWMn、Cr12、Cr12MoV 等，另外，我国还研制出一些新型冷作模具钢，如 7Cr7Mo3VSi（代号 LD1）、9Cr6W3Mo2V2（代号 GM）、6CrNiSiMnMoV（代号 GD）等；常用的热作模具钢有 5CrNiMo、5CrMnMo、3Cr2W8V、4Cr5MoSiV、6SiMnV 等。另外，我国还研制出了一些新型热作模具钢，如 35Cr3Mo3W2V（代号 HM−1）、5Cr2NiMoVSi 等。

（三）量具钢

量具是机械加工过程中控制加工精度的测量工具，如卡尺、千分尺、块规、塞规及样板等。工作过程中，量具必须以极低的表面粗糙度与被测工件相接触，以保证测量尺寸的精确。然而，由于量具与被测工件长期反复地接触，故又会导致工作面磨损、碰伤，甚至变形，使其失去原有的尺寸精度而不能继续使用。

量具钢没有专用钢种，尺寸小、形状简单、精度较低的量具采用碳素工具钢（T10A、T12A）制造；精度要求高的量具采用低合金刃具钢和 GCr15 等制造，见表 2−25。

合金工具钢的硬度见表 2−29。

表 2−29　合金工具钢的硬度

牌号	交 货 状 态	试 样 淬 火		
	布氏硬度 HBW10/3 000	淬火温度/℃	冷却剂	洛氏硬度/HRC
9SiCr	241～197	820～860	油	≥62
Cr2	229～179	830～860	油	≥62
Cr12	269～217	950～1 000	油	≥60
Cr12MoV	255～207	950～1 000	油	≥58
9Mn2V	≤229	780～810	油	≥62
CrWMn	255～207	800～830	油	≥62
5CrMnMo	241～197	820～850	油	—
5CrNiMo	241～197	830～860	油	—
3Cr2W8V	≤255	1 075～1 125	油	—

合金工具钢的特性和应用见表 2−30。

表 2−30　合金工具钢的特性和应用

牌号	主 要 特 性	应 用 举 例
9SiCr	淬透性比铬钢好，直径 45～50 mm 的工件在油中可以淬透，耐磨性好，具有较好的回火稳定性，可加工性差，热处理时变形小，但脱碳倾向大	适用于耐磨性好、切削不剧烈且变形小的刃具，如板牙、丝锥、钻头、铰刀、齿轮铣刀、拉刀等，还可用作冷冲模及冷轧辊
Cr2	淬火后的硬度高，耐磨性好，淬火变形不大，但高温塑性差	多用于低速、进给量小、加工材料不是很硬的切削刀具，如车刀、插刀、铣刀、铰刀等，还可用作量具、样板、量规、偏心轮、冷轧辊、钻套和拉丝模，也可用作大尺寸的冷冲模

续表

牌号	主　要　特　性	应　用　举　例
Cr12	高碳高铬钢，具有高强度、耐磨性和淬透性，淬火变形小，较脆，导热性差，高温塑性差	多用于制造耐磨性能高、不承受冲击的模具及加工材料不硬的刃具，如车刀、铰刀、冷冲模、冲头及量规、样板、量具、凸轮销、偏心轮、冷轧辊、钻套和拉丝模
Cr12MoV	淬透性及淬火回火后的硬度、强度、韧性均高于 Cr12，截面为 300～400 mm 以下的工件可完全淬透，耐磨性和塑性也较好，高温塑性差	适用于各种铸、锻模具，如各种冲孔凹模、切边模、滚边模、封口模、拉丝模、钢板拉伸模、螺纹搓丝板、标准工具和量具
9Mn2V	淬透性和耐磨性比碳素工具钢高，淬火后变形小	适用于各种变形小、耐磨性高的精密丝杠、磨床主轴、样板、凸轮、量块、量具及丝锥、板牙、铰刀，以及压铸轻金属和合金的推入装置
CrWMn	淬透性和耐磨性及淬火后的硬度比铬钢及铬硅钢高，且韧性较好，淬火后的变形比铬锰钢更小，但形成的碳化物网状程度严重	多用于制造变形小、长而形状复杂的切削刀具，如拉刀、长丝锥、长铰刀、专用铣刀、量规，以及形状复杂、高精度的冷冲模
5CrMnMo	不含镍的锤锻模具钢，具有良好的韧性、强度和高耐磨性，对回火脆性不敏感，淬透性好	适用于中、小型热锻模，且边长为 300～400 mm
5CrNiMo	特性与 5CrMnMo 相近，高温下强度、韧性及耐热疲劳性高于 5CrMnMo	适用于形状复杂、冲击载荷大的各种中、大型锤锻模
3Cr2W8V	常用的压铸模具钢具有较低的含碳量，以保证高韧性及良好的导热性，同时含有较多的、易形成碳化物的铬、钨，高温下具有较高的硬度和强度，相变温度较高，耐热疲劳性良好，淬透性也较好，断面厚度≤100 mm 可淬透，但韧性和塑性较差	适于用作高温、高应力但不受冲击的压模，如平锻机上的凸凹模、镶块、铜合金挤压模等，还可用作螺钉及热剪切刀

五、特殊性能钢

特殊性能钢是指具有特殊使用性能的钢。特殊性能钢包括不锈钢、耐热钢、耐磨钢和磁钢等。

（一）不锈钢

不锈钢是指能抵抗大气腐蚀或能抵抗酸、碱化学介质腐蚀的钢。

不锈钢获得抗腐蚀性能的最基本元素是铬。一方面铬在氧化性介质中能形成一层氧化膜（Cr_2O_3），以防止钢的表面被外界介质进一步氧化和腐蚀；另一方面含铬量达到 12% 时，钢的电极电位跃增，能有效地提高钢的抗电化学腐蚀性。所以，不锈钢中含铬量应不少于 12%，铬含量越高，钢的耐蚀性越好。

碳是不锈钢中降低耐蚀性的元素。因为碳在钢中会形成铬的碳化物，降低基本金属中的含铬量，这些碳化物会破坏氧化膜的耐蚀性。因此，从提高钢的抗腐蚀性能来看，含碳量越低越好。但含碳量关系到钢的机械性能，因此还应根据不同情况，保留一定的含碳量。

不锈钢按金相组织不同，可分为以下三类：

（1）铁素体型不锈钢。这类钢含碳量较低（≤0.12%），且以铬为主要合金元素，常见的有 1Cr17、1Cr28、0Cr17Ti 等，一般用于工作应力不大的化工设备、容器及管道。

（2）马氏体型不锈钢。这类钢含碳量稍高（平均含碳量 0.1%～0.45%），淬透性好，油淬或空冷就能得到马氏体组织，具有较高的强度、硬度和耐磨性，是不锈钢中机械性能最好的钢。其缺点是耐蚀性稍低，可焊性差。属于这类钢的有 1Cr13、2Cr13、3Cr13、4Cr13、9Cr18 等，主要用于制造机械性能要求较高、耐蚀性要求较低的零件。

（3）奥氏体型不锈钢。这是一类典型的铬镍不锈钢，含碳量较低（≤0.15%）。当钢中含铬量达到 18% 左右，含镍量达到 8%～10% 时，钢在常温时便可获得单一的奥氏体组织。铬镍不锈钢的 18-8 型，是不锈钢中抗蚀性最好的一种钢。这类钢无磁性，且塑性、韧性及冷变形、焊接工艺性良好，但切削加工性能较差，主要钢号有 0Cr18Ni9、2Cr18Ni9 等。其主要用于制作耐蚀性要求较高及需要冷变形和焊接的低负荷零件，也可用于仪表、电力等工业制作无磁性零件。这类钢热处理不能强化，只有通过冷变形提高其强度。

（二）耐热钢

耐热钢是指在高温条件下仍能保持足够强度及抵抗氧化而不起皮的钢。

为了提高抗氧化的能力，钢中主要加入 Cr、Si、Al 等元素。这些元素与氧的化合能力比铁强，能在表面形成一层致密的氧化膜 Cr_2O_3、SiO_2、Al_2O_3，有效地阻止金属元素向外扩散及氧、氮、硫等腐蚀性元素向内扩散，保护金属免受侵蚀。这些抗氧化性的元素越多，钢的抗氧化能力就越强。

为了提高钢的高温强度，可向钢中加入高熔点元素钨、钼，使其固溶于铁，以增加钢的抗蠕变（即受力时产生缓慢连续变形的现象）能力。此外加入钒、钛，析出弥散碳化物，能提高钢的高温强度。常用的耐热钢有 15CrMo、1Cr18Ni9Ti、1Cr13Si3、4Cr9Si2、1Cr23Ni13 等。

（三）耐磨钢

有些零件，如拖拉机与坦克的履带板和轧石板等，在工作时会受到强烈的撞击和摩擦磨损，因此要求钢具有高的耐磨性及很高的韧性，目前工业上应用最广泛的耐磨钢是高锰钢（ZGMn13）。ZGMn13 钢的含锰量为 12%～14%，含碳量为 1%～1.3%，属于奥氏体钢，其机械性能为 σ_b=1 050 MPa、σ_s=400 MPa、δ=80%、ψ=50%、HBS=210。从上列数据来看，Mn 钢的屈服强度不高，只有抗拉强度的 40%；延伸率及断面收缩率很高，说明它具有相当高的韧性；其硬度虽不高，但却有很高的耐磨性。它之所以有很高的耐磨性，是由于 Mn 使钢在常温下呈单一的奥氏体组织，奥氏体经受高压冲击，因塑性变形而产生冷加工硬化，从而使钢强化，获得高的耐磨性。高锰钢的耐磨性只在高压下才表现出来；反之，在低压下并不耐磨。

第三节　铸　　铁

铸铁是碳含量大于 2.11%（一般为 2.5%～4.0%）并含有较多 Si、Mn、S、P 等元素的多元铁碳合金。

铸铁来源广、价格低廉且工艺简单，与钢相比，虽然抗拉强度、塑性、韧性较低，但却具有优良的铸造性能、可切削加工性、减震性和耐磨性等，是机械制造业中最重要的材料之一。

一、铸铁中碳的存在形式

铸铁中的碳，除了少量固溶于基体外，还有两种存在形式：一是化合态的渗碳体（Fe_3C），二是游离态的石墨（G）。渗碳体为亚稳定相，在一定条件下能分解为铁和石墨（$Fe_3C \rightarrow 3Fe+G$），石墨为稳定相。在铁碳合金的结晶过程中，之所以析出的是渗碳体而不是石墨，是因为渗碳体的含碳量（ω_C=6.69%）较之石墨的含碳量（ω_C=100%）更接近合金成分的含碳量（ω_C 为 2.5%～4.0%），析出渗碳体时所需的原子扩散量较小，渗碳体晶核的形成较容易。但在合适的条件下，也可以直接析出稳定的石墨相。所以，铁碳合金可能会出现铁-渗碳体和铁-石墨两种不同的结晶方式。而铸铁的价值与其组织中碳的存在形态密切相关，只有大部分的碳不再以渗碳体（Fe_3C）形态析出而是以游离态的石墨（G）形态存在时，铸铁才能够得到广泛的应用。

通常把铸铁中石墨的形成过程称为石墨化过程。

二、影响铸铁石墨化的因素

（一）石墨的特性

石墨具有简单的六方晶体结构（见图 2-1），含碳量为 100%，晶体中的碳原子呈层状排列，同一层上的原子间距较小（0.142 nm），结合力较强；层与层之间的原子间距较大（0.340 nm），结合力较弱。故其结晶时易形成片状结构，且强度、塑性和韧性极低，几乎为零，硬度仅为 3 HBS。它的存在相当于完整的基体上出现了孔洞和裂缝。但是，也正是由于石墨的存在，使得铸铁具备了碳钢所没有的性能，如优异的切削加工性能（切屑易于脆断）、很好的耐磨性（因石墨的润滑作用）和低的缺口敏感性（石墨使其对缺口不敏感）等。

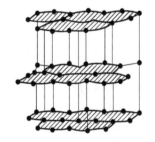

图 2-1　石墨的晶体结构示意图

（二）影响石墨化的因素

铸铁石墨化程度受许多因素的影响，凡有利于碳原子扩散、聚集、结晶的因素都能促进石墨化；反之则阻碍石墨化。实践表明，铸铁的化学成分和凝固时的冷却速度是影响其石墨化两个最主要的因素。

1. 化学成分

碳（C）和硅（Si）都是强烈促进铸铁石墨化的元素。铸铁中含碳、硅越多，越易石墨化，但过多会导致石墨片粗大，降低机械性能。因此，可通过调整铸铁中的碳、硅含量来控制铸铁的组织与性能。

硫（S）、锰（Mn）是阻碍铸铁石墨化的元素。含硫量高易成白口铁，所以一般限制在0.15%以下。锰可以与硫形成 MnS，减弱硫的有害作用，还能提高机械性能，故锰的含量可稍高些（0.6%～1.2%）。

磷（P）虽有微弱的促进石墨化作用，但会产生冷脆，故一般限制在 0.3%以下。

2. 冷却速度

由于铸铁中石墨的析出实质上是碳原子扩散和聚集的过程，所以冷却速度对铸铁石墨化的影响很大。冷却速度越慢，越有利于碳原子充分扩散，使石墨化过程顺利进行。影响冷却速度的主要因素是铸件壁厚与铸型材料。铸件壁越厚，铸型材料导热性越小，则冷却速度越小，石墨化越易进行；反之则不利于石墨化的进行。

三、铸铁的分类

根据在凝固过程中石墨化程度的不同，铸铁可分为三种不同的类型。

（一）灰口铸铁

灰口铸铁中的碳主要以石墨形式存在，断口呈灰暗色，由此得名，是工业上应用最多、最广的铸铁。

灰口铸铁根据其石墨的形态不同（片状、团絮状、球状、蠕虫状，见图2-2），又可分为四种类型。

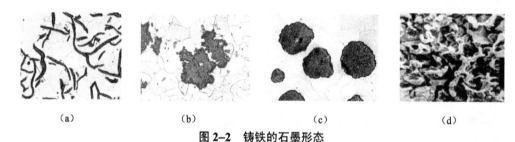

（a） （b） （c） （d）

图 2-2 铸铁的石墨形态

（a）片状石墨；（b）团絮状石墨；（c）球状石墨；（d）蠕虫状石墨

1. 灰铸铁

在显微组织中，石墨呈片状的铸铁。此类铸铁生产工艺简单、价格低廉，工业应用最广，在各类铸铁的总产量中，灰铸铁占80%以上。

2. 可锻铸铁

在显微组织中，石墨呈团絮状的铸铁。此类铸铁生产工艺时间很长，成本较高，故应用不如灰铸铁广。可锻铸铁并不能锻造。

3. 球墨铸铁

在显微组织中，石墨呈球状的铸铁。此类铸铁生产工艺比可锻铸铁简单，且力学性能较好，工业应用较多。

4. 蠕墨铸铁

在显微组织中，石墨呈蠕虫状的铸铁。蠕虫状是介于片状与球状之间的一种结晶形态，此类铸铁是在20世纪60年代发展起来的一种铸铁。

（二）白口铸铁

白口铸铁中的碳几乎全部以 Fe_3C 的形式存在，断口呈银白色，由此得名。其性能硬而脆，不易加工，除用作少数不受冲击的耐磨零件外，主要用作炼钢原料。

（三）麻口铸铁

其组织介于灰口铸铁和白口铸铁之间，断口呈灰白相间的麻点，具有较大的硬脆性，工业上很少应用。

四、常用铸铁

（一）灰铸铁的化学成分、组织、性能、牌号及应用

1. 化学成分、组织与性能

灰铸铁的成分大致为 ω_C: 2.5%～4.0%，ω_{Si}: 1.0%～2.5%，ω_{Mn}: 0.5%～1.4%，$\omega_S \leqslant 0.10\%$～0.15%，$\omega_P \leqslant 0.12\%$～0.25%。由于碳、硅含量较高，所以具有较强的石墨化能力。铸态显微组织有三种：铁素体+片状石墨、铁素体+珠光体+片状石墨和珠光体+片状石墨。

此类铸铁具有高的抗压强度、优良的耐磨性和消振性，低的缺口敏感性。由于石墨的强度与塑性几乎为零，因而灰铸铁的抗拉强度与塑韧性远比钢低，且石墨的量越大，石墨片的尺寸越大、越尖，分布越不均匀，铸铁的抗拉强度与塑韧性则越低。灰铸铁主要用于制造汽车、拖拉机中的气缸体、气缸套以及机床的床身等承受压力及振动的零件。

若将液态灰铸铁进行孕育处理，即浇注前在铸铁液中加入少量孕育剂（如硅铁或硅钙合金）作为人工晶核，细化石墨片，即得到孕育铸铁（变质铸铁），其显微组织为细珠光体+细石墨片，强度、硬度都比变质前高，可用于制造压力机的机身、重负荷机床的床身和液压缸等机件。

2. 牌号与应用

灰铸铁的牌号、性能及应用见表 2-31。牌号中"HT"为"灰铁"二字的汉语拼音字首，其后数字表示最低抗拉强度。

（二）球墨铸铁的化学成分、组织、性能、牌号及应用

1. 化学成分、组织与性能

球墨铸铁的成分大致为 ω_C: 3.8%～4.0%，ω_{Si}: 2.0%～2.8%，ω_{Mn}: 0.6%～0.8%，$\omega_S < 0.04\%$，$\omega_P < 0.1\%$，$\omega_{RE} < 0.03\%$～0.05%。其铸态显微组织有三种：铁素体+球状石墨、铁素体+珠光体+球状石墨和珠光体+球状石墨。

为了使石墨呈球状，浇注前需向铁水中加入一定量的球化剂（如 Mg、RE）进行球化处理，同时在球化处理后还要加入少量的硅铁或硅钙铁合金进行孕育处理，以促进石墨化，增加石墨球的数量，减小石墨球的尺寸。

表 2-31　灰铸铁的牌号、性能及应用（GB/T 9439—2010）

牌号	铸件壁厚 /mm	单铸试棒 R_m/MPa （min）	铸件预期抗拉强度 R_m/MPa （min）	显微组织		应用举例
				主要基体	石墨	
HT100	5～40	100	—	F	粗片状	用于制造只承受轻载荷的简单铸件，如盖、外罩、托盘、油盘、手轮、支架、底板、把手、冶矿设备中的高炉平衡锤和炼钢炉重锤等

牌号	铸件壁厚 /mm	单铸试棒 R_m/MPa （min）	铸件预期抗拉强度 R_m/MPa （min）	显微组织 主要基体	显微组织 石墨	应用举例
HT150	5～10	150	155	F+P	较粗片状	用于制造承受中等弯曲力、摩擦面间压强高于 500 kPa 的铸件，如机床的工作台、溜板、底座及汽车的齿轮箱、进排气管、泵体、阀体和阀盖等
HT150	10～20	150	130	F+P	较粗片状	用于制造承受中等弯曲力、摩擦面间压强高于 500 kPa 的铸件，如机床的工作台、溜板、底座及汽车的齿轮箱、进排气管、泵体、阀体和阀盖等
HT150	20～40	150	110	F+P	较粗片状	用于制造承受中等弯曲力、摩擦面间压强高于 500 kPa 的铸件，如机床的工作台、溜板、底座及汽车的齿轮箱、进排气管、泵体、阀体和阀盖等
HT150	40～80	150	95	F+P	较粗片状	用于制造承受中等弯曲力、摩擦面间压强高于 500 kPa 的铸件，如机床的工作台、溜板、底座及汽车的齿轮箱、进排气管、泵体、阀体和阀盖等
HT150	80～150	150	80	F+P	较粗片状	用于制造承受中等弯曲力、摩擦面间压强高于 500 kPa 的铸件，如机床的工作台、溜板、底座及汽车的齿轮箱、进排气管、泵体、阀体和阀盖等
HT150	150～300	150	—	F+P	较粗片状	用于制造承受中等弯曲力、摩擦面间压强高于 500 kPa 的铸件，如机床的工作台、溜板、底座及汽车的齿轮箱、进排气管、泵体、阀体和阀盖等
HT200	5～10	200	205	P	中等片状	用于制造要求保持气密性并承受较大弯曲应力的铸件，如机床床身、立柱、齿轮箱体、刀架、油缸、活塞、带轮等
HT200	10～20	200	180	P	中等片状	用于制造要求保持气密性并承受较大弯曲应力的铸件，如机床床身、立柱、齿轮箱体、刀架、油缸、活塞、带轮等
HT200	20～40	200	155	P	中等片状	用于制造要求保持气密性并承受较大弯曲应力的铸件，如机床床身、立柱、齿轮箱体、刀架、油缸、活塞、带轮等
HT200	40～80	200	130	P	中等片状	用于制造要求保持气密性并承受较大弯曲应力的铸件，如机床床身、立柱、齿轮箱体、刀架、油缸、活塞、带轮等
HT200	80～150	200	115	P	中等片状	用于制造要求保持气密性并承受较大弯曲应力的铸件，如机床床身、立柱、齿轮箱体、刀架、油缸、活塞、带轮等
HT200	150～300	200	—	P	中等片状	用于制造要求保持气密性并承受较大弯曲应力的铸件，如机床床身、立柱、齿轮箱体、刀架、油缸、活塞、带轮等
HT225	5～10	225	230	P	中等片状	用于制造要求保持气密性并承受较大弯曲应力的铸件，如机床床身、立柱、齿轮箱体、刀架、油缸、活塞、带轮等
HT225	10～20	225	200	P	中等片状	用于制造要求保持气密性并承受较大弯曲应力的铸件，如机床床身、立柱、齿轮箱体、刀架、油缸、活塞、带轮等
HT225	20～40	225	170	P	中等片状	用于制造要求保持气密性并承受较大弯曲应力的铸件，如机床床身、立柱、齿轮箱体、刀架、油缸、活塞、带轮等
HT225	40～80	225	150	P	中等片状	用于制造要求保持气密性并承受较大弯曲应力的铸件，如机床床身、立柱、齿轮箱体、刀架、油缸、活塞、带轮等
HT225	80～150	225	135	P	中等片状	用于制造要求保持气密性并承受较大弯曲应力的铸件，如机床床身、立柱、齿轮箱体、刀架、油缸、活塞、带轮等
HT225	150～300	225	—	P	中等片状	用于制造要求保持气密性并承受较大弯曲应力的铸件，如机床床身、立柱、齿轮箱体、刀架、油缸、活塞、带轮等
HT250	5～10	250	250	细 P	较细片状	适于制造炼钢用轨道板、气缸套、泵体、阀体、齿轮箱体、齿轮、划线平板、水平仪、机床床身、立柱、油缸、内燃机的活塞环和活塞等
HT250	10～20	250	225	细 P	较细片状	适于制造炼钢用轨道板、气缸套、泵体、阀体、齿轮箱体、齿轮、划线平板、水平仪、机床床身、立柱、油缸、内燃机的活塞环和活塞等
HT250	20～40	250	195	细 P	较细片状	适于制造炼钢用轨道板、气缸套、泵体、阀体、齿轮箱体、齿轮、划线平板、水平仪、机床床身、立柱、油缸、内燃机的活塞环和活塞等
HT250	40～80	250	170	细 P	较细片状	适于制造炼钢用轨道板、气缸套、泵体、阀体、齿轮箱体、齿轮、划线平板、水平仪、机床床身、立柱、油缸、内燃机的活塞环和活塞等
HT250	80～150	250	155	细 P	较细片状	适于制造炼钢用轨道板、气缸套、泵体、阀体、齿轮箱体、齿轮、划线平板、水平仪、机床床身、立柱、油缸、内燃机的活塞环和活塞等
HT250	150～300	250	—	细 P	较细片状	适于制造炼钢用轨道板、气缸套、泵体、阀体、齿轮箱体、齿轮、划线平板、水平仪、机床床身、立柱、油缸、内燃机的活塞环和活塞等
HT275	10～20	275	250	细 P	较细片状	适于制造炼钢用轨道板、气缸套、泵体、阀体、齿轮箱体、齿轮、划线平板、水平仪、机床床身、立柱、油缸、内燃机的活塞环和活塞等
HT275	20～40	275	220	细 P	较细片状	适于制造炼钢用轨道板、气缸套、泵体、阀体、齿轮箱体、齿轮、划线平板、水平仪、机床床身、立柱、油缸、内燃机的活塞环和活塞等
HT275	40～80	275	190	细 P	较细片状	适于制造炼钢用轨道板、气缸套、泵体、阀体、齿轮箱体、齿轮、划线平板、水平仪、机床床身、立柱、油缸、内燃机的活塞环和活塞等
HT275	80～150	275	175	细 P	较细片状	适于制造炼钢用轨道板、气缸套、泵体、阀体、齿轮箱体、齿轮、划线平板、水平仪、机床床身、立柱、油缸、内燃机的活塞环和活塞等
HT275	150～300	275	—	细 P	较细片状	适于制造炼钢用轨道板、气缸套、泵体、阀体、齿轮箱体、齿轮、划线平板、水平仪、机床床身、立柱、油缸、内燃机的活塞环和活塞等

续表

牌号	铸件壁厚/mm	单铸试棒 R_m/MPa（min）	铸件预期抗拉强度 R_m/MPa（min）	显微组织 主要基体	显微组织 石墨	应用举例
HT300	10～20	300	270	细P	细小片状	机床导轨、受力较大的机床床身和立柱机座等；通用机械的水泵出口管、吸入盖等；动力机械中的液压阀体、蜗轮、汽轮机隔板、泵壳、大型发动机缸体和缸盖
HT300	20～40	300	240	细P	细小片状	
HT300	40～80	300	210	细P	细小片状	
HT300	80～150	300	195	细P	细小片状	
HT300	150～300	300	—	细P	细小片状	
HT350	10～20	350	315	细P	细小片状	大型发动机气缸体、缸盖和衬套；水泵缸体、阀体和凸轮等；机床导轨、工作台等摩擦件；需经表面淬火的铸件
HT350	20～40	350	280	细P	细小片状	
HT350	40～80	350	250	细P	细小片状	
HT350	80～150	350	225	细P	细小片状	
HT350	150～300	350	—	细P	细小片状	

由于此类铸铁中的石墨呈球状，对基体的割裂作用小，应力集中也小，因而使基体的强度得到了充分的发挥。研究表明，球墨铸铁的基体强度利用率可达 70%～90%，而灰铸铁的基体强度利用率仅为 30%～50%。因此，球墨铸铁既具有灰铸铁的优点，如良好的铸造性、耐磨性、可切削加工性及低的缺口敏感性等，又具有与中碳钢相媲美的抗拉强度、弯曲疲劳强度及良好的塑性与韧性。此外，还可以通过合金化及热处理来改善与提高它的性能。所以，生产上已用球墨铸铁代替中碳钢及中碳合金钢（如 45 钢、42CrMo 钢等）来制造发动机的曲轴、连杆、凸轮轴和机床的主轴等。

2. 牌号与应用

球墨铸铁的牌号、性能及应用见表 2-32。牌号中的"QT"为"球铁"二字的汉语拼音字首，其后面的两组数字分别代表最低抗拉强度和最低延伸率。R 代表室温（23 ℃）下的冲击功不低于 14 J，L 代表低温（-20 ℃）下的冲击功不低于 12 J。

表 2-32　球墨铸铁的牌号、性能及应用（GB/T 1348—2009）

牌号	主要基体组织	力学性能 R_m/MPa（min）	力学性能 $R_{p0.2}$/MPa（min）	力学性能 A/%（min）	力学性能 硬度/HBW	应用举例
QT350-22L	F	350	220	22	≤160	泵、阀体、受压容器等
QT350-22R	F	350	220	22	≤160	
QT350-22	F	350	220	22	≤160	

牌号	主要基体组织	力学性能				应用举例
		R_m/MPa（min）	$R_{p0.2}$/MPa（min）	A/%（min）	硬度/HBW	
QT400–18L	F	400	240	18	120～175	承受冲击、振动的零件，如汽车、拖拉机的轮毂、驱动桥壳、差速器壳、拨叉、农机具零件、中低压阀门、输水及输气管道、压缩机上高低压气缸、电动机壳、齿轮箱和飞轮壳等
QT400–18R	F	400	250	18	120～175	
QT400–18	F	400	250	18	120～175	
QT400–15	F	400	250	15	120～180	
QT450–10	F	450	310	10	160～210	
QT500–7	F+P	500	320	7	170～230	强度与塑性中等的零件，如机器座架、传动轴、飞轮、电动机架，内燃机的机油泵齿轮、铁路机车车辆轴瓦
QT550–5	F+P	550	350	5	180～250	
QT600–3	P+F	600	370	3	190～270	载荷大、耐磨、受力复杂的零件，如汽车、拖拉机的曲轴、连杆、凸轮轴、气缸套，部分磨床、铣床、车床的主轴，机床蜗杆、蜗轮、轧钢机轧辊、大齿轮，小型水轮机主轴、气缸体，桥式起重机大小滚轮等
QT700–2	P	700	420	2	225～305	
QT800–2	P 或 S	800	480	2	245～335	
QT900–2	B+S 或回火马氏体	900	600	2	280～360	高强度、耐磨、耐疲劳的零件，如汽车后桥螺旋锥齿轮、大减速器齿轮、传动轴，内燃机曲轴、凸轮轴等

（三）可锻铸铁的化学成分、组织、性能、牌号和应用

1. 化学成分、组织与性能

可锻铸铁的成分大致为 ω_C：2.4%～2.8%，ω_{Si}：1.2%～2.0%，ω_{Mn}：0.4%～1.2%，$\omega_S \leqslant$ 0.1%，$\omega_P \leqslant 0.2\%$。此类铸铁是将亚共晶成分的白口铸铁进行石墨化退火，使其中的 Fe_3C 在高温下分解形成团絮状的石墨而获得。根据石墨化退火工艺的不同，可以分为铁素体基体及珠光体基体两类可锻铸铁。

由于可锻铸铁中的石墨呈团絮状，对基体的割裂作用小，故其强度、塑性及韧性均比灰铸铁高，尤其是珠光体可锻铸铁可与铸钢媲美，但是不能锻造。可锻铸铁通常用于铸造形状复杂、要求承受冲击载荷的薄壁零件，如汽车、拖拉机的前后轮壳、差速器壳和转向节壳等。但由于其生产周期长、工艺复杂、成本高，故不少可锻铸铁零件已逐渐被球墨铸铁所代替。

2. 牌号与应用

常用可锻铸铁的牌号、性能及应用见表 2–33。牌号中的"KT"为"可铁"二字的汉语拼音字首，"KTH"表示黑心可锻铸铁，"KTZ"表示珠光体可锻铸铁，它们后面的两组数字分别表示最低抗拉强度和最低延伸率。

表 2-33　常用可锻铸铁的牌号、性能及应用（GB/T 9440—2010）

种类	牌号	试样直径/mm	力学性能				应用举例
			R_m/MPa（min）	$R_{p0.2}$/MPa（min）	A/%（min）	硬度/HBW	
黑心可锻铸铁	KTH275-05	12 或 15	275	—	5	≤150	汽车、拖拉机零件，如后桥壳、轮壳、转向机构壳体和弹簧钢板支座等。机床附件，如钩形扳手、螺纹绞扳手等；各种管接头、低压阀门和农具等
	KTH300-06		300	—	6		
	KTH330-08		330	—	8		
	KTH350-10		350	200	10		
	KTH370-12		370	—	12		
珠光体可锻铸铁	KTZ450-06		450	270	6	150～200	曲轴、凸轮轴、连杆、齿轮、活塞环、轴套、耙片、万向接头、棘轮、扳手和传动链条等
	KTZ500-05		500	300	5	165～215	
	KTZ550-04		550	340	4	180～230	
	KTZ600-03		600	390	3	195～245	
	KTZ650-02		650	430	2	210～260	
	KTZ700-02		700	530	2	240～290	
	KTZ800-01		800	600	1	270～320	

（四）蠕墨铸铁的化学成分、组织、性能、牌号和应用

1. 化学成分、组织与性能

蠕墨铸铁的成分大致为 ω_C：3.5%～3.9%，ω_{Si}：2.2%～2.8%，ω_{Mn}：0.4%～0.8%，ω_S、ω_P<0.1%。其铸态显微组织有三种：铁素体+蠕虫状石墨、铁素体+珠光体+蠕虫状石墨和珠光体+蠕虫状石墨。

为了使石墨呈蠕虫状，浇注前向高于 1 400 ℃的铁水中加入稀土硅钙合金（ω_{RE}：10%～15%，ω_{Si}≈50%，ω_{Ca}：15%～20%）进行蠕化处理，处理后加入少量孕育剂（硅铁或硅钙铁合金）以促进石墨化。由于蠕化剂中含有球化元素 Mg、稀土等，故在大多数情况下，蠕虫状石墨与球状石墨共存。

与片状石墨相比，蠕虫状石墨的长宽比值明显减小，尖端变圆变钝，对基体的切割作用减小，应力集中减小，故蠕墨铸铁的抗拉强度、塑性、疲劳强度等均优于灰铸铁，而接近铁素体基体的球墨铸铁。此外，这类铸铁的导热性、铸造性、可切削加工性均优于球墨铸铁，而与灰铸铁相近。

蠕墨铸铁用于制造在热循环载荷条件下工作的零件，如钢锭模、玻璃模具、柴油机气缸、气缸盖、排气刹车等，以及结构复杂、要求高强度的铸件，如液压阀阀体、耐压泵的泵体等。

2. 牌号与应用

常用蠕墨铸铁的牌号、性能及应用见表 2-34。牌号中的"RuT"为"蠕"的汉语拼音全拼和"铁"的汉语拼音字首，其后的数字表示最低抗拉强度。

表 2-34　常用蠕墨铸铁的牌号、性能及用途（GB/T 26655—2011）

牌号	主要基体组织	力学性能				应用举例
		R_m/MPa（min）	$R_{p0.2}$/MPa（min）	A/%（min）	硬度/HBW	
RuT300	F	300	210	2	140～210	排气管；大功率船、机车、汽车内燃机缸盖；增压器壳体；纺织机、农机零件
RuT350	F+P	350	245	1.5	160～220	机床底座；托架和联轴器；大功率船、机车、汽车内燃机缸盖；钢锭模、铝锭模；焦化炉炉门、门框、保护板、桥管阀体和装煤孔盖座；变速箱体；液压件
RuT400	P+F	400	280	1.0	180～240	内燃机的缸体、缸盖；机床底座；托架和联轴器；载重卡车制动鼓、机车车辆制动盘；泵壳和液压件；钢锭模、铝锭模、玻璃模具
RuT450	P	450	315	1.0	200～250	汽车内燃机缸体和缸盖；气缸套；载重卡车制动盘；泵壳和液压件；玻璃模具；活塞环
RuT500	P	500	350	0.5	220～260	高负荷内燃机缸体；气缸套

五、特殊性能铸铁

在铸铁中加入一定数量的合金元素或经过某种处理后，可使其具有一些特殊性能（如耐磨性、耐热性和耐蚀性等），即称此类铸铁为特殊性能铸铁。

（一）耐磨铸铁

1. 耐磨灰铸铁

在铸铁中加入 Cr、Mo、Cu 等少量合金元素，以提高灰铸铁的耐磨性，可用于机床导轨、汽车发动机缸套和活塞环等耐磨零件。

2. 冷硬铸铁

在灰铸铁表面通过激冷处理形成一层白口层，使表层获得高硬度和高耐磨性，可用于轧辊、凸轮轴等零件。

（二）耐热铸铁

在铸铁中加入 Al、Si、Cr 等合金元素，以提高铸铁的耐热性，可用于炉底、换热器、坩埚和热处理炉内的运输链条等零件。

（三）耐蚀铸铁

在铸铁中加入 Al、Si、Cr 等合金元素，使铸铁表面形成一层连续致密的保护膜，以提高铸铁的抗蚀能力，用于在腐蚀介质中工作的零件，如化工设备管道、阀门、泵体、反应釜和盛储器等。

第四节　有色金属及其合金

金属材料分为黑色金属和有色金属两大类。黑色金属在工业中主要是指钢铁材料；而有色金属主要是指除黑色金属以外的其余金属，如铝、铜、锌、镁、铅、钛和锡等。

与黑色金属相比，有色金属具有许多优良的特性，因此在工业领域尤其是高科技领域应用广泛。例如，铝、镁、钛、铍等轻金属具有相对密度小、比强度高等特点，广泛用于航空航天、汽车、船舶和军事领域；银、铜、金（包括铝）等贵金属具有优良的导电、导热和耐蚀性，是电器仪表和通信领域不可缺少的材料；镍、钨、钼、钽及其合金是制造高温零件和电子真空元器件的优良材料；还有专门用于原子能工业的铀、镭、铍，以及用于石油化工领域的钛、铜、镍等。本节主要介绍目前工程中广泛应用的铜、铝、钛及其合金等。

一、铜及铜合金

铜是一种非常重要的有色金属，具有许多与其他金属不同的优异性能，因此，铜及铜合金的应用非常普遍。我国拥有丰富的铜资源，是最早使用铜合金的国家。

纯铜呈玫瑰红色，因它表面经常形成一层紫红色的氧化物，故俗称紫铜。铜的熔点为 1 083 ℃，密度为 8.9 g/cm^3，具有面心立方晶格，无同素异构转变。

铜的导电性和导热性仅次于金和银，是最常用的导电、导热材料。铜的化学稳定性高，在大气、淡水和冷凝水中有良好的耐蚀性。铜无磁性，塑性高（A=50%），但强度较低（R_m=200～250 MPa），可采用冷加工进行形变强化。由于纯铜强度低，故一般不宜直接作为结构材料使用。除了用于制造电线、电缆、导热零件及耐腐蚀器件外，多作为配制铜合金的原料。我国工业纯铜有 T1～T4 四个牌号。"T"为"铜"的汉语拼音字首，其后的数字表示序号，序号越大，纯度越低。

为了获得较高强度的结构用铜材，一般采用在铜中加入合金元素的方法制成各种铜合金。铜合金分为黄铜、青铜和白铜三大类。以锌作为主要合金元素的铜合金称为黄铜；以镍作为主要合金元素的铜合金称为白铜；除黄铜和白铜之外，其他的铜合金统称为青铜。在普通机器制造业中，应用较为广泛的是黄铜和青铜。

（一）黄铜

黄铜以锌为主要合金元素，因呈金黄色，故称黄铜。按化学成分的不同，分为普通黄铜和特殊黄铜。普通黄铜是指铜锌二元合金，其锌含量小于 50%，牌号以"H+数字"表示。其中"H"为"黄"字汉语拼音字首，数字表示平均含铜量。如 H62 表示含 Cu62%和 Zn38%的普通黄铜。特殊黄铜是在普通黄铜中加入铅、铝、锰、锡、铁、镍、硅等合金元素所组成的多元合金，其牌号以"H+第二主添加元素的化学符号+铜含量+除锌以外的各添加元素含量（数字间以"–"隔开）"表示（注：黄铜中锌为第一主添加元素，但牌号中不体现锌含量）。如 HMn58-2 表示含 Cu58%和 Mn2%，其余为 Zn 的特殊黄铜。若材料为铸造黄铜，则在其牌号前加"Z"，如 ZH62、ZHMn58-2。

表 2-35 列出了常用黄铜的牌号、化学成分、力学性能与用途。

表 2–35　常用黄铜的牌号、化学成分、力学性能与用途

类别	代号	化学成分/%		铸造方法	力学性能			用　途
		Cu	其他		R_m/MPa	A/%	HBW	
普通黄铜	H80	79.0~81.0	Zn 余量	—	640	5	145	造纸网、薄壁管
	H70	68.5~71.5	Zn 余量	—	660	3	150	弹壳、造纸用管、机械和电气零件
	H68	67.0~70.0	Zn 余量	—	660	3	150	复杂的冷冲件和深冲件、散热器外壳、导管
	H62	60.5~63.5	Zn 余量	—	500	3	164	销钉、铆钉、螺帽、垫圈、导管和散热器
	ZCuZn38（ZH62）	60.0~63.0	Zn 余量	S	295	30	590	一般结构件和耐蚀件，如法兰、阀座、手柄和螺母
				J	295	30	685	
	H59	57.0~60.0	Zn 余量	—	500	10	103	机械、电器用零件，焊接件，热冲压件
特殊黄铜	HPb59–1	57.0~60.0	Pb0.8~1.9、Zn 余量	—	650	16	140	热冲压及切削加工零件，如销子、螺钉、垫圈等
	HAl59–3–2	57.0~60.0	Al0.7~1.5、Ni2.0~3.0、Zn 余量	—	650	15	150	船舶、电机等常温下工作的高强度耐蚀零件
	HSn90–1	88.0~91.0	Sn0.25~0.75、Zn 余量	—	520	5	148	汽车拖拉机弹性套管等
	HMn58–2	57.0~60.0	Mn1.0~2.0、Zn 余量	—	700	10	175	船舶和弱电用零件
	HSi80–3	79.0~81.0	Si2.5~4.0、Fe0.6、Mn0.5、Zn 余量	—	600	8	160	耐磨锡青铜的代用品
	ZCuZn25Al6–Fe3Mn3（ZHAl66–6–3–2）	60.0~66.0	Al2.5~5.0、Fe1.5~4.0、Mn1.5~4.0、Zn 余量	S	725	10	1 570	高强度、耐磨零件，如桥梁支撑板、螺母、螺杆、耐磨板、滑块和蜗轮等
				J	740	7	1 665	

注：S：砂模；J：金属模。

（二）白铜

白铜是指以镍为主要合金元素（含量低于 50%）的铜合金。按成分可将白铜分为简单白铜和特殊白铜。简单白铜即铜镍二元合金，其牌号以"B+数字"表示，后面的数字表示镍的含量，如 B30 表示含 Ni 量 30% 的白铜合金；特殊白铜是在简单白铜的基础上加入铁、锌、锰、铝等辅助合金元素的铜合金，其牌号以"B+主要辅加元素符号+镍的百分含量+主要辅加

元素含量"表示，如 BFe5-1 表示含 Ni 量 5%、含 Fe 量 1%的白铜合金。

白铜延展性好、硬度高、色泽美观、耐腐蚀、富有深冲性能，被广泛用于造船、石油化工、电器、仪表、医疗器械、日用品和工艺品等领域，同时它还是重要的电阻和热电偶合金。但是由于其主要添加元素镍比较稀缺，所以价格比较昂贵。

（三）青铜

青铜是指以除锌和镍以外的其他元素为主要合金元素的铜合金，其牌号为"Q+第一主添加元素化学符号+各添加元素的百分含量"（数字间以"-"隔开），如 QSn4-3 表示含 Sn 量 4%、含 Zn 量 3%，其余为铜的锡青铜；若为铸造青铜，则在牌号前再加"Z"。青铜合金中，工业用量最大的为锡青铜和铝青铜，强度最高的为铍青铜。

1. 锡青铜

锡青铜是我国历史上使用最早的有色合金，也是常用的有色合金之一。锡含量是决定锡青铜性能的关键，含锡量 5%～7%的锡青铜塑性最好，适用于冷热压力加工，典型牌号为 QSn5-5-5，主要用于仪表的耐磨、耐蚀零件，以及弹性零件及滑动轴承、轴套等；含锡量大于 10%时，合金强度升高，但塑性却很低，只适于作铸造用，典型牌号为 ZSn-10-2，主要用于制造阀、泵壳、齿轮和蜗轮等零件。锡青铜在造船、化工机械和仪表等工业中有着广泛的应用。

2. 铝青铜

铝青铜是无锡青铜中用途最为广泛的一种，根据合金的性能特点，铝青铜中的含铝量一般控制在 12%以内。工业上压力加工用铝青铜的含铝量一般为 5%～7%；含铝量 10%左右的合金，强度高，可用于热加工或铸造用材。铝青铜的耐蚀性、耐磨性都优于黄铜和锡青铜，而且还具有耐寒、冲击时不产生火花等特性。可用于制造齿轮、轴套、蜗轮等在复杂条件下工作的高强度抗磨零件以及弹簧和其他高耐腐蚀性的弹性零件。

3. 铍青铜

铍青铜指含铍量 1.7%～2.5%的铜合金，其时效硬化效果极为明显，通过淬火时效可获得很高的强度和硬度，抗拉强度 R_m 可达 1 250～1 500 MPa，HBS 可达 350～400，远远超过其他铜合金，可与高强度合金钢相媲美。由于铍青铜没有自然时效效应，故其一般供应态为淬火态，易于成型加工，可直接制成零件后再时效强化。

二、铝及铝合金

铝及铝合金在工业上是仅次于钢的一种重要金属，尤其是在航空航天、电力工业及日常用品中得到了广泛应用。

铝的熔点为 660.37 ℃，密度为 2.7 g/cm^3，具有面心立方晶格，无同素异构转变。铝的强度、硬度很低（R_m=80～100 MPa，20 HBS），塑性很好（A=30%～50%，Z=80%）。所以铝适合于各种冷、热压力加工，制成各种形式的材料或零件，如丝、线、箔、片、棒、管和带等。铝的导电和导热性能良好，仅次于金、银、铜，居第四位。

根据铝中杂质的含量不同，铝分为工业高纯铝和工业纯铝。工业高纯铝有 LG1～LG5 等牌号，其顺序号越大，纯度越高，通常只用于科研、化工以及一些特殊用途。工业纯铝有 L1～L7 等牌号，其顺序号越大，纯度越低，通常用来制造导线、电缆及生活用品，或作为生产铝合金的原材料。

　　由于铝的强度低，因此不宜作承力结构材料使用。在铝中加入硅、铜、镁、锌、锰等合金元素而制成铝基合金，其强度比纯铝高几倍，可用于制造承受一定载荷的机械零件。

　　铝合金的种类很多，根据合金元素的含量和加工工艺特点，可以分为变形铝合金和铸造铝合金两大类。以压力加工方法生产的铝合金称为变形铝合金，变形铝合金根据特点和用途可分为防锈铝合金、硬铝合金、超硬铝合金和锻铝合金。常用变形铝合金的牌号、化学成分、力学性能及用途见表2-36。用来直接浇铸各种形状的机械零件的铝合金称为铸造铝合金。常用铸造铝合金的牌号、化学成分、力学性能及用途见表2-37。铝合金可用于制造汽车、装甲车、坦克、飞机及舰艇的部件，如汽车发动机壳体、活塞、轮毂，飞机机身及机翼的蒙皮；还可以用于制造建筑行业的门窗框架、日常生活用品及家具等。

表2-36　常用变形铝合金的牌号、化学成分、力学性能及用途

类别	代号	化学成分/%					力学性能			用途
		Cu	Mg	Mn	Zn	其他	R_m/MPa	A/%	HBS	
防锈铝合金	5A05 (LF5)	—	4.8~5.5	0.3~0.6	—	—	270	23	70	焊接油箱、油管、焊条、铆钉以及中等载荷零件及制品
	3A21 (LF21)	—	—	1.0~1.6	—	—	130	23	30	焊接油箱、油管、焊条、铆钉以及轻载荷零件及制品
硬铝合金	2A01 (LY1)	2.2~3.0	0.2~0.5	—	—	—	300	24	70	工作温度不超过100℃的结构用中等强度铆钉
	2A11 (LY11)	3.8~4.8	0.4~0.8	0.4~0.8	—	—	420	18	100	中等强度的结构零件，如骨架，模锻的固定接头、支柱，螺旋桨叶片，局部镦粗的零件，螺栓和铆钉
	2A12 (LY12)	3.8~4.9	1.2~1.8	0.3~0.9	—	—	480	11	131	高强度的结构零件，如骨架、蒙皮、隔框、肋、梁和铆钉等在150℃以下工作的零件
超硬铝合金	7A04 (LC4)	1.4~2.0	1.8~2.8	0.2~0.6	5.0~7.0	Cr0.10~0.25	600	12	150	结构中主要受力件，如飞机大梁、桁架、加强框、蒙皮接头及起落架
	7A09 (LC9)	1.2~2.0	2.0~3.0	0.15	5.1~6.1	Cr0.16~0.30	680	7	190	
锻铝合金	2A50 (LD5)	1.8~2.6	0.4~0.8	0.4~0.8	—	Si0.7~1.2	420	13	105	形状复杂的、中等强度的锻件及模锻件
	2A70 (LD7)	1.9~2.5	1.4~1.8	—	—	Ti0.02~0.10、Ni0.9~1.5、Fe0.9~1.5	440	13	120	内燃机活塞和在高温下工作的复杂锻件，板材可作为高温下工作的结构件
	2A14 (LD10)	3.9~4.8	0.4~0.8	0.4~1.0	—	Si0.5~1.2	480	19	135	承受重载荷的锻件和模锻件

表 2–37　常用铸造铝合金的牌号、化学成分、力学性能及用途

类别	牌号	代号	化学成分 /%	铸造 方法	热处 理	力学性能			用　途
						$R_m/$ MPa	A/%	HBS	
铝硅 合金	ZAlSi12	ZL102	Si10.0~13.0	SB JB SB J	F F T2 T2	143 153 133 143	4 2 4 3	50 50 50 50	形状复杂的零件, 如飞机、仪器零件及 抽水机壳体
	ZAlSi9Mg	ZL104	Si8.0~10.5、 Mg0.17~0.30、 Mn0.2~0.5	J J	T1 T6	192 231	1.5 2	70 70	工作温度在 220 ℃ 以下、形状复杂的零 件,如电动机壳体、 气缸体
	ZAlSi5Cu1Mg	ZL105	Si4.5~5.5、 Cu1.0~1.5、 Mg0.40~0.60	J J	T5 T7	231 173	0.5 1	70 65	工作温度在 250 ℃ 以下、形状复杂的零 件,如风冷发动机气 缸头、机闸、液压泵 壳体
	ZAlSi7Cu4	ZL107	Si6.5~7.5 Cu3.5~4.5	SB J	T6 T6	241 271	2.5 3	90 100	强度和硬度较高的 零件
	ZAlSi2Cu1– Mg1Ni1	ZL109	Si11.0~13.0、 Cu0.5~1.5、 Mg0.8~1.3、 Ni0.8~1.5	J J	T1 T6	192 241	0.5 —	90 100	较高温度下工作的 零件,如活塞
	ZAlSi9Cu2Mg	ZL111	Si8.0~10.0、 Cu1.3~1.8、 Mg0.4~0.6、 Mn0.10~0.35、 Ti0.10~0.35	SB J	T6 T6	251 310	1.5 2	90 100	活塞及高温下工作 的零件
铝铜 合金	ZAlCu5Mn	ZL201	Cu4.5~5.3、 Mn0.6~1.0、 Ti0.15~0.35	S S	T4 T5	290 330	3 4	70 90	内燃机气缸头、活 塞等
	ZAlCu10	ZL202	Cu9.0~11.0	S J	T6 T6	163 163	— —	100 100	高温下工作不受冲 击的零件
	ZAlCu4	ZL203	Cu4.0~5.0	J J	T4 T5	202 222	6 3	60 70	中等载荷、形状比 较简单的零件
铝镁 合金	ZAlMg10	ZL301	Mg9.5~11.5	S	T4	280	9	20	舰船配件
	ZAlMg5Si1	ZL303	Si0.8~1.3、 Mg4.5~5.5、 Mn0.1~0.4	S或J	F	143	1	55	氨用泵体

续表

类别	牌号	代号	化学成分/%	铸造方法	热处理	力学性能			用途
						R_m/MPa	A/%	HBS	
铝锌合金	ZAlZn11Si7	ZL401	Si6.0~8.0、Mg0.1~0.3、Zn9.0~13.0	J	T1	241	1.5	90	结构形状复杂的汽车、飞机、仪器零件，也可用于制造日用品
	ZAlZn6Mg	ZL402	Mg0.5~0.65、Cr0.4~0.6、Zn5.0~6.5、Ti0.15~0.25	J	T1	231	4	70	

注：J—金属模；S—砂模；B—变质处理；F—铸态；T1—人工时效；T2—退火；T4—固溶处理+自然时效；T5—固溶处理+不完全人工时效；T6—固溶处理+完全人工时效；T7—固溶处理+稳定化处理。

三、钛及钛合金

钛在地壳中的储量十分丰富，仅次于铝、铁、镁，居金属元素中的第四位。钛及钛合金具有密度小、质量轻、比强度高、耐高温、耐腐蚀以及良好的低温韧性和焊接性等特点，是一种理想的轻质结构材料，特别适用于航空航天、化工、导弹和造船等领域。但由于钛在高温时异常活泼，钛及钛合金的熔炼、浇铸、焊接和热处理等都要在真空或惰性气体中进行，加工条件严格，加工成本较高，故在一定程度上限制了它的应用。

钛是银白色金属，密度小（4.5 g/cm³），熔点高（1 725 ℃）。纯钛的热膨胀系数小、导热性差、塑性好、无磁性、强度低，经冷塑性变形可显著提高工业纯钛的强度，容易加工成型，可制成细丝和薄片。钛在大气和海水中具有优良的耐蚀性，在硫酸、硝酸、盐酸和氢氧化钠等介质中都很稳定，抗氧化能力强，具有储氢、超导、形状记忆、超弹和高阻尼等特殊功能。它既是优质的耐蚀结构材料，又是功能材料及生物医用材料。

钛在固态有两种同素异构体，882.5 ℃以下为具有密排六方晶格的α–Ti，882.5 ℃以上直到熔点为体心立方晶格的β–Ti。

工业纯钛的牌号按纯度分为4个等级：TA0、TA1、TA2、TA3。TA后的数字越大，纯度越低，强度增大，塑性降低。

钛合金是以钛为基加入其他元素组成的合金。利用α–Ti、β–Ti两种结构的不同特点，添加适当的合金元素，可得到不同组织的钛合金。钛合金按退火组织不同分为α钛合金、β钛合金和（α+β）钛合金三类，分别以TA、TB、TC加顺序号表示。

（一）α钛合金

这类合金主要加入的元素是铝（Al）、锡（Sn）和锆（Zr），合金在室温和使用温度下均处于α单相状态，组织稳定，具有良好的抗氧化性、焊接性和耐蚀性，不可热处理强化，室温强度低，但高温强度高。

典型的牌号是T7，成分为Ti–5Al–2.5Sn，其使用温度不超过500 ℃，主要用于制造导弹的燃料罐和超声速飞机的涡轮机匣等。

（二）β钛合金

这类合金主要加入的元素是钼（Mo）、钒（V）、铬（Cr）等，未经热处理就具有较高的强度，但稳定性差，不宜在高温下使用。

典型的牌号是 TB1，成分为 Ti–13Al–13V–11Cr，一般在 350 ℃ 以下使用，适用于制造压气机叶片、轴、轮盘等重载的回转件以及飞机构件等。

（三）（α+β）钛合金

这类合金是双相合金，兼有α、β钛合金的优点，组织稳定性好，具有良好的韧性、塑性和高温变形能力，能较好地进行压力加工，高温强度高，其热稳定性略次于α钛合金。

典型的牌号是 TC4，成分为 Ti–6Al–4V，强度高、塑性好，在 400 ℃ 组织稳定、蠕变强度高，低温时具有良好的韧性，适于制造 400 ℃ 以下长期工作的零件，或要求一定高温强度的发动机零件，以及在低温下使用的火箭、导弹的液氢燃料箱部件等。

第五节　塑料、橡胶与陶瓷

塑料是以合成树脂为主要成分，加入各种添加剂，在加工过程中可制成各种形状的高分子材料。其具有质轻、绝缘、减摩、耐蚀、消声、吸振、廉价和美观等优点，广泛应用于工业生产和日常生活中。

一、塑料

（一）塑料的组成

塑料由合成树脂和添加剂组成。合成树脂是其主要成分；添加剂是为了改善塑料的使用性能或成形工艺性能而加入的其他组分，包括填料（又称填充剂或增强剂）、增塑剂、固化剂（又称硬化剂）、稳定剂（又称防老化剂）、润滑剂、着色剂、阻燃剂、发泡剂和抗静电剂等。

（二）塑料的分类

塑料的常用分类有以下两种：

1. 按树脂的性质分类

根据树脂在加热和冷却时所表现的性质，塑料可分为热塑性塑料和热固性塑料两类。

1）热塑性塑料

热塑性塑料又称为热熔性塑料。这类塑料受热时软化，熔融为可流动的黏稠液体，冷却后成型并保持既得形状，再受热又可软化成熔融状，如此可反复进行多次，即具有可逆性。该塑料的优点是加工成型简便，具有较高的力学性能，废品回收后可再利用。缺点是耐热性和刚性较差。聚氯乙烯、聚苯乙烯、聚乙烯、聚酰胺（尼龙）、ABS、聚四氟乙烯（F–4）和聚甲基丙烯酸甲酯（有机玻璃）等均属于这类塑料。

2）热固性塑料

热固性塑料在一定温度下软化熔融，可塑制成一定形状，经过一段时间的继续加热或加入固化剂后，化学结构发生变化即固化成型。固化后的塑料质地坚硬，性质稳定，不再溶入各种溶剂中，也不能再加热软化（温度过高便会自行分解）。因此，热固塑料只可一次成型，废品不可回收，它的软化与固化是不可逆的。该类塑料耐热性好，抗压性好，但韧性较差，质地较脆。常用的热固塑料有酚醛树脂、呋喃树脂和环氧树脂等。

2. 按塑料的应用范围分类

1）通用塑料

产量大，用途广，价格低廉，主要指通用性强的聚乙烯、聚氯乙烯、聚苯乙烯、聚丙烯、酚醛树脂和氨基塑料等 6 大品种，占塑料总产量的 75% 以上。

2）工程塑料

力学性能比较好，可以替代金属在工程结构和机械设备中的应用。例如，制造各种罩壳、轻载齿轮、干摩擦轴承、轴套、密封件、各种耐磨、耐蚀结构件和绝缘件等。常用的工程材料有聚酰胺（尼龙）、聚甲醛、酚醛树脂、聚甲基丙烯酸甲酯（有机玻璃）和 ABS 等。

（三）塑料的性能特点

塑料的主要优点是质轻、比强度高；良好的耐蚀性、减摩性与自润滑性；绝缘性、耐电弧性、隔音性、吸振性优良；工艺性能好。

塑料的主要缺点是强度、硬度、刚度低；耐热性、导热性差，热膨胀系数大；易燃烧，易老化。

（四）汽车常用塑料零件简介

1. 分电器盖和分火头

分电器是汽油发动机点火系中的一个重要部件，分电器盖和分火头是分电器中的两个重要零件。分电器必须具备良好的绝缘性能，以保证零件本身不漏电。另外还要具备足够的强度，能经受住高温的影响和汽油的腐蚀。所以，目前分电器盖和分火头是使用耐热、绝缘、化学稳定性及尺寸稳定性较好的酚醛压塑粉（通称胶木粉或电木粉）制成的。

2. 制动蹄和离合器摩擦片

制动摩擦片是汽车制动装置中的重要元件，其功用是通过摩擦力将车轮的转速减慢或停止，它必须具备良好的摩擦性（即摩擦系数高）和散热性。目前，汽车制动摩擦片由摩擦性能优良的改性酚醛树脂、增强材料（石棉）、摩擦性能调节剂（如金属粉、屑或丝等物质）组成，将这些物质混合、干燥，然后用压制、挤出再加热和滚压的方法加工成型。离合器片是用带铜丝的石棉浸渍酚醛树脂、柏胶并加上各种填料后热压而成的。其中掺在制动摩擦片和离合器片中的金属粉及铜丝用来提高其导热性能，以便更好地散热。

3. 齿轮

汽车上的大部分齿轮是用金属材料制造的。由于塑料具有良好的吸振、消声性能，因此在传递负荷小的场合，也可用塑料来制造齿轮。例如，发动机中的正时齿轮，多数是以棉布为增强材料的布质酚醛塑料制造的，也有的采用玻璃纤维增强的尼龙制造。汽车上其他一些小齿轮，如车速表齿轮、机油泵齿轮等一般采用尼龙或聚甲醛来制造。

4. 轴承

汽车上的一些轴承，如钢板弹簧支架孔衬套、转向节孔衬套等，常采用各种塑料来制造。例如，东风 EQ1090 汽车的钢板弹簧支架孔衬套就是采用聚甲醛来制造的。聚甲醛是一种性能优良、成本较低的优良轴承材料。

（五）塑料的成型方法和机械加工

塑料一般是在 400 ℃以下，采用注塑、挤塑、模压、吹塑、浇铸或粉末冶金压制烧结等加工方法而成型的。此外，还可以采用喷涂、浸渍、黏接等工艺将其覆盖于其他材料表面上，也可以在塑料表面上电镀、着色，从而得到需要的制品。

1. 注塑

注塑又称注射成型，是把塑料放在注射成型机的料筒内加热熔化，再靠柱塞或螺杆以很高的压力和速度注入闭合的模具型腔内，待冷却固化后从模具内取出成品的成型方法。这种加工方法适用于热塑性塑料或流动性大的热固性塑料。注射成型的优点是生产速度快、效率高、操作可自动化，能成型形状复杂的零件，可用于自动化大批量生产；缺点是设备及模具成本高、注塑机清理较困难等。

2. 挤塑

挤塑又称挤出成型，是把塑料放在挤压机的料筒内加热熔化，利用螺旋推杆将塑料连续不断地自模具的型孔中挤出制品的成型方法。挤塑的优点是可挤出各种形状的制品，生产效率高，可自动化、连续化生产；缺点是热固性塑料不能广泛采用此法加工，制品尺寸容易产生偏差。其适用于热塑性塑料的管、板、棒以及丝、网、薄膜的生产。

此外，塑料的成型方法还有吹塑成型、模压成型和浇铸成型等。

塑料的加工性能一般较好，传统的车、铣、刨、磨、钻以及抛光等方法都可以使用。由于塑料的导热性和耐热性差，有弹性，加工时容易变形、分层、开裂和崩落等，因此应在刀具的角度、冷却方式以及切削用量上适当调整，以便加工出要求的制品。

二、橡胶

橡胶是一种具有高弹性的有机高分子材料，它在较小的载荷下就能产生很大的变形，当载荷去除后又能很快恢复原状，是常用的弹性、密封、传动、防振和减振材料。广泛用于制造轮胎、胶管、软油箱、减振和密封零件等。

（一）橡胶的组成

橡胶制品主要是由生胶、各种配合剂和增强材料三部分组成的。橡胶制品生产的基本过程包括：生胶的塑炼、胶料的混炼、压延、压出和制品的硫化。

1. 生胶

生胶是未加配合剂的橡胶，是橡胶制品的主要组分，使用不同的生胶可以制成不同性能的橡胶制品。

2. 配合剂

配合剂的作用是提高橡胶制品的使用性能和改善其加工工艺性能。配合剂种类很多，主要有硫化剂、硫化促进剂、增塑剂、补强剂、防老化剂、着色剂和增容剂等。此外，还有能赋予制品特殊性能的其他配合剂，如发泡剂和电性调节剂等。

3. 增强材料

增强材料的主要作用是提高橡胶制品的强度、硬度、耐磨性和刚性等力学性能并限制其变形。主要增强材料有各种纤维织品和帘布及钢丝等，如轮胎中的帘布。

（二）橡胶的种类

橡胶按原料来源分为天然橡胶和合成橡胶两大类，按应用范围又分为通用橡胶和特种橡胶两大类。通用橡胶是指用于制造轮胎、工业用品和日常生活用品等量大而广的橡胶；特种橡胶是指在特殊条件（如高温、低温、酸、碱、油和辐射等）下使用的橡胶。

（三）橡胶的性能

高弹性是橡胶突出的特性，这与其分子结构有关。橡胶只有经过硫化处理才能使用，因为硫化将橡胶由线型高分子交联成为网状结构，使橡胶的塑性降低、弹性增加、强度提高和耐溶剂性增强，扩大了其高弹态温度范围。此外，橡胶还具有良好的绝缘性、耐磨性、阻尼性和隔音性。

此外，还可以通过添加各种配合剂或者经化学处理，使其改性，以满足某些性能的要求，如耐辐射、导电和导磁等特性。

（四）常用橡胶

1. 天然橡胶

天然橡胶是由橡树流出的胶乳，经过凝固、干燥、加压制成片状生胶，再经硫化处理而成的、可以使用的橡胶制品。

天然橡胶有较好的弹性，抗拉强度可达 25～35 MPa，有较好的耐碱性能，是电绝缘体。其缺点是耐油和耐溶剂性能差，耐臭氧老化较差，不耐高温，使用温度为–70 ℃～110 ℃。天然橡胶广泛用于制造轮胎、胶带、胶管和胶鞋等。

2. 通用合成橡胶

通用合成橡胶品种很多，常用的有以下几种。

1）丁苯橡胶（SBR）

它是由丁二烯和苯乙烯共聚而成的，外观为浅褐色，是合成橡胶中产量最大的通用橡胶。丁苯橡胶的品种很多，主要有丁苯–10、丁苯–30 和丁苯–50 等，短线后的数字表示苯乙烯的含量。一般来说，苯乙烯含量越多，橡胶的硬度、耐磨性和耐蚀性越高，但弹性、耐寒性越差。

丁苯橡胶强度较低，成型性较差，制成的轮胎的弹性不如天然橡胶，但其价格便宜，并能以任何比例与天然橡胶混合。它主要与其他橡胶混合使用，可代替天然橡胶，广泛用于制造轮胎、胶带和胶鞋等。

2）顺丁橡胶（BR）

顺丁橡胶是由丁二烯单体聚合而成的。

顺丁橡胶的弹性、耐磨性、耐热性和耐寒性均优于天然橡胶，是制造轮胎的优良材料。其缺点是强度较低，加工性能差，抗撕裂性差。顺丁橡胶主要用于制造轮胎，也可用于制作胶带、减震器、耐热胶管、电绝缘制品和三角皮带等。

3）氯丁橡胶（CR）

氯丁橡胶是由氯丁二烯聚合而成的。

氯丁橡胶不仅具有可与天然橡胶相比拟的高弹性、高绝缘性、较高强度和高耐碱性，并且具有天然橡胶和一般通用橡胶所没有的优良性能，如耐油、耐溶剂、耐氧化、耐老化、耐酸、耐热、耐燃烧和耐挠曲等性能，故有"万能橡胶"之称。其缺点是耐寒性差，密度大，生胶稳定性差。氯丁橡胶应用广泛，由于其耐燃烧（一旦燃烧后能放出 HCl 气体阻止燃烧），故是制造耐燃橡胶制品的主要材料，如制作地下矿井的运输带、风管和电缆包皮等。还可用于制作输送油或腐蚀介质的管道、耐热运输带、高速三角皮带及垫圈。

4）乙丙橡胶（EPR）

乙丙橡胶是由乙烯和丙烯共聚而成的，乙丙橡胶的原料丰富，价廉、易得。

由于其分子链中不含双键，故结构稳定，比其他通用橡胶拥有更多的优点。它具有优异的抗老化性能，抗臭氧的能力比普通橡胶高百倍以上；绝缘性和耐热性和耐寒性好，使用温度范围宽（–60 ℃～150 ℃），化学稳定性好，对各种极性化学药品和酸、碱有较大的抗蚀性，但对碳氢化合物的油类稳定性差。其主要缺点是硫化速度慢、黏结性差。常用于制作轮胎、蒸汽胶管、胶带、耐热运输带和高电压电线包皮等。

3. 特种合成橡胶

特种橡胶种类很多，这里仅介绍以下常用的几种。

1）丁腈橡胶（NBR）

丁腈橡胶由丁二烯和丙烯腈共聚而成，是特种橡胶中产量最大的橡胶。丁腈橡胶有多种，其中主要包括丁腈–18、丁腈–26、丁腈–40 等，数字代表丙烯腈含量，其含量提高，则耐油性、耐溶剂和化学稳定性增加，强度、硬度和耐磨性提高，但耐寒性和弹性降低。

丁腈橡胶的突出优点是耐油性好，同时具有高的耐热性、耐磨性及耐老化、耐水、耐碱和耐有机溶剂等优良性能。缺点是耐寒性差，其脆化温度为–10 ℃～–20 ℃，耐酸性和绝缘性差，不能用作绝缘材料。它主要用于制作耐油制品，如油箱、储油槽、输油管、油封、燃料液压泵和耐油输送带等。

2）硅橡胶（SR）

硅橡胶是由二甲基硅氧烷与其他有机硅单体共聚而成的。由于硅橡胶的分子主链是由硅原子和氧原子以单键连接而成的，故具有高柔性和高稳定性。

硅橡胶的最大优点是不仅耐高温，而且耐低温，在–100 ℃～350 ℃温度使用时可保持良好的弹性；优异的抗老化性能，对臭氧、氧、光和气候的老化抗力大；绝缘性良好。其缺点是强度和耐磨性低，耐酸碱性差，而且价格较贵。硅橡胶主要用于制作飞机和宇航中的密封件、薄膜、胶管等，也可用于制作耐高温的电线、电缆的绝缘层；由于硅橡胶无味无毒，故它还可用于制造食品工业用的耐高温制品，以及医用人造心脏和人造血管等。

3）氟橡胶（FPR）

氟橡胶是以碳原子为主链、含有氟原子的高聚物。由于含有键能很高的碳氟键，故氟橡胶有很高的化学稳定性。

氟橡胶的突出优点是高的耐腐蚀性，它在酸、碱、强氧化剂中的耐蚀能力居各类橡胶之首，其耐热性也很好，最高使用温度为 300 ℃，而且强度和硬度较高，抗老化性能强。其缺点是耐寒性差，加工性能不好，价格高。氟橡胶主要用于国防和高科技中，如高真空设备、火箭、导弹、航天飞行器的高级密封件、垫圈、胶管和减震元件等。

三、陶瓷

（一）陶瓷的概念

陶瓷是人类应用最早的材料之一。传统意义上的"陶瓷"是陶器和瓷器的总称，后来发展到泛指整个硅酸盐（玻璃、水泥、耐火材料和陶瓷）和氧化物类陶瓷。现代"陶瓷"被看作除金属材料和有机高分子材料以外的所有固体材料，所以陶瓷亦称为无机非金属材料。所谓陶瓷是指一种用天然硅酸盐（黏土、长石、石英等）或人工合成化合物（氮化物、氧化物、碳化物、硅化物、硼化物、氟化物）为原料，经粉碎、配制、成型和高温烧制而成的无机非金属材料。由于一系列的性能优点，它不仅可用于制作像餐具之类的生活用品，而且在现代工业中也得到越来越广泛的应用。在有些情况下，其他材料无法满足性能要求时，陶瓷就成为目前唯一能选用的材料。例如，内燃机火花塞，用陶瓷制作可承受的瞬间引爆温度达 2 500 ℃，并可满足高绝缘性及耐腐蚀性的要求。一些现代陶瓷已成为国防、宇航等高科技领域中不可缺少的高温结构及功能材料。陶瓷材料、金属材料及高分子材料被称为三大固体材料。

（二）陶瓷的分类

陶瓷种类繁多，性能各异。

按其原料来源不同可分为普通陶瓷（传统陶瓷）和特种陶瓷（近代陶瓷）。普通陶瓷是以天然的硅酸盐矿物为原料（黏土、长石、石英），经过原料加工、成型、烧结而成的，因此又叫硅酸盐陶瓷。特种陶瓷是采用纯度较高的人工合成化合物（如 Al_2O_3、ZrO_2、SiC、Si_3N_4、BN），经配料、成型与烧结而成的。

陶瓷按用途分为日用陶瓷和工业陶瓷。工业陶瓷又分为工程陶瓷和功能陶瓷。

陶瓷按化学组成分为氮化物陶瓷、氧化物陶瓷和碳化物陶瓷等；按性能分为高强度陶瓷、高温陶瓷和耐酸陶瓷等。

（三）陶瓷的制造工艺

陶瓷的生产制作过程虽然各不相同，但一般都要经过坯料制备、成型与烧结三个阶段。

1. 坯料制备

当采用天然的岩石、矿物和黏土等物质作原料时，一般要经过原料粉碎→精选（去掉杂质）→磨细（达到一定粒度）→配料（保证制品性能）→脱水（控制坯料水分）→练坯、防腐（去除空气）等过程。

当采用高纯度可控的人工合成的粉状化合物作原料时，如何获得成分、纯度、粒度均达到要求的粉状化合物是坯料制备的关键。按成型工艺的要求，坯料可以是粉料、浆料或可塑泥团。

2. 成型

陶瓷制品的成型方法很多，主要有以下三类。

1）可塑法

可塑法又叫塑性料团成型法，它是在坯料中加入一定量水或塑化剂，使其成为具有良好塑性的料团，然后利用料团的可塑性通过手工或机械成型。常用的方式有挤压成型和车坯成型。

2）注浆法

注浆法又叫浆料成型法，它是把原料配制成浆料，然后注入模具中成型，分为一般注浆成型和热压注浆成型。

3）压制法

压制法又叫粉料成型法，它是将含有一定水分和添加剂的粉料在金属模中用较高的压力压制成型（和粉末冶金成型方法相同）。

3. 烧结

未经烧结的陶瓷制品称为生坯。生坯是由许多固相粒子堆积起来的聚积体，颗粒之间除了点接触外，尚存在许多空隙，因此强度不高，必须经过高温烧结后才能使用。烧结是指生坯在高温加热时发生一系列物理化学变化（水的蒸发，硅酸盐分解，有机物及碳化物的气化，晶体转型及熔化）并使生坯体积收缩，强度、密度增加，最终形成致密、坚硬的具有某种显微结构烧结体的过程。生坯经初步干燥后即可涂釉或送去烧结。烧结后颗粒由点接触变为面接触，粒子间也将产生物质的转移。这些变化均需一定的温度和时间才能完成，所以烧结的温度较高，所需的时间也较长。常见的烧结方法有热压或热等静压法、液相烧结法和反应烧结法。

（四）陶瓷的性能与应用

与金属相比，陶瓷材料刚度大，具有极高的硬度，其硬度大多在 1 500 HV 以上，氮化硅和立方氮化硼具有接近金刚石的硬度，而淬火钢的硬度才 500～800 HV。因此，陶瓷的耐磨性好，常用来制作新型的刀具和耐磨零件。陶瓷的抗压强度较高，但抗拉强度较低，塑性和韧性都很差。由于其冲击韧性与断裂韧性都很低，故目前在工程结构和机械结构中应用很少。

陶瓷材料熔点高，大多在 2 000 ℃以上，在高温下具有极好的化学稳定性，所以广泛应用于工程上的耐高温场合。陶瓷的导热性低于金属材料，所以还是良好的隔热材料。大多数陶瓷材料具有高电阻率，是良好的绝缘体，因而大量用于制作电气工业中的绝缘子、瓷瓶和套管等。少数陶瓷还具有半导体的特性，可用于制作整流器。

（五）功能陶瓷简介

功能陶瓷是指具有高温氧化自适应性的高温陶瓷。

氧化铝陶瓷主要组成物为 Al_2O_3，一般含量大于 45%。氧化铝陶瓷具有各种优良的性能：耐高温，可在 1 600 ℃长期使用；耐腐蚀；高强度，强度为普通陶瓷的 2～3 倍，高者可达 5～6 倍。氧化铝陶瓷的缺点是脆性大，不能承受环境温度的突然变化。其可用于制作坩埚、发动机火花塞、高温耐火材料、热电偶套管和密封环等，也可用作刀具和模具。

氮化硅陶瓷主要组成物是 Si_3N_4，这是一种高温强度高、高硬度、耐磨、耐腐蚀并能自润滑的高温陶瓷，使用温度达 1 400 ℃，还具有优良的电绝缘性和耐辐射性，可用来制作高温轴承、在腐蚀介质中使用的密封环、热电偶套管，也可用来制作金属切削刀具。氮化硅等高温陶瓷材料是制造发动机的新型候选材料。现在的目标是继续提高其强度和韧性，并研制其在高温下破损时的自我诊断和修复功能。

碳化硅陶瓷主要组成物是 SiC，这是一种高强度、高硬度的耐高温陶瓷，是目前高温强度最高的陶瓷，还具有良好的导热性、抗氧化性、导电性和高的冲击韧性；是良好的高温结构材料，可用于制作火箭尾喷管喷嘴、热电偶套管和炉管等高温下工作的部件。

立方氮化硼（CBN）陶瓷是一种切削工具陶瓷，硬度高，仅次于金刚石，热稳定性和化学稳定性比金刚石好。可用于制作刀具、模具和拉丝模等，用以切削难加工的材料。

第六节　新材料及其在军事上的应用

一、新材料概述

新材料，通常是指对现代科学技术进步和国民经济发展以及综合国力提高有重大推动作用的最新发展或正在发展的材料。这些材料和传统材料相比具有优异的性能和特定的功能，应用广泛。

事实表明历史上每一次重大新技术的发现和某种新产品的研制成功，往往依赖于新材料的发现和应用：没有高纯度的半导体材料，就不会有微电子技术；没有耐数千度高温的耐烧蚀材料和涂层材料，人类遨游太空的梦想就无法成为现实；没有低损耗的光导纤维，便不会出现光通信技术。而且，各种新型材料的发现与发展，同时也改变着人类社会的思维方式和实践方式。例如：金属复杂氧化物陶瓷超导体的发现，改变了人们对导电物质的传统认识，进而开发出系列超导体，带来科技史上的革命；超微颗粒材料的奇异特性，使人们可以研制出不同性质的功能材料；等等。新材料使得当今科学和技术的发展，正在向包括超高压、超高温、超低温、超高速、超真空、超净、超纯、超导、超细微、超大规模等在内的自然界的各种"极限"逼近。极限化往往会带来一系列在非极限条件下所没有的新效应，出现传统科学不再适应的新领域，使人类认识自然、改造自然的活动上升到一个新的水准，并进一步推动科技进步和社会发展。

毫不夸张地说，新材料是技术革命与创新的基石，是社会现代化的先导，是社会经济发展的基础，更是国防现代化的保证。正是由于新材料科技在社会发展和人类文明进程中的巨大作用，新材料技术已经同信息技术、生物技术一起成为21世纪最重要和最具有发展潜力的领域，是世界各国竞相发展的首选方向。当前态势是，谁占有新材料产业优势，谁就占有政治、经济、军事和社会发展的主动权。因此，许多国家都把发展新材料作为基本国策，采取措施，奋力进取，以期在国际竞争中占据有利地位。

二、复合材料

（一）复合材料的概念与分类

1. 复合材料的概念

随着现代机械、电子、化工和国防等工业的发展及航天、信息、能源、激光和自动化等高科技的进步，对材料性能的要求越来越高。除了要求材料具有高比强度、高比模量、耐高温和耐疲劳等性能外，还对材料的耐磨性、尺寸稳定性、减震性、无磁性和绝缘性等提出了特殊要求，甚至有些构件要求材料同时具有相互矛盾的性能，如既导电又绝热，强度比钢好而弹性又比橡胶强，并能焊接等。这对单一的陶瓷及高分子材料来说是无能为力的。若采用复合技术，把一些具有不同性能的材料复合起来，取长补短，就能实现这些性能要求，于是现代复合材料应运而生。

复合材料是指由两种或两种以上不同性质的材料，通过不同的工艺方法人工合成的、各组分间有明显界面且性能优于各组成材料的多相材料。为满足性能要求，人们在不同的非金属之间、金属之间以及金属与非金属之间进行"复合"，使其既保持组成材料的最佳特性，同时又具有组合后的新特性，有些性能甚至超过各组成材料的性能的总和，从而充分地发挥材料的性能潜力。

随着复合材料越来越受到人们的重视，"复合"已成为改善材料性能的一种手段，新型复合材料的研制和应用也越来越广泛。

2. 复合材料的分类

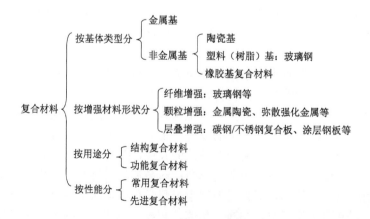

（二）复合材料的性能特点

由于复合材料能集中和发扬组成材料的优点，并能实行最佳结构设计，所以具有许多优越的特性。

1. 比强度和比弹性模量高

复合材料的比强度和比弹性模量都很高，是各类材料中最高的。高的比强度和比模量可使结构质量大幅度减轻，意味着军用飞机可增加弹载、提高航速、改善机动特性、延长巡航时间；民用飞机可多载燃油，提高客载。

2. 抗疲劳性能好

首先，缺陷少的纤维的疲劳抗力很高；其次，基体的塑性好，能消除或减小应力集中区的大小和数量，使疲劳源（纤维和基体中的缺陷处、界面上的薄弱点）难以萌生出微裂纹；即使微裂纹形成，塑性变形也能使裂纹尖端钝化，减缓其扩展。而且由于基体中密布着大量纤维–树脂界面，疲劳断裂时，裂纹的扩展常要经历非常曲折和复杂的路径，因此复合材料的疲劳强度都很高。

3. 减震性能好

构件的自振频率除与结构本身形状有关外，还与材料比弹性模量的平方根成正比。复合材料的比模量大，所以它的自振频率很高，在一般加载速度或频率的情况下，不容易因发生共振而导致快速脆断。另外，复合材料是一种非均质多相体系，其中有大量（纤维与基体之间）界面，界面对振动有反射和吸收作用。而且，一般来说基体的阻尼也较大。因此，在复合材料中振动的衰减频率都很快。

4. 耐热性好

增强剂纤维多有较高的弹性模量，因而有较高的熔点和高温强度，且耐疲劳性能好，纤维和基体的相容性好，热稳定性也很好。

5. 断裂安全性高

纤维增强复合材料每平方厘米截面上有成千上万根隔离的细纤维，当其过载会使部分纤维断裂，载荷将力迅速重新分配到未断纤维上，不致造成构件在瞬间完全丧失承载能力而断裂，所以工作的安全性高。

此外，复合材料的减摩性、耐蚀性、自润滑性、可设计性以及工艺性能都较好，因此在当代材料领域中占据了越来越重要的地位。

（三）常用复合材料

1. 玻璃纤维复合材料

玻璃纤维复合材料出现于第二次世界大战期间，又称玻璃钢，分为热塑性和热固性两种。

1）热塑性玻璃钢（FR–TP）

热塑性玻璃钢是以玻璃纤维为增强剂和以热塑性树脂为黏结剂制成的复合材料。

应用较多的热塑性树脂是尼龙、聚烯烃类、聚苯乙烯类、热塑性聚酯和聚碳酸酯五种，它们都具有高的机械性能、介电性能、耐热性和抗老化性能，工艺性能也好。

热塑性玻璃钢同热塑性材料相比，基体材料相同时，强度和疲劳性能可提高 2～3 倍以上，冲击韧性提高 2～4 倍（脆性塑料时），蠕变抗力提高 2～5 倍，达到或超过了某些金属的强度，如铝合金，因此可以用来取代这些金属。

2）热固性玻璃钢（GFRP）

热固性玻璃钢是以玻璃纤维为增强剂和以热固性树脂为黏结剂制成的复合材料。

常用的热固性树脂为酚醛树脂、环氧树脂、不饱和聚酯树脂和有机硅树脂等四种。酚醛树脂出现最早，环氧树脂性能较好，应用较普遍。

热固性玻璃钢集中了其组成材料的优点，是质量轻、比强度高、耐腐蚀性能好、介电性能优越和成形性能良好的工程材料。

3）玻璃纤维复合材料的用途

玻璃钢的应用极广，从各种机器的护罩到形状复杂的构件，从各种车辆的车身到不同用途的配件，从电机电器上的绝缘抗磁仪表、器件，到石油化工中的耐蚀耐压容器、管道等，都有玻璃钢的身影，大量地节约了金属，提高了构件性能水平。

2. 碳纤维复合材料

碳纤维复合材料是 20 世纪 60 年代迅速发展起来的。碳以石墨的形式出现，晶体为六方结构，六方体底面上的原子以强大的共价键结合，所以碳纤维比玻璃纤维具有更高的强度和高得多的弹性模量，并且在 2 000 ℃以上的高温下强度和弹性模量基本上保持不变，在−180 ℃以下的低温的也不变脆。

1）碳纤维树脂复合材料

作基体的树脂，目前应用最多的是环氧树脂、酚醛树脂和聚四氟乙烯。这类材料比玻璃钢的性能还要优越。其比重比铝轻，强度比钢高，弹性模量比铝合金和钢大，疲劳强度、冲击韧性高，耐水、耐湿气，化学稳定性、导热性好，摩擦系数小，受 X 射线辐射时强度和模量不变化。因此，可以用作宇宙飞行器的外层材料；可以用来制作人造卫星和火箭的机架、壳体、天线构架，各种机器中的齿轮、轴承等受载磨损零件，活塞、密封圈等受摩擦件；也可用作化工零件和容器的材料等。

2）碳纤维碳复合材料

这是一种新型的特种工程材料，除具有石墨的各种优点外，强度和冲击韧性比石墨高 5～10 倍，刚度和耐磨性高，化学稳定性好，尺寸稳定性也好。目前已用于高温技术领域（如防热）、化工和热核反应装置中。在航天航空中用于制造鼻锥、飞船的前缘和超声速飞机的制动装置等。

3）碳纤维金属复合材料

这是在碳纤维表面镀金属而制成的复合材料。这种材料直到接近于金属熔点时仍有很好的强度和弹性模量。用碳纤维和铝锡合金制成的复合材料，是一种减摩性能比铝锡合金更优越、强度很高的高级轴承材料。

4）碳纤维陶瓷复合材料

同石英玻璃相比，它的抗弯强度提高了约 12 倍，冲击韧性提高了约 40 倍，热稳定性也非常好，是有前途的新型陶瓷材科。

3. 硼纤维复合材料

1）硼纤维树脂复合材料

其基体主要为环氧树脂、聚苯并咪唑和聚酰亚胺树脂等，是 20 世纪 60 年代中期发展起来的新材料。

硼纤维树脂复合材料的特点是：抗压强度（为碳纤维树脂复合材料的 2～2.5 倍）和剪切

强度很高，蠕变小，硬度和弹性模量高，有很高的疲劳强度（达 $340 \sim 390 \ MN/m^2$），耐辐射，对水、有机溶剂和燃料、润滑剂都很稳定。由于硼纤维是半导体，所以它的复合材料的导热性和导电性都很好。

硼纤维树脂材料主要应用于航空和宇航工业制造翼面、仪表盘、转子、压气机叶片、直升机螺旋桨叶的传动轴等。

2）硼纤维金属复合材料

常用的基体为铝、镁及其合金、钛及其合金等。用高模量连续硼纤维增强的铝基复合材料的强度、弹性模量和疲劳极限一直到 500 ℃都比高强度铝合金和耐热铝合金高。它在 400 ℃时的持久强度为烧结铝的 5 倍，比强度比钢和钛合金还高，所以在航空和火箭技术中很有发展前途。

4. 金属纤维复合材料

作增强纤维的金属主要是强度较高的高熔点金属钨、钼、钢、不锈钢、钛和铍等。

1）金属纤维金属复合材料

这类材料除了强度和高温强度较高外，主要是塑性和韧性较好，而且比较容易制造，可用于制作飞机的许多构件。

2）金属纤维陶瓷复合材料

这是改善陶瓷材料脆性的重要途径之一。采用金属纤维增强，可以充分利用金属纤维的韧性和抗拉能力。

（四）先进复合材料

1. 仿生层叠复合材料

这是模仿天然珍珠的结构特点，将具有高强、高硬度的金属材料与具有良好韧性、耐冲击性的树脂有机结合，并进一步在树脂层中加入纤维复合，使其呈现自然生物材料的优良性能。这类轻质高性能复合材料对汽车工业、航空航天、轻工和建筑等行业有着举足轻重的意义。

2. 功能梯度复合材料

功能梯度复合材料，即 FGM，是为了适应高技术领域的需要，满足在极限环境条件（如超高温、大温度落差）下不断反复正常工作而开发的一种新型复合材料。这种材料是根据使用要求，选择两种不同性能的材料，采用先进的材料复合技术，使其组成和结构连续呈梯度变化，从而使材料的性质和功能也呈梯度变化，其在航空航天、能源工程、生物医学、电磁、核工程和光学领域都有着广泛的应用。

3. 智能复合材料

这是一类基于仿生学概念发展起来的高新技术材料，它实际上是集成了传感器、信息处理器和功能驱动器等多种作用的新型复合材料体系，是微电子技术、计算机技术与材料科学交叉的产物，在许多领域都展现出了广阔的应用前景。

4. 纳米复合材料

纳米复合材料是其中任一相、任一维的尺寸达 100 nm 以下，甚至可以达到分子水平的复合材料。按基体材料可分为金属基纳米复合材料、陶瓷基纳米复合材料和聚合物基纳米复合材料三类，是一种高性能的新型复合材料。

（五）复合材料在军事上的应用

1. 军用飞机

复合材料自 1967 年问世以来，一直特别受到对重量、性能有苛刻要求的航空航天界的关注与重视，为改进军用飞行器性能做出了重要贡献。

复合材料主要被用来制作飞机水平尾翼、阻力板、减速板、整流片、前后缘条和机翼蒙皮、肋、前机身舱段和水平安定面、前掠翼等，可获得减重 20%～30%的显著效果，能使飞机的战斗机动性能得到充分发挥。

2. 导弹

主要用于制造导弹的头锥、各级壳体、容器、级间段和连接器舱等。

3. 坦克装甲车辆

坦克装甲车辆应用复合材料始于 20 世纪 70 年代，为了防护和轻量化需求而采用树脂基复合材料制造坦克复合装甲。其后，轻质化材料的应用研究逐步由非承力功能构件扩展到次承力和主承力构件上，如车体、炮塔、负重轮、扭力轴等。

4. 火炮

主要用于制造火炮身管、大架、摇架、热护套等部件，可以进一步降低火炮质量，提高火炮的机动性能。

5. 弹箭武器

用于单兵火箭、红外地对空导弹和步兵轻型反坦克武器的发射筒，可减轻携带重量。

6. 轻武器

轻武器采用复合材料制造枪托、护木、弹匣和复合枪管等部件。

7. 船艇

主要用于船体、声呐壳体、甲板、桅杆、各类隔板及门、窗框等的制造。

总之，复合材料的应用范围已经遍及航空与航天工业、陆上交通、水上运输、建筑工业、化学工业、通信工程、电器工业、娱乐休闲和其他方面，如轻型飞机、汽车外壳、海上石油平台、自行车和钓鱼竿等。虽然现今复合材料的增强体和基体可供选择的范围有限，其性能还不能完全满足材料设计的要求，且制备工艺复杂，成本较高，还不能完全取代传统材料。但是，由于其优异的性能，故在许多特殊的应用场合，复合材料是其他材料难以匹敌的唯一候选者。可以说，21 世纪将是复合材料的时代。

三、纳米材料

随着信息、生物技术、能源、环境、先进制造技术和国防科技的高速发展，元器件的超微化、智能化、高密度集成和超快传输等要求所用材料的尺寸越来越小，性能越来越高，纳米材料将在其中充当重要角色，相应发展起来的纳米技术则被公认为是 21 世纪最具有发展前途的科技领域之一。

（一）纳米材料的概念和分类

纳米材料是指固体颗粒小到纳米尺度（10^{-9} m）的超微粒子和晶粒尺寸小到纳米量级的固体和薄膜。

从广义上讲，纳米材料是在三维空间中至少有一维处于纳米尺度范围或由它们作为基本单元构成的材料，其分类可以有不同的方法。

按维数，纳米材料的基本单元可以分为零维（如纳米尺度颗粒、原子团簇等）、一维（如纳米丝、纳米棒、纳米管等）和二维（如超薄膜、多层膜、超晶格等）三类。

按材料结构可分为纳米微粒、纳米固体和纳米组装体系三个层次。

按化学组分可分为纳米金属、纳米晶体、纳米陶瓷、纳米玻璃、纳米高分子和纳米复合材料。

按材料物性可分为纳米半导体、纳米磁性材料、纳米非线性光学材料、纳米铁电体、纳米超导材料和纳米热电材料等。

按应用可分为纳米电子材料、纳米光电子材料、纳米生物医用材料、纳米敏感材料和纳米储能材料等。

（二）纳米材料的基本效应和特性

当粒径小于 100 nm 以后，粒子表面的原子数与其体内数目可比，如 5 nm 微粒，表面原子比例占 40%，比表面积达 180 m^2/g，导致纳米材料出现不同于传统固体材料的许多特殊基本效应，显示出许多奇异的特性。

1. 基本效应

1）表面效应

表面效应是指纳米粒子的表面原子数与总原子数之比随粒径的变小而急剧增大后所引起的性质上变化的现象。由于纳米粒子表面原子数增多，表面原子配位数不足和高的表面能，这些原子易与其他原子相结合而稳定下来，因此具有很高的化学活性和较强的吸附能力。

2）小尺寸效应

小尺寸效应是指由于颗粒尺寸变小而引起材料的宏观物理、化学性质变化的现象。纳米颗粒尺寸小，表面积大，在熔点、磁性、热阻、电学性能、光学性能、化学活性和催化性等方面会呈现出与大尺寸颗粒明显不同的特性。例如，金属纳米颗粒对光的吸收效果显著增加、纳米微粒的熔点降低等。

3）量子尺寸效应

量子尺寸效应是指当粒子尺寸下降到某一值时，费米能级附近的电子能级由准连续能级变为离散的现象。量子尺寸效应带来的能级变宽，使微粒的发射能量增加，光学吸收向短波方向移动，直观上表现为样品颜色的改变。

4）宏观量子隧道效应

纳米材料中的粒子具有穿过势垒的能力，因此具有隧道效应。此外，一些宏观物理量如微颗粒的磁化强度、量子相干器件中的磁通量等也显示出隧道效应，称为宏观的量子隧道效应。例如，当磁铁粒子尺寸达到纳米级时，磁铁即由铁磁性变为顺磁性或软磁性，对应的磁化强度则由较大值变为较小值甚至为零。

5）介电限域效应

在半导体纳米材料表面修饰一层某种介电常数较小的介质时，相比于裸露的情况，纳米材料的光学性质有较大的变化，这就是介电限域效应。当纳米材料与介质的介电常数值相差较大时，带电粒子间的库仑作用力增强，导致电子–空穴对之间的结合能和振子强度增强，减弱了产生量子尺寸效应的主要因素：电子–空穴对之间的空间限域能，即此时表面效应引起的能量变化大于空间效应引起的能量变化，从而使能带间隙减小，反映在光学上就是吸收光谱出现明显的红移现象。

2. 基本特性

1）热学性能

纳米微粒的熔点、开始烧结温度和晶化温度均比常规粉体低得多。例如，金的常规熔点为 1 064 ℃，当颗粒尺寸减小到 10 nm 尺寸时，则降低 27 ℃，2 nm 尺寸时熔点仅为 327 ℃。又如，常规 Al_2O_3 烧结温度在 2 073 K～2 173 K，在一定条件下，纳米的 Al_2O_3 可在 1 423 K～1 773 K 烧结，致密化可达到 99.7%。

2）磁学性能

主要表现在它具有超顺磁性或高的矫顽力上。小尺寸超微粒子的磁性比大块材料强许多倍，如 20 nm 纯铁粒子的矫顽力是大块铁的 1 000 倍；但当尺寸再减小时，其矫顽力反而有时会下降到零，表现出超顺磁性。

3）光学性能

纳米粒子的表面效应和量子尺寸效应对纳米微粒的光学特性有很大的影响。例如，各种金属的纳米微粒几乎都是黑色的，对可见光的反射率极低，一般低于 1%，大约有几纳米就可消光，纳米微粒对红外有一个宽频带强吸收谱，而且纳米微粒的吸收带普遍存在"蓝移"现象等。

4）力学性能

纳米材料的强度、硬度较常规材料增强；塑性、冲击韧性和断裂韧性与常规材料相比有很大改善。例如，8 nm 的 Fe 晶体断裂强度比常规 Fe 高 12 倍、纳米 Cu（6 nm）比粗晶 Cu（50 μm）硬度增加 5 倍等。

总之，纳米材料的基本效应造就了其特殊的物理和化学性质，特别是在力学、热学、磁学、光学和电学等方面，与同质的块体材料呈现巨大的差异，这也是人们研究纳米材料的源头所在。

（三）纳米材料的制备方法

纳米材料的制备方法很多，根据是否发生化学反应可分为物理方法和化学方法两类。

1. 物理方法

1）真空冷凝法

用真空蒸发、加热、高频感应等方法使原料气化或形成等离子体，然后骤冷。其特点为纯度高、结晶组织好、粒度可控，但技术设备要求高。

2）物理粉碎法

通过机械粉碎、电火花爆炸、微波分散法等得到纳米粒子。其特点为操作简单、成本低，但产品纯度低、颗粒分布不均匀。

3）机械球磨法

采用球磨方法，控制适当条件得到纯元素、合金或复合材料的纳米粒子。其特点为操作简单、成本低，但产品纯度低，颗粒分布不均匀。

2. 化学方法

1）气相沉积法

利用金属化合物蒸气的化学反应合成纳米材料。其特点为产品纯度高、粒度分布窄。

2）沉淀法

把沉淀剂加入盐溶液中反应后，将沉淀热处理得到纳米材料。其特点为简单易行，但纯度低、颗粒半径大，适合制备氧化物。

3）水热合成法

高温高压下在水溶液或蒸汽等流体中合成，再经分离和热处理得到纳米粒子。其特点为纯度高，分散性好，粒度易控制。

4）溶胶凝胶法

金属化合物经溶液、溶胶、凝胶而固化，再经低温热处理而生成纳米粒子。其特点为反应物品种多，产物颗粒均一，过程易于控制，适于氧化物和Ⅱ～Ⅵ族化合物的制备。

5）微乳液法

两种互不相溶的溶剂在表面活性剂的作用下形成乳液，在微泡中经成核、聚结、团聚、热处理后得到纳米粒子。其特点为粒子的单分散和界面性好，Ⅱ～Ⅵ族半导体纳米粒子多用此法制备。

（四）纳米材料在军事领域的应用

1. 在固体推进剂中的应用

固体推进剂是火箭和导弹发动机的动力源，其性能直接影响导弹武器的作战效能和生存能力，纳米金属粉应用于固体推进剂具有以下突出效应：燃烧速率是微米级的数倍；燃烧过程只需几分之一毫秒，且燃烧完全、燃烧效率高；在燃烧过程中无团聚和集块现象；提高推进剂的效率；降低压强指数、提高比冲。

纳米材料在固体推进剂中的应用研究重点集中在以下两个方面：一是纳米金属粉作为高能添加剂的应用研究；二是纳米金属氧化物作为燃烧催化剂在固体推进剂中的应用研究。

目前，纳米铝颗粒已经在端羟基聚丁二烯推进剂（HTPB）、碳氢液体燃料推进剂中得到了成功应用。

2. 在高能炸药中的应用

金属炸药是军用混合炸药的一个重要系列，广泛用于对空武器弹药、水下武器弹药、对舰武器弹药，以及空对地武器弹药等，不但会使弹头的初速、射程得以提高，而且还会使弹药的质量减轻，以便于携带和运输。

研究发现，目前应用于炸药中的金属粉，以铝粉为例，其粒度是影响炸药性能及做功能力的重要因素之一，金属铝粉颗粒越细，在爆轰区参与反应的程度越高，能量释放越迅速，爆轰就越接近理想爆轰。在以 RDX 为主体的黏结炸药中，加入 20%粒径为 50 nm 的超细铝粉得到的新型复合炸药，其爆轰性能及做功能力明显高于含 20%粒径为 5 μm 和 50 μm 的复合炸药。因此，纳米金属粉尤其适用于爆轰能量及威力指标要求高及小尺寸、弱约束条件下使用的武器弹药。

3. 在改进常规武器装备材料性能中的应用

在军事领域中，纳米材料的发展与纳米技术的应用必将促使常规武器装备的性能得到很大的提高。

如纳米陶瓷克服了传统陶瓷韧性差、不耐冲击的弱点，用于制造军用涡轮发动机的高温部件，可以提高发动机的效率、工作寿命和可靠性；同时纳米陶瓷具有高断裂韧性和耐冲击的性能，可有效提高主战坦克复合装甲的抗弹能力，增强速射武器陶瓷衬管的抗烧蚀性和抗冲击性。纳米粉体改性树脂基复合材料可代替钢材做兵器部件，大大减轻重量，提高可靠性、耐候性，特别适用于在炎热潮湿、烟雾大和腐蚀重的环境下使用。纳米 AlN 的硬度特性能使金属表面的耐磨性和抗腐蚀性能力提高，在枪管和炮管中使用可有效防止烧蚀而延长武器使用寿命并提高弹丸初速。用金属纳米粉体制成的金属基复合材料，强度远高于一般的金属，又富有弹性。如果用这种材料制造轻武器的机件，会使它们的质量减少到原来的 1/10。纳米材料制成的钨合金弹芯能大大提高弹药的穿甲能力。

4. 在武器装备隐身化方面的应用

纳米粒子尺寸远小于红外和雷达波波长，比表面比常规粒子大 3～4 个数量级，磁损耗大，对红外线、雷达波等的透过率比常规材料大得多，使得红外探测器和雷达接收到的反射信号变得很弱，很难发现被探测目标，有可能实现质轻、厚度薄、宽频带、高吸收和红外–微波兼容等要求，是一类非常有发展前途的高性能、多功能新型军用吸波材料，可用于隐形飞机及隐形军舰等。

5. 在防护材料中的应用

与传统涂层相比，纳米结构涂层能使强度、韧性、耐腐蚀、耐磨、热障、抗剥蚀、抗氧化和抗热疲劳等性能得到显著改善，且一种涂层可同时具有上述多种性能。某些纳米微粒还具有杀菌、阻燃、导电和绝缘等作用，可用这些纳米粒子制成防生物涂料、阻燃涂料、导电涂料和绝缘涂料。这些技术可有效地解决舰艇动力推进装置螺旋桨的穴蚀问题以及潜艇、舰艇船体涂料的防污问题等。

此外，纳米材料对人体防护具有良好的应用潜能，可用来开发先进的防弹材料、研制特殊的作战服，由"铰合分子"可制造出比人体肌肉强壮 10 倍的"肌肉"，打造出"刀枪不入"的士兵。

6. 在信息存储与获取能力方面的应用

碳纳米管可以充当电子快速通过的隧道，用于武器装备的信息系统，能使电子信息快速准确地传输到战场的每个角落。纳米磁性功能材料的磁记录密度性能比现有的磁记录材料提高了 20 倍，可使现有军用计算机磁盘存储能力提高近 10 倍，能大大改善战场复杂环境下电、磁、声、光、热等各种信息的获取、传输、处理、存储和显示能力，为武器平台的电子系统、综合电子系统提供更强的信息保障能力。此外纳米磁性功能材料还可用于抗电磁干扰器，使军事通信网、卫星接收保持良好工作状态。而且，纳米技术可以把现代作战飞机上的全部电子系统集成在一块芯片上，也能使目前需车载、机载的电子战系统缩小至可由单兵携带，从而大大提高电子战的覆盖面。

7. 在军服领域中的应用

研究人员发现，利用特殊的纳米技术对传统的材料进行处理，可以形成相互交错混杂的、具有相反特性的二维纳米相区，使原来无法兼容的特性，通过它们的相互协同作用表现出来，从而生产出功能强大的新型军服面料。它有抗紫外老化和热老化以及保暖隔热的作用，并能大幅度地提高材料的弹性、强度、耐磨性和稳定性，使军服不但防油、防水、抗菌、抗污，清洁起来极其简便，而且穿着柔软舒适，在雨天、泅渡和穿越火场等方面更显优越性，更能满足野战要求。

8. 在电子对抗中的应用

纳米粉体的体积小、重力小、下沉慢，且布朗运动引起微粒的位移大，使其能在空气中迅速地扩散开。因此，采用纳米粉体作为遮蔽剂可显著增加留空时间，满足遮蔽弹的战术要求。其次，纳米粉体在很宽的波段内具有强吸波性，并且可以通过控制其粒径的大小来调节其吸收波段的范围。因此，它在电子对抗中有着广阔的应用前景。

9. 在"智能微尘"领域中的应用

"智能微尘"是具有一定智能却又微小如尘的武器。它集当今电子信息、机械、材料、能源、遥感遥测、自动精确控制等尖端技术之精华，具有隐蔽性强、功能齐全和成本低廉等特点，在军事上得到了广泛应用。目前美国防部已着手进行此类产品的原型测试工作，有些已在"反恐"行动中投入试验性应用。

（五）典型碳纳米材料

1. 富勒烯

富勒烯（Fullerene）是单质碳被发现的第三种同素异形体，自从 C_{60} 的发现至今 20 多年间，富勒烯家族一直是活跃在科学舞台上的明星。在富勒烯家族中含量最多的分子是 C_{60}，其次为 C_{70}、C_{76}、C_{78}、C_{82}、C_{84} 等，它们几乎都是具有纳米量级独特笼形结构的三维芳香化合物。其独特的三维空间结构的分子立体构型的特殊对称性、众多的双键及纳米效应都赋予了它们一些非常特殊的物理及化学性质，隐含了许多有待发现的新性质、新功能。

目前，富勒烯及其衍生物已经涉及科学技术研究的众多领域，在材料、能源、环境、生命科学和医学等方面有显著的应用潜力。例如，用来制作超导材料、发光材料、非线性光学器件、放射性同位素载体、控制释放剂、催化剂、吸收剂、火箭推进剂、传感器、半透膜、高性能纤维、新型聚合物、电子探针和高密度储氢材料等。

2. 碳纳米管

碳纳米管的发现是伴随着富勒烯研究的不断深入而实现的。理想的碳纳米管可以看作是由碳原子形成的石墨片层卷成的无缝、中空的管子。卷曲石墨片层的数量可以从一层到上百层。含有一层石墨片层的称为单壁碳纳米管（SWNT），多于一层的则称为多壁碳纳米管（MWNT）。

因碳纳米管具有尺寸小、机械强度高、比表面大、电导率高和界面效应强等特点，从而具有特殊的机械、物理、化学性能，其优良特性包括各向异性、高的机械强度和弹性、优良的导电导热性等，是构建下一代纳电子器件和网络的、颇具吸引力的材料。基于碳纳米管的器件包括单电子晶体管、分子二极管、存储元件和逻辑门等；还可用于制造碳纳米管加强纤维及用作聚合物添加剂，制作各种特定用途的生物/化学传感器及纳米探针、储氢和储能元件等。这一新型材料许多潜在的应用还有待于继续发掘。

3. 石墨烯

石墨烯（Graphene）是一种由碳原子以 sp2 杂化轨道组成六角型呈蜂巢晶格的平面薄膜，只有一个碳原子厚度的二维材料，是单层石墨烯、双层石墨烯和少层石墨烯的统称。

石墨烯目前是世上最薄却也是最坚硬的纳米材料，它几乎是完全透明的，只吸收 2.3% 的光；导热系数高达 5 300 W/（m·K），高于碳纳米管和金刚石，常温下其电子迁移率超过 15 000 cm²/（V·s），比纳米碳管或硅晶体高，而电阻率只约为 10^{-6} Ω·cm，比铜或银更低，为目前世界上电阻率最小的材料。因为它的电阻率极低，电子"跑"的速度极快，因此可用来发展出更薄、导电速度更快的新一代电子元件或晶体管。由于石墨烯实质上是一种透明、良好的导体，故也适合用来制造透明触控屏幕、光板，甚至是太阳能电池。

四、隐身材料

（一）概述

隐身技术，又称目标特征信号控制技术，是通过控制装备或人体信号特征，使其难以被发现、识别和跟踪打击的技术，与激光、巡航导弹技术统称为现代战争和现代军事的高新支柱技术，是现代战争取胜的决定因素之一。

隐身技术的关键是隐身材料，在装备外形不能改变的前提下，隐身材料（Stealth Material）是实现隐身技术的物质基础。武器系统采用隐身材料可以降低被探测率，提高自身的生存率，增加攻击性，获得最直接的军事效益。因此，隐身材料的发展及其在飞机、主战坦克、舰船和箭弹上的应用，将成为国防高技术的重要组成部分。

隐身材料按频谱可分为雷达波吸波隐身材料、可见光隐身材料、红外隐身材料、激光隐身材料及多频谱兼容与综合隐身材料等。按材料用途可分为隐身涂层材料和隐身结构材料。

（二）各类隐身材料介绍

1. 雷达波吸波隐身材料

雷达波吸波隐身材料的隐身基本原理是当雷达波辐射到隐身材料表面并加以渗透时，隐身材料自身可将雷达波能量转换成其他形式的能量（如机械能、电能或热能）并加以吸收，从而消耗掉雷达波部分能量，使其回波残缺而不光整，从而极大地破坏雷达的探测概率。若隐身材料自身结构设计与阻抗匹配设计得当，再加上选材等配方及成型工艺合理，此类隐身材料几乎可完全衰减并吸收掉所入射的雷达波能量，达到安全隐身的目的。因此，雷达波吸波隐身材料是最重要的隐身材料之一。

目前雷达波吸波材料主要由吸波剂与高分子材料（如树脂与橡胶及其改性材料）组成。根据吸波剂的吸收原理不同，雷达波吸波材料通常可分为电损耗型和磁损耗型两大类；按照吸波剂的结构形态不同，又可分为涂覆型隐身材料和结构隐身材料两种。

2. 可见光隐身材料

随着科学技术的飞速发展，光电探测技术和探测手段以及其他各种反伪装技术已经发展到了相当高的水平，目前国外坦克、车辆、光学成像卫星和侦察飞机上安装的探测器材，如潜望镜、瞄准镜、多光谱照相机、高分辨率电视摄像机和微光夜视仪等，均能够在 $0.38\sim0.75\ \mu m$ 的可见光波段内对地面装备进行侦察与探测。为此国外加快了可见光隐身技术的研究步伐，并取得了较大进展。

目前，研究较多并部分装备各种作战武器和单兵的可见光隐身材料有隐身迷彩涂料和多波段隐身材料。

3. 红外隐身材料

自然界的每个物体都不断地向外辐射能量。因此，目标与背景之间的红外辐射的反差成为红外探测器的捕捉信号，如果这个反差值小于红外探测器的最小分辨率，那么就能达到红外隐身的目的。红外隐身材料作为近年来发展最快的热隐身材料，目的就是使目标和背景的辐射能量差减到红外探测器探测不到或识别不出的程度，其坚固耐用、成本低廉、制造施工方便，且不受目标几何形状限制等优点一直受到各国的重视，如美国陆军装备研究司令部、英国 BTRRLC 公司材料系统部、澳大利亚国防科技组织的材料研究室、德国 PUSH GUNTER 和瑞典巴拉居达公司均已开发了第二代产品，有些可兼容红外、毫米波和可见光。

国内外目前研制的红外隐身材料主要有单一型和复合型两种。

红外伪装的方法很多，主要有迷彩隐身、隐身烟幕、红外诱饵、热红外隐身网和红外涂层。其中，红外涂层方法是研究最多且应用最普遍的方法。

4. 激光隐身材料

20 世纪 60 年代以后，随着激光技术的飞速发展，武器装备等方面也有了迅猛发展，以激光束作为信息载体的各种激光设备，如激光测距机、激光制导装置、激光雷达等越来越普遍地应用到战场上。但是，目标因为容易被发现而处于被动地位，大大影响其战斗力，因而激光隐身技术在现代隐身技术中的地位变得越来越重要，受到国内外的高度重视。

激光隐身是通过减少目标对激光的反射信号，使目标具有低可探测性。其主要出发点是减少目标的激光雷达散射截面（LRCS）和激光反射率，可分为涂覆型和结构型两大类，其中涂覆型用得最多。

5. 多频谱兼容与综合隐身材料

随着高技术侦查手段的发展，现代侦察系统的多频谱性决定隐身材料必须在一定程度上满足多频谱兼容的要求。因此，单一功能的隐身材料已很难得到应用，取而代之的是多频谱兼容的多功能隐身材料。

目前国内外研究的多功能隐身材料有雷达与红外兼容隐身材料、红外与激光兼容隐身材料、雷达与激光复合隐身材料及可见光、近红外和微波等多波段隐身材料。

6. 新型隐身材料

新型隐身材料已成为隐身技术发展的亮点，现用的一些新颖独特的隐身材料主要有以下几种：

1）电致变色薄膜

其隐身机理是利用装在飞机各个侧面上的光敏接收器，随时测出天空与地面间亮度的差异，然后指令飞机适时调节蒙皮的亮度和色调等，以使其与上方的天空或下方的地面相匹配。美军目前试验的蒙皮用能够吸收雷达波的电磁传导性聚苯胺醛复合物材料制造，不充电时，它透光，并能改变亮度和颜色。

2）闪烁蒙皮

通过一种能使可见光谱和红外光谱的强度发生闪烁的特殊涂料，在瞬间改变飞机的图像和红外辐射强度，来干扰对方的红外制导导弹。

3）导电高聚物吸波涂料

研究具有微波电、磁损耗性能的高聚物越来越引起世界各国的重视。美国 Hunstvills 公司研制出一种苯胺与氰酸盐晶须的混合物，它能悬浮在聚氨酯或其他聚合物基体中，这种材料可以喷涂，也可以与复合材料组成层合材料，不必增加厚度来提高吸波的频带宽度。此外，这种吸波涂层透明，适用于座舱盖、导弹透明窗口及夜视红外装置电磁窗口的隐身，减少雷达回波。法国研究的聚吡咯、聚苯胺、聚–3–辛基噻吩在 3 cm 波段内均有 8 dB 以上的吸波。美国用视黄基席夫碱盐制成的吸波涂层可使目标的 RCS 减缩 80%，而密度只有铁氧体的 10%。

4）手征（Chiral）吸波材料

手征是指一个物体不论是通过平移或旋转都不能与其镜像重合的性质。研究表明，手征材料能够减少入射电磁波的反射并吸收电磁波。

现在研究的手征吸波材料是在基体树脂中掺杂一种或多种具有不同特征参数的手征媒介构成。与一般的吸波材料相比，它具有吸波频率高、吸收频带宽的优点，并可通过调节旋波参量来改善吸波特性。

5）纳米隐身材料

纳米材料的独特结构特性使其自身在较宽的频率范围内显示出均匀的吸波特性，这已经引起了各国研究人员的极度重视，而与其相关的探索与研究工作也已经在多国展开。目前，纳米隐身材料研究的领域集中在磁性纳米微粒、颗粒膜和多层膜。

6）智能隐身材料（RAM）

智能隐身材料是在纳米材料基础上发展起来，由纳米材料与纳米传感器、纳米计算机组合而成的一种新型材料。它同时具有感知功能、信息处理功能和对信号作出最佳响应的功能，并具有自动适应环境变化的优点。自 20 世纪 80 年代起，智能隐身材料已经引起诸多军事强国的高度重视。

（三）隐身材料的应用

1. 隐身材料在飞行器上的应用

1）非结构型吸波材料

铁氧体吸波材料。铁氧体吸波材料已广泛应用于飞行器隐身方面，如 TR-1 高空侦察机上使用的铁氧体吸波涂层。由于氧化铁只能用于 250 ℃ 以下，而飞行器在飞行时与空气摩擦产生高温，因此西方国家相继研制出了锂镉铁氧体、锂锌铁氧体、镍镉铁氧体和陶瓷铁氧体等新型铁氧体材料。

多晶铁纤维吸波材料。这种材料是通过涡流损耗等多种机制损耗电磁波能量，因而可以实现宽频带高吸收，而且可比一般吸波涂料减重 40%～60%。美国 3M 公司研制的吸波涂料中使用了直径为 0.26 μm、长度为 6.5 μm 的多晶铁纤维。据称，在法国战略导弹与再入式飞行器上也应用了该涂料。

金属微粉吸波材料。金属微粉吸波材料具有微波磁导率较高、温度稳定性好等特点。它主要通过磁滞损耗、涡流损耗等吸收损耗电磁波，主要有两类，一类是羰基金属微粉；另一类是通过蒸发、还原、有机醇盐等工艺得到的磁性金属微粉。

在飞行器上研究应用上述具有低维度各向异性的磁性材料，已成为各国的研究课题。

2）飞行器上目前应用的主要吸波复合材料

据报道，美国航天飞机上 3 只火箭推进器的关键部件枣喷嘴以及先进的 MX 导弹发射管等，都是用先进的碳纤维复合材料制成的；混杂纤维增强复合材料，隐身飞机上较多地采用了该材料，以增加吸波效果、拓宽吸波频带；结构陶瓷及陶瓷基复合材料将有望在高推比发动机上试用，美国用陶瓷基复合材料制成的吸波材料和吸波结构，加到 F-117 隐身飞机的尾喷管后，可以承受 1 093 ℃ 的高温，而法国 Alcole 公司则采用由玻璃纤维、碳纤维和芳酰胺纤维组成的陶瓷复合纤维制造出无人驾驶隐身飞机。

特殊碳纤维增强的碳-热塑性树脂基复合材料具有极好的吸波性能，能使频率为 0.1 MHz～50 GHz 的脉冲大幅度衰减，现在已用于先进战斗机（ATF）的机身和机翼上。另外 APC-2 是 CelionG40-700 碳纤维与 PEEK 复丝混杂纱单向增强的品级，特别适宜制造直升机旋翼和导弹壳体，美国隐身直升机 LHX 已经采用此种复合材料。

2. 隐身材料在导弹上的应用

导弹等武器目前除了在总体设计上减少雷达等目标的电磁信号特征、红外辐射特征和几何形状信号特征外，主要选择隐身材料来实现隐身，减少导弹的强散射部件（导弹系统中的雷达、通信、进气道、尾喷管、弹翼和导航等系统以及各种传感器都是强散射源）。美国、俄罗斯、欧洲、日本等国在新一代导弹的研制中都把导弹的隐身性能作为导弹先进性的一个重要方面。新一代导弹几乎都具有隐身能力，而红外隐身涂层、各种先进复合材料和吸波材料也在导弹上得到了广泛的应用。

3. 隐身材料在坦克装甲车辆上的应用

自 20 世纪 70 年代开始，各国对地面武器装备（重点在坦克装甲车辆）的隐身材料和应用技术开展了大量研究工作。其中，装甲车辆用隐身材料已经日趋成熟。目前，在各国的先进主战坦克上广泛采用了可对付可见光、近红外、远红外（热像）和毫米波的多功能隐身涂料或隐身器材，四波段以上的隐身材料及激光隐身材料已有应用，有效降低了目标特征信号。典型车辆有美国"M1A2"、法国"勒克莱尔"、德国"豹"–2、英国"挑战者"、俄罗斯"T–80Y"、"黑鹰"等主战坦克。

4. 隐身材料在舰船上的应用

舰船用隐身材料分为吸波涂料和吸波结构材料两类。吸波涂料主要涂覆于舰艇或设备外表，使用吸波涂料一般可达到 10～30 dB 的吸波率。吸波结构材料则用来制造舰艇或设备外表的壳体和构件，它一般是以非金属为基体，填充吸波材料形成的既能减弱电磁波的散射又能承受一定载荷的结构复合材料。吸波结构材料在国外已得到成功应用，如瑞典海军在"斯米格"号上就使用了一种"克夫拉"玻璃钢复合板的吸波结构材料。

在未来的战争中，潜艇是支配和控制海上作战的主要武器，而潜艇能实施突然袭击作战能力的关键取决于潜艇本身的隐蔽性。除声隐身和雷达波隐身外，可见光的隐身也不可忽视。对潜艇设计水线以上船体采用可见光伪装涂料是一种相对简单可行，又可与原先船体的防腐蚀涂层体系相结合的实用方案，现已发展成多品种的系列产品。潜艇光学隐身涂层的发展方向是研制一种能随着天气变化而变化，即在雨天、阴天、晴天和夜晚均有低反射率的变色龙涂料。国外已进入前期的研究工作。

5. 隐身材料在水雷上的应用

针对猎雷探测技术而言，水雷隐身主要包括声隐身、红外隐身、电磁隐身以及视频隐身等。其中，以降低声特征信号为目的的声隐身是隐身技术的重要组成部分。在目标表面涂覆或安装能吸收声波的材料，即利用声呐吸波材料（RAM）可有效降低目标的RCS。在水雷电磁隐身方面，主要是采用玻璃钢雷体。玻璃钢雷体的制造技术已经成熟，适布水深达 400～500 m，其磁辐射已很难被探测到。此外，新型材料的应用对水雷电磁隐身技术也有相当大的促进作用。

6. 隐身材料在人体目标上的应用

人体目标隐身主要为热红外隐身。对于近红外波段的红外隐身主要采取的措施是：使用改变表面发射系数的涂料；使用降低目标（人体）表面温度的绝热材料；采用红外图形迷彩。而对于中、远红外波段的红外隐身采用的方法是：采用低发射率涂层；采用隔热模型；采用红外变频材料。

五、超导材料

（一）概述

某些导电材料冷却到一定温度以下时会出现零电阻，同时其内部失去磁通成为完全抗磁性的物质，这种现象称为超导现象或超导电性。具有超导电性的材料称为超导材料或超导体（Superconductor）。

1911 年，昂纳斯在研究金属电阻在液氦温区的变化规律时，首次观察到超导电性。20世纪 30 年代，迈斯纳效应的发现使人们认识到超导电性是一种宏观尺度上的量子现象。1957年，巴丁、库柏和施瑞弗基于电子和声子的相互作用，建立了成功的微观理论，解释了超导电性的起源，并对凝聚态物理以致整个物理学的发展产生了巨大的影响。20 世纪 50 年代末和 60 年代初，第Ⅱ类超导体及其约瑟夫森效应的发现，促使超导电性的应用开始逐步地成为一门新技术，即低温超导电技术。

从 20 世纪 60 年代到 20 世纪 80 年代，超导电性的应用已具有一定的规模和相应的工业部门。但是，由于传统超导体必须在极低温度下运行，通常用的工作物质是液氦，故限制了低温超导电技术的广泛应用，人们一直在探索能在液氮温区甚至能在室温下工作的高温超导体。1986年春，IBM 实验室的研究员柏诺兹（J.G.Bednorz）和缪勒（K.A.Muller）发现了 La–Ba–Cu–O化合物在 35 K 下的超导现象，这一发现不仅打破了具有 Al_5 结构超导体的超导转变温度 23.2 K的最高纪录，更重要的是在人们面前展现了一种具有新型结构的氧化物超导材料。

正是由于他们开创性的工作，在世界范围内掀起了一场超导热浪，并为这一领域带来突破性进展。此后，伴随着一些新的超导材料不断被发现，在材料、机制以及应用三个方面的研究及开发工作都进展很快，从而不断给出了更多地揭示高温超导电性的新的信息及开辟出新的应用领域。

（二）超导材料的特性

1. 零电阻现象

这是指当温度下降至某一数值或以下时，超导体的电阻突然变为零的现象，也叫完全导电性。电阻消失之后的状态就称为"超导状态"。精密测量表明，当材料处于超导状态时，其电阻率比一般金属的电阻率小 15 个数量级以上。

但是，需要指出的是，超导体的零电阻是指直流电阻，理想导电性或完全导电性都是相对直流而言的，超导体的交流电阻并不为零。图 2–3（a）所示为汞的电阻在液氦温度附近的变化曲线。

2. 完全抗磁性

完全抗磁性是指超导体进入超导态时，体内的磁力线将全部被排出体外，磁感应恒等于零的特性，如图 2–3（b）所示。超导体无论是在磁场中冷却到某一温度，还是先冷却到某一

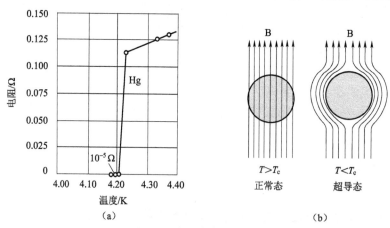

图 2–3　超导材料的特性

（a）完全导电性；（b）完全抗磁性

温度再通以磁场，只要进入超导态都会出现完全抗磁性，与初始条件无关。完全抗磁性是由德国科学家迈斯纳（W.Meissner）和奥森菲尔德（R.Ochsenfeld）在 1933 年对锡单晶球超导体做磁场分布测量时发现的，所以又称为迈斯纳效应。

3. 约瑟夫森效应

即电子能通过两块超导体之间薄绝缘层的量子隧道效应。

1962 年，B.D 约瑟夫森首先在理论上预言，若把两个超导体通过绝缘体连接起来，当绝缘层的厚度薄到几纳米后，会发生电子对的隧穿过程，即弱的超导电流流通其间。此后，在不到一年的时间内，P.W.安德森和 J.M.罗厄耳等人通过试验证实了约瑟夫森的预言，约瑟夫森效应的物理内容很快得到充实和完善，相关的应用也快速发展起来。

（三）超导材料的分类

按其临界转变温度高低的不同，可分为低温超导材料和高温超导材料。

1. 低温超导材料

低温超导材料种类达数千种，有元素超导材料、合金超导材料、化合物超导材料及有机超导材料等。已经实用化和正在开发的材料有 Pb、Nb、NbTi、Nb_3Sn、V_3Ga、Nb_3Ge、Nb_3Al、$Nb_3(Al_{1-x}Ge_x)$、NbN 及 $PbMO_6S_8$ 等。

2. 高温超导材料

从 1986 年至今，历经近三十年的努力，有四类铜氧化合物的高温超导材料已经从物理性的基础研究，进入材料工程的工艺研究和应用开发阶段，它们是 Y–Ba–Cu–O 系、Bi–Sr–Ca–Cu–O 系、Tl–Ba–Ca–Cu–O 系和 Hg–Ba–Ca–Cu–O 系，T_C 达到了 95 K～164 K。其中 Y 系和 Bi 系材料的实用化进展更大一些，而 Tl 系和 Hg 系虽拥有较高的 T_C，但由于含有有毒元素，故已不再是实用化开发的重点。

（四）超导材料在军事上的应用

科学家认为，"21 世纪的超导技术如同 20 世纪的半导体技术，将对人类生活产生积极而深远的影响"。超导材料基于约瑟夫森效应、零电阻特性、完全抗磁性和非理想第二类超导体所特有的高临界电流密度和高临界磁场，广泛应用于磁体、电力科技、工业技术和军事技术中，显示出其他材料无可比拟的优越性。

1. 弱电方面

利用超导材料制成的仪器设备，具有灵敏度高、噪声低、响应速度快和能耗小等特点，在军事侦察、通信、电子对抗和指挥等方面，都大有用武之地，目前主要用在现代信息战的武器装备（如预警飞机、雷达、电子战设备、导弹制导部件等）中。

1）超导探测器

利用超导器件对磁场和电磁辐射进行测量，灵敏度非常高，使微弱的电磁信号都能被采集、处理和传递，实现高精度的测量和对比。例如，根据量子干涉效应发展而来的超导量子干涉仪（SQUID）已有相当市场，这是目前人类所掌握的能测量弱磁场的手段中最灵敏的磁测量传感器，灵敏度比现有的其他任何方法都要好 2～3 个数量级。

此外，利用超导器件还可以制成超导红外–毫米波探测器，其探测范围几乎覆盖整个电磁波频谱，填充了电磁波谱中远红外至毫米波段的空白。它不但灵敏度高、频带宽，还具有高集成密度、低功率、高成品率和低价格等优点，而且具备一般可见光和红外探测系统所不具备的全天候以及穿透烟云的探测能力，并具有对低特征目标探测的能力，是军事遥感侦察的理想设备，可广泛应用于军事光学、反潜武器和水雷探测等领域。特别是高温超导 SQUID 抛弃了液态氮带来的诸多不便，操作上更加灵活，有利于实现军队装备的实战配备。

2）超导滤波器

高温超导滤波器在移动通信系统中有重要的作用，它所带来的好处是提高了基站接收机的抗干扰能力；可充分利用频率资源，扩大基站能量；减少输入信号的损耗，提高基站系统的灵敏度，从而扩大基站的覆盖面积；改善通话质量，提高数据传输速度。

由于超导微波滤波器能滤出极其微弱或特殊的信号，故在军事上有两大基本应用。一是用于信号强度受地形、气候、后勤限制、敌对行动或战场环境诸多方面的影响而降低的情况；二是用于接收机可能需要从极端复杂的射频环境中，特别是从正在进行收发作业的多用途平台和车辆当中检测出信号的情况。其他重要的应用领域包括软件编程无线电和潜艇通信。

3）超导计算机

现代军事指挥和武器控制，需要高速地处理大量信息。采用具有零电阻特性的超导材料制作计算机，由于功耗减小，故电路产生的热量可以忽略不计，运算速度大大提高，而且体积和重量大幅度减小，必将大大提高军事指挥效率，同时也可提高武器制导系统的性能。

2. 强电方面

目前，强电方面，超导材料在军事上的应用主要表现在两个方面。一是与电力驱动技术相关的方面，包括高温超导（HTS）电动机和发电机（20～40 MW）、HTS 变压器、故障电流限制器（FCL）和电缆、电力电子学和扫雷艇用直接制冷 LTS（HTS）磁体、传感器电磁测量（如 SQUID 磁强计）、HTS 空间实验站、船用防弹系统用无电子激光器、舰船集成动力系统、导弹用高精度超导陀螺仪和超导电磁炮等。二是其他方面，包括电磁武器、飞机着陆用超导磁性储能系统（SMES）等。

总而言之，就军事而言，超导材料的应用可大大提高海军舰船、军用飞机的机动性、攻防能力和信息作战能力以及导弹的精确制导能力等。而且，随着研究的深入、应用领域的逐步扩大，这一高科技领域产业必将迎来进一步的发展。

六、新材料在后勤装备保障中的应用

新材料不仅是现代高技术武器装备的发展保证，而且也是后勤装备保障最基本的组成部分，是后勤装备功能和性能的决定因素。它不仅会对后勤装备的改进产生巨大效应，更重要的是通过新材料的应用，可减轻装备重量、提高装备性能，达到适应高技术条件下现代战争后勤保障高效的目的。因此，世界各国都把新材料作为研制新型后勤装备的突破口。例如，美国的 AV-8B 垂直起降飞机采用碳纤维复合材料后，重量减轻了 27%；医用金属材料，特别是镍钛形状记忆合金，是一种具有特殊性能的新材料，可作为骨科和矫形外科的整形材料，美军快反部队战区医院已经使用。我国把碳纤维增强复合材料应用到军需装备后，炊事帐篷整体减重 30 kg，从需要 3～4 名战士 20 min 才能完成的工作量，到现在仅需 2 名战士 10 min 即可完成；此外，该材料应用于单兵携行具支架、后勤车辆等，均可大幅减重，对提高部队后勤装备运送效率及部队机动性意义重大。震撼全球的"9.3"大阅兵仪式上，后勤保障方队受阅装备品种最为丰富，其中可以实现 6 辆车同时加油的整体自装卸运加油车不仅功能突出，而且专门加装了防爆材料，使车辆安全性大大增加。

总之，新材料已成为综合国力竞争的重要领域和国防力量的重要物质基础，是提高军队机械化水平的物质支撑和提高信息化程度的基础条件。因此，许多国家都将开发新材料置于优先发展的重点项目，特别是对军用新材料技术的发展给予了高度重视。

复习思考题

1. 使碳钢产生热脆性和冷脆性的分别是哪种元素？

2. 说明下列碳钢牌号的意义：

Q235AF、45、T12、ZG200–400。

3. 简述碳素钢在性能上的不足之处。

4. 简述合金元素对合金钢性能的影响。

5. 按用途可将合金钢分为哪几类？

6. 说明下列合金钢牌号的意义：

20CrMnTi、40MnVB、60Si2Mn、GCr15、W18Cr4V、9Mn2V、ZGMn13。

7. 合金工具钢有哪几类？

8. 常用的不锈钢有哪几类？

9. 何谓石墨化？石墨化的影响因素有哪些？

10. 试述石墨形态对铸铁性能的影响。

11. 简述铸铁的使用性能及各类铸铁的主要应用。

12. 为什么一般机器的支架、机床的床身常用灰铸铁制造？

13. 可锻铸铁可以锻造吗？

14. 下列铸件宜选择何种铸铁制造：

① 机床床身；② 汽车、拖拉机曲轴；③ 1 000 ℃～1 100 ℃加热炉炉体；④ 硝酸盛储器；⑤ 汽车、拖拉机转向机壳；⑥ 球磨机衬板。

15. 铜合金分为哪几类？简要说明各类铜合金的性能特点和应用。

16. 根据铝合金的分类，列出不同铝合金的典型牌号和用途。

17. 说明钛合金的性能特点及应用。

18. 根据树脂的性质，塑料可分为哪几类？分别具有怎样的性能特点？

19. 通用合成橡胶的主要品种有什么？分别有哪些用途？

20. 简述陶瓷材料的性能特点及应用。

21. 什么是复合材料？ 复合材料的分类有哪些？复合材料的性能特点是什么？

22. 常用的复合材料有哪些？

23. 简述纳米材料的定义及其分类。

24. 为什么纳米材料具有特殊的性能？纳米材料的特殊效应指的是什么？

25. 简述隐身材料的应用。

26. 什么是超导材料？超导体的特性包括哪些？如何分类？

第三章 钢的热处理

第一节 概　述

　　钢的热处理是将钢在固态下通过加热、保温和冷却，以改变其整体或表面组织，从而获得所需性能的一种工艺方法。与其他加工工艺（如铸造、锻压、焊接）不同，热处理只改变金属材料的组织和性能，而不改变其形状和尺寸。

　　热处理是提高钢的使用性能和改善工艺性能的重要加工工艺方法，可以充分发挥材料的性能潜力，保证内在质量，延长使用寿命。因此在机械制造工业中占有十分重要的地位。在现代机床工业中，60%～70%的零件要经过热处理；在汽车制造业中，70%～80%的零件要经过热处理；而各种工模具、轴承等零件则100%都要进行热处理。

　　根据热处理工艺方法的不同，钢的热处理分类如下：

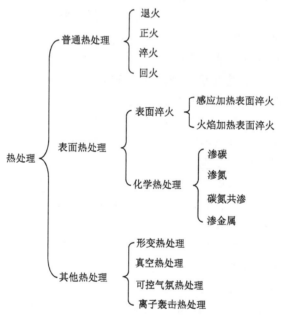

　　根据热处理在零件生产过程中的位置和作用不同，可分为预先热处理和最终热处理两类。预先热处理是零件加工过程中的一道中间工序，其目的是改善铸、锻、焊等毛坯件组织、消除应力，为后续的机加工或进一步的热处理做准备。最终热处理是零件加工的最终工序，其目的是赋予工件所需要的使用性能。

　　热处理方法虽然很多，但任何一种热处理工艺都是由加热、保温和冷却三个阶段所组成的，因此，热处理工艺过程可用"温度–时间"为坐标的曲线图形表示，如图 3–1 所示，此曲线称为热处理工艺曲线。

热处理之所以能使钢的性能发生变化，其根本原因是由于铁有同素异构转变，从而使钢在加热和冷却过程中，其内部发生了组织与结构变化。

铁碳合金相图是确定热处理工艺的重要依据。大多数热处理是要将钢加热到临界温度以上，使原有组织转变为均匀的奥氏体后，再以不同的冷却方式转变成不同的组织，并获得所需要的性能。在相图中，A_1、A_3、A_{cm} 是钢在加热和冷却时的临界温度，但在实际的加热和冷却条件下，钢的组织转变总是存在滞后现象。也就是说需要有一定的过冷或过热，转变才能充分进行。通常，加热时的实际临界温度分别用 Ac_1、Ac_3、Ac_{cm} 表示；冷却时的实际临界温度分别用 Ar_1、Ar_3、Ar_{cm} 表示，如图 3–2 所示。

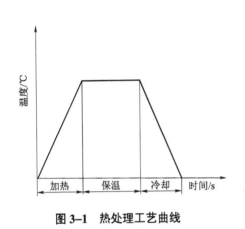

图 3–1　热处理工艺曲线　　　　图 3–2　加热或冷却时临界点的位置

因此，要对共析钢进行热处理，必须将钢加热到 Ac_1 以上才能完全转变成奥氏体；对亚共析钢，则必须加热到 Ac_3 以上才能完全转变成奥氏体。否则，难以达到应有的热处理效果。

第二节　钢的普通热处理

普通热处理，亦称整体热处理，是对金属材料或工件进行穿透加热的热处理工艺。在机械制造过程中，退火和正火通常用于钢的预先热处理，但对性能要求不高、不太重要的零件及一些普通铸件、焊件，退火或正火可作为最终热处理。淬火和回火通常作为最终热处理工艺。

一、退火与正火

（一）退火

退火是将钢加热到适当温度，保温一定时间，然后缓慢冷却的热处理工艺。退火的主要目的是降低钢的硬度，使之易于切削加工；提高钢的塑性和韧性，以便冷变形加工；消除钢中的组织缺陷，如晶粒粗大、成分不均匀等，为热锻、热轧或热处理做好组织准备；消除前一道工序（铸造、锻造或焊接等）中所产生的内应力，以防变形或开裂。

钢的退火种类很多，按具体目的不同，常用的退火方法有完全退火、球化退火、扩散退火、去应力退火和再结晶退火，如图 3–3 所示。

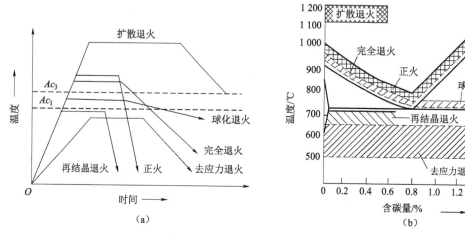

图 3–3　退火和正火工艺示意图

1. 完全退火

将钢加热到 Ac_3 以上 30 ℃～50 ℃，保温一定时间，然后随炉缓慢冷却，这种退火方法称为完全退火。

完全退火在加热过程中使钢的组织全部转变为奥氏体；在退火冷却过程中，奥氏体转变为细小而均匀的平衡组织，从而降低钢的硬度，细化晶粒，充分消除内应力。

在机械制造中，完全退火主要用于中碳结构钢及低、中碳合金结构钢的锻件、铸件等。过共析钢不宜采用完全退火，因为过共析钢完全退火需加热到 Ac_{cm} 以上，在缓慢冷却过程中，钢中将析出网状渗碳体，使钢的机械性能变坏。

图 3–4　过共析钢球化退火后的显微组织

2. 球化退火

将钢加热到 Ac_1 以上 20 ℃～30 ℃，保温一定时间，随炉缓慢冷却，这种退火方法称为球化退火，又称为不完全退火。其目的是使钢中渗碳体球化，获得球状珠光体组织（见图 3–4），以便于降低硬度，改善切削加工性能，同时为后续淬火做好组织准备。

球化退火适用于共析钢及过共析钢（碳素工具钢、合金刃具钢、轴承钢等）的锻、轧件。在球化退火前，若钢的原始组织中有明显网状渗碳体，则应先进行正火处理。

3. 扩散退火

扩散退火是把钢加热至远高于 Ac_3 或 Ac_{cm} 的温度（通常为 1 050 ℃～1 150 ℃），长时间保温（10 h 以上），然后缓冷的工艺。目的是利用长时间高温，使原子充分扩散，以消除钢中的成分偏析等缺陷，故扩散退火又称为均匀化退火。但由于长时间高温，必然引起奥氏体晶粒的严重粗大。所以，必须再进行正火来细化晶粒。

扩散退火工艺周期长，氧化和脱碳严重，能量消耗大，一般只用于合金钢铸锭和大型铸钢件。

4. 去应力退火

将钢加热到略低于 Ac_1 的一定温度（通常为 500 ℃～650 ℃），保温后缓慢冷却的退火方法，称为去应力退火，又称低温退火。在去应力退火过程中，钢的组织不发生变化。其目的是消除工件内应力，提高尺寸稳定性，防止工件的变形和开裂。主要应用于锻造、铸造、焊接以及切削加工后（要求精度高）的零件。

5. 再结晶退火

再结晶退火是把经过冷加工变形而产生加工硬化的钢材（如冷轧、冷拔和冷冲压）加热到 Ac_1 以下某一温度（碳钢一般在 650 ℃～700 ℃），保温后缓冷的工艺过程。通过再结晶退火，使产生加工硬化的变形晶粒重新生核和长大，获得变形前的组织结构，从而使硬度、强度显著下降，塑性、韧性大大提高，为继续进行冷加工变形做好准备。再结晶退火主要用于冷轧、冷拉、冷冲压等冷加工硬化件的两次冷加工变形之间。

（二）正火

正火是将钢加热到 Ac_3 或 Ac_{cm} 以上 30 ℃～50 ℃，保温后在空气中冷却的热处理工艺，如图 3-3 所示。

正火与退火作用相似，但正火的冷却速度比退火稍快，因此，正火后的强度、硬度比退火高，而且正火具有操作简便、工艺周期短和成本较低等优点。

正火的主要应用如下：

（1）作为过共析钢球化退火前的预先热处理，通过正火可以减少或消除网状的渗碳体，细化片状的珠光体组织，有利于在球化退火中获得细小均匀的球状渗碳体，以改善钢的组织和性能。

（2）作为预备热处理，用于低碳钢和低碳合金钢，以提高硬度、改善切削加工性能。

（3）作为最终热处理，主要用于力学性能要求不是很高或因形状复杂在淬火时产生严重变形甚至开裂的零件。

（三）退火与正火的选择

退火与正火的目的大致相同，在实际选用时可以从以下三个方面考虑：

（1）从切削加工性考虑。一般来说，钢材硬度为 170～230 HBS，切削加工性能比较好。因为硬度过高，刀具容易磨损，难以加工；硬度过低，切削时易粘刀，加工后零件表面粗糙。所以，低碳钢宜用正火提高硬度，而高碳钢宜用退火降低硬度。

（2）从使用性能考虑。如对零件性能要求不高，则可用正火作为最终热处理。例如，用 35 号钢制作的机油泵齿轮就采用正火作为最终热处理。但当零件形状复杂、厚薄不均时，正火的冷却速度较快，有使零件变形开裂的危险，宜采用退火。对于中、低碳钢来说，正火处理比退火处理更能得到较好的机械性能。

（3）从经济性考虑。正火比退火生产周期短，生产效率高，成本低，操作简便，故在可能的条件下，应优先采用正火。

二、淬火与回火

（一）淬火

淬火是将钢加热到 Ac_3 或 Ac_1 以上 30 ℃～50 ℃，保温后急冷，获得以马氏体为主的不稳定状态组织的热处理工艺。

马氏体是碳在 α-Fe 中的过饱和固溶体组织，用符号"M"表示。高硬度是马氏体性能的主要特点，而且其硬度随含碳量增加而升高，原因是过饱和碳引起晶格畸变，固溶强化作用增强。

钢在淬火时获得马氏体（而不形成其他组织）的能力称为钢的淬透性。淬透性的大小可用在一定条件下淬硬层的深度表示。而淬硬层深度是指从钢件表面到形成50%马氏体处的深度。影响钢件淬透性的因素主要是钢的临界冷却速度，它是指钢在连续冷却转变时获得全部马氏体组织的最小冷却速度。临界冷却速度越小，钢的淬透性越大。而影响临界冷却速度的关键因素是钢的含碳量与合金元素的种类和含量。淬透性是钢材选择的重要依据之一。合理选择材料的淬透性，可以充分发挥材料的性能潜力，防止产生热处理缺陷，提高材料使用寿命。

淬火的主要目的是获得马氏体，提高钢的硬度和耐磨性；同时与回火相配合，使钢件具有不同的性能。它是强化钢材的最重要的热处理方法，广泛应用于工业生产中。

淬火工艺的选择对钢件淬火质量有重要的影响，需要从以下三点着手：

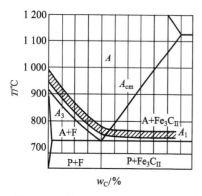

图3-5 碳钢的淬火加热温度范围

1. 淬火加热温度

淬火加热温度主要根据钢的化学成分来确定。碳钢的淬火加热温度可利用 Fe-Fe$_3$C 相图来选择，如图3-5所示。

亚共析钢淬火加热温度一般选择在 Ac_3 以上 30 ℃～50 ℃，这样淬火后可以获得细小的马氏体组织。若淬火温度过高，则获得粗大马氏体，同时引起较严重的淬火变形。淬火温度过低，淬火组织中会出现铁素体，造成工件硬度不足和不均匀。

共析钢和过共析钢的淬火加热温度一般选择在 Ac_1 以上 30 ℃～50 ℃，这样在淬火后可以获得均匀细小的马氏体和粒状渗碳体的混合组织。这不仅有利于耐磨性的改善，还可以防止奥氏体晶粒的长大和残余奥氏体量的增多。加热温度过高会导致马氏体内部的碳过饱和度增大，造成淬火时内应力大，变形和开裂的倾向增大；如果淬火温度过低，则可能得到非马氏体组织，使钢的硬度达不到要求。

对于合金钢，因为大多数合金元素阻碍奥氏体晶粒长大（Mn、P 除外），所以它的淬火温度允许比碳钢稍高一些，这样可使奥氏体均匀化，取得较好的淬火效果。

2. 淬火冷却介质

使钢件获得某种冷却速度的介质称为淬火冷却介质。目前生产中应用较广的冷却介质是水和油。水的冷却能力强，使钢易于获得马氏体，但工件的淬火内应力很大，易产生变形和裂纹。油的冷却能力较水低，工件不易产生变形和裂纹，但用于碳钢件淬火时难以使马氏体转变充分。通常，碳素钢应在水中淬火；而合金钢则因淬透性较好，以在油中淬火为宜。

近几年，随着科技的发展，涌现出许多新型淬火介质，主要有有机聚合物淬火剂、无机物水溶液淬火剂等。

有机聚合物淬火剂是将有机聚合物溶解于水中，并根据需要调整溶液的浓度和温度，配制成满足冷却性能要求的水溶液。它在高温阶段的冷却速度接近于水，低温阶段的冷却速度接近于油。优点是：无毒、无烟、无臭、无腐蚀、不燃烧、抗老化、使用安全可靠，且冷却性能好，冷却速度可调，适用范围广，工件淬硬均匀，可明显减少变形和开裂倾向。与淬火油相比，有机聚合物淬火剂不仅更经济、高效、节能，而且可提高工件质量、改善劳动条件、避免火灾，所以有逐渐取代淬火油的趋势，是淬火介质的主要发展方向。

无机物水溶液淬火剂是向水中加入适量的某些无机盐、碱或其混合物，形成各种不同的无机物水溶液，可提高工件在高温区的冷却速度，改善冷却均匀性，使工件淬火后获得较高的硬度，减少淬火开裂和变形，且无毒、无污染，工件易清洗，使用管理方便。

3. 淬火冷却方法

淬火操作时应根据工件的情况，结合淬火介质的特点，选择保证淬火质量的合理方法，以有效防止工件产生变形和裂纹。常用的淬火方法有单液淬火、双液淬火、分级淬火、等温淬火和局部淬火等。

最常用的淬火方法是单液淬火。这种方法是将钢加热后放入一种淬火介质中连续冷却至室温。一般用于形状不太复杂的碳钢和合金钢件。它操作简单，易于实现机械化，应用较广。不足是某些钢件水淬时的变形、开裂倾向大，油淬不易淬硬。

双液淬火是将工件加热到淬火温度后，先在冷却能力较强的介质中冷却，在组织即将发生马氏体转变时再把工件迅速转移到冷却能力较弱的介质中继续冷却到室温的处理。例如，先水后油、先水后空气等，关键是控制好工件的水冷时间。此方法可以减少淬火内应力，但操作比较困难，往往要求操作者具有较熟练的操作技术。它主要用于高碳工具钢所制造的形状复杂的易开裂工件，如丝锥、板牙等。

分级淬火是钢件经奥氏体化后，先投入温度为 150 ℃～260 ℃的盐浴中，稍加停留（2～5 min），然后取出空冷，以获得马氏体组织的处理方法。分级淬火通过在 M_s（马氏体转变开始温度）点附近保温，使工件内外的温度差减小，可以减轻淬火应力，防止工件变形和开裂。但由于盐浴的冷却能力差，对于碳钢零件，淬火后会出现珠光体组织。所以，此法主要应用于合金钢制造的工件或尺寸较小、形状复杂的碳钢工件。

等温淬火法是将经奥氏体化的钢件投入温度稍高于 M_s 的盐浴中，保温足够时间，使其发生下贝氏体转变后取出空冷的方法。等温淬火产生的内应力很小，所得到的下贝氏体组织具有较高的硬度和韧性，故常用于处理形状复杂、要求强度较高和韧性较好的工件，如各种模具和成型刀具等。

局部淬火法是指有些工件只是局部要求高硬度时，可对工件整体加热后将需要淬硬的部分置于淬火介质中冷却的方法。为了避免工件其他部分产生变形和开裂，也可将工件需要淬火的部分加热，然后把此部分放在淬火介质中冷却。

冷处理是把淬火冷却到室温的钢继续冷却到零度以下（–70 ℃～80 ℃）的处理工艺。冷处理时获得低温的常用办法是采用干冰（固态 CO_2）和酒精的混合剂或冷冻机冷却。冷处理适用于 M_f（马氏体转变终止温度）温度低于 0 ℃以下的高碳钢和合金钢，其可以使过冷奥氏体向马氏体的转变更加完全，减少残余奥氏体的数量，提高钢的硬度和耐磨性，并使尺寸稳定。可以看出，冷处理的实质是淬火钢在零度以下的淬火。冷处理后必须进行低温回火，以消除所形成的应力及稳定新生成的马氏体组织。精密量具、滚动轴承等都应进行冷处理。

淬火时，为了获得最佳的淬火效果，除了选用新型淬火介质外，还需不断改进现有的淬火方法，采用新型的淬火冷却方法，如高压气冷淬火法、强烈淬火法等。高压气冷淬火法是将工件在强惰性气流中快速均匀冷却，可防止表面氧化，避免开裂，减少变形，保证达到所要求的硬度。强烈淬火法采用高压喷射淬火介质，使其强烈地喷射在工件表面上，通过控制喷射淬火介质的压力、流量和配比，调整其冷却能力，促进均匀冷却，以获得表面硬度均匀且变形小的优质工件。

（二）回火

回火是将淬火后的钢件加热到 A_1 以下某一温度，保温后冷却下来的热处理工艺。淬火和回火是不可分割的热处理工艺，是发挥材料内在潜力的重要方法。

淬火后的零件必须立即进行回火，这是由其组织、应力状况及零件使用要求所决定的。回火有以下几个目的：

（1）降低脆性，提高塑性、韧性。

（2）减少和消除内应力，防止零件变形和开裂；稳定组织，稳定形状和尺寸，保证钢件使用精度和性能。

（3）通过不同的回火处理，获得不同的性能，满足零件不同要求。

淬火所形成的马氏体是在快速冷却条件下被强制形成的不稳定组织，因而有转变为稳定组织的趋势。回火加热时，原子活动能力加强，随着温度的升高，马氏体中过饱和的碳将以碳化物的形式析出。回火温度越高，析出的碳化物越多，钢的强度和硬度趋于下降，而塑性和韧性升高。

按回火的温度范围，可将回火分为三类：

（1）低温回火（150 ℃～250 ℃）：目的是降低淬火钢的应力和脆性，但基本保持钢在淬火后的高硬度（58～64 HRC）和高耐磨性。常用于要求表面硬度较高的零件和工具，以及渗碳、氰化后的零件，如活塞销、万向节十字轴、齿轮，以及量具和刀具等。

（2）中温回火（350 ℃～500 ℃）：目的是使钢获得高弹性，同时保持较高硬度（35～50 HRC）和一定的韧性。主要用于各种弹簧、发条、锻模等。

（3）高温回火（500 ℃～650 ℃）：目的是使钢获得强度、塑性、韧性都较好的综合机械性能。通常将淬火加高温回火的热处理工艺称为调质处理。调质后硬度一般在 20～35 HRC。这种热处理方式广泛应用于各种重要的机械零件，特别是那些在交变负荷下工作的连杆、螺栓、齿轮及轴类等，如汽车的半轴、连杆、齿轮等均采用调质处理。

第三节　钢的表面热处理

在汽车中有许多零件（如齿轮、活塞销和曲轴等）是在冲击载荷及表面剧烈摩擦条件下工作的。这类零件表面应具有高的硬度和耐磨性，而芯部应具有足够的塑性及韧性。为满足这类零件的性能要求，应对其进行表面热处理。

表面热处理是指仅对钢件表层进行热处理以改变其组织和性能的工艺方法。其大致分为两类：一类是只改变组织结构而不改变化学成分的热处理，叫表面淬火；另一类是改变化学成分的同时又改变组织结构的热处理，叫化学热处理。

一、表面淬火

表面淬火是将钢件的表面快速加热到淬火温度，然后迅速冷却，仅使表层获得淬火组织，而芯部仍保持淬火前组织（调质或正火组织）的工艺方法。

表面淬火的加热方式有多种，常用的有火焰加热、感应加热、激光加热和电子束加热等。

（一）火焰加热表面淬火

火焰加热表面淬火是用氧-乙炔（或其他可燃气体）的火焰，喷射在零件表面上，使它快速加热，当达到淬火温度时立即喷水冷却的淬火方法，如图 3-6 所示。火焰加热温度很高，达 3 000 ℃以上，能将工件迅速加热到淬火温度，通过调节烧嘴的位置和移动速度，可以获得不同厚度的淬硬层，一般为 2~6 mm。

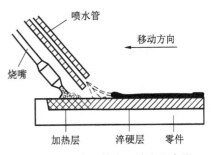

图 3-6　火焰加热表面淬火示意图

火焰加热表面淬火常用于中碳钢（如 35、45 钢等）以及中碳合金结构钢（合金元素总量小于 3%，如 40Cr、65Mn 等）零件的热处理。若碳含量太低，则淬火后硬度较低；若碳和合金元素含量过高，则易淬裂。火焰加热表面淬火还可用于某些铸铁件（如灰口铸铁和合金铸铁）的表面淬火。

火焰加热表面淬火方法具有操作简便灵活（不受工件大小和淬火部位位置限制）、设备简单（无须特殊设备）、成本低等优点，适用于单件或小批量生产的大型零件和需要局部淬火的工具或零件，如大型轴类、齿轮和锤子等。但火焰加热表面淬火加热温度不均匀，较易引起过热，淬火质量难以控制，因此限制了它在机械制造工业中的广泛应用。若采用火焰淬火专用机床，则可稳定改善零件的火焰加热表面淬火质量。

（二）感应加热表面淬火

感应加热表面淬火是利用感应电流流经工件而产生热效应，使工件表面迅速加热并进行快速冷却的淬火工艺，其原理如图 3-7 所示。把工件放入由空心铜管绕成的感应圈（线圈）中，感应器中通入一定频率的交流电以产生交变磁场，根据电磁感应原理，于是在工件中便产生同频率的感应电流，即"涡流"。涡流在工件中分布不均匀，表面密度大，芯部密度小，这种现象称为集肤效应。感应电流的频率越高，电流密度极大的表面层越薄。由于集中于工件表面的电流很大，可使表面迅速加热到淬火温度，而芯部温度仍接近室温，因此在随即喷水（合金钢浸油）快速冷却后，就达到了表面淬火的目的。

根据所用电流频率的不同，感应加热可分为三种：

（1）高频感应加热。常用频率为 200~300 kHz，淬硬层深度为 0.5~2 mm，适用于中、小模数齿轮及中、小尺寸的轴类零件等。

（2）中频感应加热。常用频率为 2 500~8 000 Hz，淬硬层深度为 2~10 mm，适用于较大尺寸的轴和大、中模数的齿轮等。

（3）工频感应加热。电流频率为 50 Hz，淬硬层深度可达 10~20 mm，适用于大直径零件，如轧辊、火车车轮等的表面淬火。

与普通加热淬火相比，感应加热表面淬火有如下特点：

（1）加热速度极快，通常加热到淬火温度只需几秒

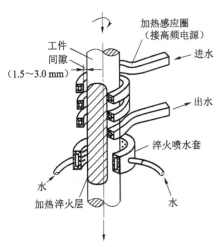

图 3-7　感应加热表面淬火示意图

到几十秒钟。

（2）加热时间短、过热度大，淬火后得到细小的马氏体，硬度比普通淬火稍高，韧性好，并具有较高的疲劳强度。

（3）由于加热速度快，故减少了零件的氧化和脱碳，工件变形小。

（4）生产效率高，容易实现机械化和自动化，且获得淬硬层的深度易于控制。

（5）设备较贵，维修、调整比较困难，形状复杂的零件及单件生产不宜采用。

感应加热表面淬火主要适用于中碳钢（如 40 钢、45 钢）和中碳合金钢（如 40Cr）件，如轴、齿轮等的成批大量生产。为了使芯部具有足够的强度和韧性，并为表面淬火做好组织准备，在感应加热表面淬火前一般应对工件进行调质或正火处理。感应淬火后要及时进行回火，以稳定组织和消除淬火应力。高碳工具钢和铸铁（如机床导轨）也可采用感应加热表面淬火。

（三）激光加热表面淬火

激光加热表面淬火是用激光束扫描工件表面，使工件表面迅速加热到淬火温度，而当激光束离开工件表面时，由于基体金属的大量吸热，使表面获得急速冷却，以实现工件表面自冷淬火的工艺方法（无须冷却介质）。此方法获得淬硬层的深度较浅，一般为 0.3～0.5 mm。激光淬火加热速度极快（千分之几秒至百分之几秒），淬火应力及变形极小，淬火后可获得极细的马氏体组织，硬度高且耐磨性好，易实现自动化。缺点是激光器价格昂贵，生产成本高。其适用于形状复杂，特别是用其他表面淬火方法极难处理的工件部位，如拐角、沟槽、盲孔底部或深孔。

（四）电子束加热表面淬火

电子束加热表面淬火是指由具有高密度能量的电子流轰击金属表面，通过电子流和金属中的原子碰撞来传递能量加热工件表面，极快地使表面达到淬火温度，然后切断能源，靠工件自激冷淬火。优点是加热速度很快（仅需要零点几秒），可获得超细晶粒，显著提高工件表面的强韧性，变形极小，能耗低，无污染，生产效率高，产品质量好；缺点是设备成本高。

二、化学热处理

化学热处理是将钢件置于活性介质中加热和保温，使介质中的活性原子渗入钢件表层，改变表层的化学成分，从而达到改进表层性能的一种热处理工艺。与其他热处理方法相比，化学热处理后的工件表层不仅有组织的变化，而且有化学成分的变化。因此，化学热处理是热处理技术中发展最快也是最活跃的领域。其目的是强化工件表面，显著提高工件表面硬度、耐磨性和疲劳强度；改善工件表面的物理和化学性能，提高工件的抗蚀性和抗氧化性。

化学热处理都是依靠介质元素的原子向钢件内部扩散来进行的，其基本过程包括三个阶段：

（1）介质分解阶段：将工件放置于某种介质中加热，介质在加热过程中分解出某种具有化学活性的活性原子。

（2）吸收阶段：活性原子被工件表面吸附，并渗入工件表面形成固溶体。当活性原子浓度高时，还可以形成化合物。

（3）扩散阶段：渗入工件表层的原子，在一定温度下由表面向内层扩散，形成一定厚度的扩散层。

化学热处理种类很多，通常以渗入的元素来命名，如渗碳、氮化、渗硼、碳氮共渗、渗硼、渗硅和渗金属等。由于渗入的元素不同，工件表面处理后会获得不同的性能。目前常用的化学热处理有渗碳、渗氮和碳氮共渗等。

（一）渗碳

渗碳是向钢的表层渗入碳原子，是机械制造业中应用最广泛的一种化学热处理方法。渗碳时，将低碳钢件放入渗碳活性介质中，在 900 ℃～950 ℃加热、保温，使活性碳原子渗入钢件表层。渗碳后经淬火和低温回火，钢件表层和芯部将具有不同的成分、组织和性能。钢件表面具有高硬度和耐磨性，而芯部仍保持一定的强度与较高的塑性和韧性。

渗碳用钢是含碳量为 0.15%～0.25% 的低碳钢和低碳合金钢，常用的有 20、20Cr、20CrMnTi、12CrNi3、20MnVB 等。

按照采用的渗碳剂不同，渗碳法分为固体渗碳、气体渗碳和液体渗碳三种，常用的是前两种，尤其气体渗碳应用最为广泛。

固体渗碳是将零件置于四周填满固体渗碳剂的密封渗碳箱中加热，进行保温渗碳处理的工艺，如图 3-8 所示。固体渗碳剂通常是由木炭颗粒（约占 90%）与少量的碳酸盐（$BaCO_3$ 或 Na_2CO_3）均匀混合而成的。木炭提供渗碳所需要的活性碳原子，碳酸盐只起催化作用。固体渗碳是比较古老的方法，渗碳速度慢，生产率低，劳动条件差，质量不易控制，但设备简单，在中、小型工厂仍普遍采用。目前大量生产中大多采用气体渗碳。

气体渗碳是将零件置入含有渗碳气体（如煤气、石油液化气等）的密封井式渗碳炉中进行渗碳处理的方法。在渗碳温度下，上述液体或气体在高温下分解形成渗碳气氛（即由 CO、CO_2、H_2、CH_4 等组成），使钢件获得一定厚度的渗碳层，如图 3-9 所示。这种方法生产效率高，劳动条件好，渗碳质量容易控制，并便于实现机械化和自动化，故在生产中得到广泛应用。

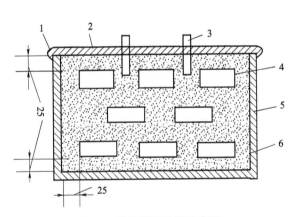

图 3-8 固体渗碳装箱示意图

1—泥封；2—盖；3—试样；4—零件；5—渗碳剂；6—渗碳箱

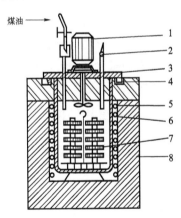

图 3-9 气体渗碳法示意图

1—风扇电动机；2—废气火焰；3—炉盖；4—砂封；
5—电阻丝；6—耐热罐；7—工件；8—炉体

渗碳主要应用于表面要求耐磨损及承受较大冲击载荷的零件，如汽车齿轮、凸轮轴和活塞销等。

（二）渗氮（氮化）

渗氮也称氮化，是指在一定温度下（一般在 Ac_1 以下）向钢的表面渗入氮原子，形成富氮硬化层的化学热处理工艺。与渗碳相比，钢件氮化后具有更高的硬度、耐磨性、抗蚀性、疲劳强度和较小的变形。由于氮化温度低，氮化后不需要进行热处理，所以工件变形很小。目前，应用最广泛的氮化用钢是 38CrMoAl 钢。为了保证芯部的力学性能，工件在氮化前都要进行调质处理。但氮化所需的时间很长，要获得 0.3～0.5 mm 的氮化层，一般需要 20～50 h。因此，氮化主要用于耐磨性和精度均要求很高的零件，如镗床主轴和精密传动齿轮等。

最常用的渗氮方法有气体氮化、离子氮化等工艺。气体氮化是向井式炉中通入氨气，利用氨气受热分解来提供活性氮原子，反应如下：

$$2NH_3 \rightarrow 3H_2 + 2\,[N]$$

活性氮原子被工件表面吸附，并向内部逐渐扩散形成一定深度的渗氮层。氮化温度为 500 ℃～570 ℃。

（三）碳氮共渗

碳氮共渗是在一定温度下向钢件表层同时渗入碳和氮的过程，又称为氰化。其目的是提高钢件的表面硬度、耐磨性和疲劳强度。根据共渗温度的不同，碳氮共渗可分为低温（500 ℃～560 ℃）、中温（700 ℃～880 ℃）和高温（900 ℃～950 ℃）碳氮共渗三种。低温碳氮共渗以渗氮为主，又称软氮化，渗后无须淬火，抗疲劳性能优于渗碳和高、中温碳氮共渗，硬度低于氮化，但仍具耐磨性和减磨作用；中温和高温碳氮共渗以渗碳为主，渗后需进行淬火及低温回火。目前生产中常用的是中温气体碳氮共渗。中温气体碳氮共渗与渗碳相比有许多优点，不仅加热温度低、零件变形小、生产周期短，而且渗层具有较高的耐磨性、疲劳强度并兼有一定的抗腐蚀能力。目前主要用来处理汽车和机床齿轮、蜗轮、蜗杆和轴类零件等。

第四节　热处理新技术

热处理可以充分发挥材料的性能潜力，保证内在质量，延长使用寿命，是提高钢的使用性能和改善工艺性能的重要方法，而先进的热处理技术则可大大提高产品质量和延长使用寿命。因此，人们越来越重视对热处理新技术与新工艺的研究。随着科学技术的进步，热处理技术正向着优质、高效、节能、无害和低能耗的方向发展。

一、可控气氛热处理

钢铁等金属材料在热处理加热时会发生氧化、脱碳现象，使力学性能降低，并缩短了零件寿命，严重时甚至造成废品。为了实现少、无氧化脱碳加热并控制渗碳，从而获得表面状态和力学性能良好的工件，可向热处理炉中加入一种或几种一定成分的气体，并对这些气体成分进行控制。此工艺过程就称为可控气氛热处理。

（一）无氧化脱碳加热

已知在空气或 $CO-CO_2$、H_2-CH_4 以及含硫和水蒸气的气体介质中加热钢铁工件时，可能产生氧化和脱碳。为了使工件不氧化、不脱碳也不增碳，可以充以保护气体（保护工件不氧化不脱碳的气体），如中性的氮气以及惰性的氩气和氦气；也可以是 $CO-H_2-N_2-CO_2$ 等混合气体；或按比例滴入有机试剂甲醇+丙酮等，高温分解后可形成保护气氛。当这些混合气体中的成分调节得当时，会使氧化与还原、脱碳与渗碳速度相等，就能实现无氧化脱碳加热。

（二）可控气氛的种类及应用范围

热处理用的可控气氛种类繁多，我国多用吸热式气氛、放热式气氛和有机滴注式气氛等。

它们的分类及适用范围见表 3–1。

（三）可控气氛热处理实例——可控气氛渗碳

在可控气氛环境下，根据渗碳时各个阶段的工艺要求调整碳势（渗碳气氛与钢的奥氏体间达到动态平衡时钢表面碳含量）高低的渗碳叫可控气氛渗碳。如使用 $CO/CO_2+CH_4/H_2$ 的混合气氛，可以测量与碳势成反比的微量 CO_2 含量，进一步调控 CH_4/H_2 的比例，即可达到调整碳势的目的。又根据水煤气反应得出 $\omega_{CO_2}=K\dfrac{\omega_{CO}}{\omega_{H_2}}\omega_{H_2O}$（式中 K 为系数），则可测得与碳势成反比的微量的 H_2O 的结果，实现碳势的控制。在滴注有机试剂和甲醇+丙酮渗碳的情况下，又可以通过对上述微量成分的测量，调节滴入比例，改变高温分解形成的炉气成分中稀释气与富化气的比例，实现可控气氛渗碳。

表 3–1 可控气氛分类

类别	原料	名称		气体的体积分数 w_B/%					主要适用范围	备注
				CO	CO₂	H₂	CH₄	N₂		
I	碳氢化合物：天然气、液化石油气（丙、丁烷）、轻柴油、煤油	吸热式气氛		23.7	0.1～1.0	31.6	<1	44.7	渗碳、碳氮共渗载体气和淬火	丙烷制备
		放热式气氛	淡型	1.5	10.5～12.8	0.8～1.2	0	其余	低碳钢退火、正火、淬火、回火、铜退火、钎焊和烧结保护	液化石油气制备
			浓型	10.2～11.1	5.0～7.3	6.7～12.5	0.5	其余		
		放热—吸热气氛		17.0～19.0	—	20～21.0	—	60.0～63.0	渗碳、碳氮共渗载体气、淬火	天然气制备
		净化放热式气氛	淡型	1.7～1.8	—	0.9～1.4	—	其余	渗碳、碳氮共渗载体气、液体氮碳共渗以及钢的退火、正火、淬火和回火等	丙烷、丁烷制备
			浓型	11.0～11.2	—	8.3～13.4	—	其余		
II	空气（空气分离）	氮基气氛①		4.0～6.0	0.04～0.1	8.0～10.0	0.8～1.5	其余	渗碳、碳氮共渗、液体氮碳共渗，钢的退火、正火、淬火、回火、钎焊和烧结保护	—
III	液氮	氨分解气氛		—	—	75.0	—	25.0	纯 H_2 的代用品，用于不锈钢硅钢片退火	—
		氨燃烧气氛		—	—	—	1.0～20.0	其余	不锈钢、电工钢和低碳钢的光亮热处理；淬火、渗碳和碳氮共渗载体气	—
IV	有机液体：甲醇、乙醇、丙酮、醋酸乙酯等	滴注式气氛		33.0	0.1～1.0	66.0	<1.5	0	淬火、渗碳和碳氮共渗载体气	甲醇、醋酸乙酯制备

注：氮基气氛因添加的活性剂（H_2、C_nH_{2n+2}、有机液等）的种类和数量不同而变化，表中列出的是例子。

二、真空热处理

真空热处理是指在低于 $1×10^5$ Pa（通常是 10^{-1}～10^{-3} Pa）的环境中进行加热的热处理工艺。其主要优点是无氧化脱碳及其他化学腐蚀，同时具有净化工件表面（清除氧化物）、脱脂（去除表面油污）、脱气（使金属中的 H、N、O 脱出）等作用，能得到光亮洁净的表面。真空热处理还具有变形小、工件质量高、无公害等优点。此外它还可以减少或省去磨削加工工序，改善劳动条件，实现自动控制。

真空热处理已成为当代热处理技术的一个重要领域。在真空炉内可以完成退火、正火、淬火及化学热处理等工艺。

（一）真空退火

真空退火主要应用于钢和铜及其合金以及与气体亲和力强的钛、钽、铌、锆等合金。其主要目的是进行回复与再结晶，提高塑性，排除其所吸收的氢、氮、氧等气体；防止氧化，去除污染物，使之具有光洁表面，省去了脱脂和酸洗工序。

（二）真空淬火

这种在真空中进行的加热淬火工艺，其加热时的真空度一般为 1～10^{-1} Pa，淬火冷却采用高压（$7.9×10^4$～$9.3×10^4$ Pa）气冷（氩气或高纯氮气）或真空淬火油（油的压力大于 $5.3×10^4$ Pa）冷却。真空淬火后钢件硬度高且均匀，表面光洁，无氧化脱碳，变形小，还可提高钢件强度、耐磨性、抗咬合性及疲劳强度，工件寿命高。真空淬火常用于承受摩擦、接触应力的工、模具。据资料介绍，模具经真空淬火后寿命可提高 30%，搓丝板的寿命可提高 4 倍。

（三）真空渗碳

真空渗碳是在压力约为 $3×10^4$ Pa 的 CH_4–H_2 低压气体中、在温度为 930 ℃～1 040 ℃的条件下进行的气体渗碳工艺，又称为低压渗碳。真空渗碳的优点是真空下加热，高温下渗碳，渗速快，可显著缩短渗碳周期（约为普通气体渗碳的一半）；减少渗碳气体的消耗，能精确控制工件表面层的碳含量、碳浓度梯度和有效渗碳层深度，不产生氧化和内氧化等缺陷，基本上没有环境污染；真空渗碳零件具有较高的力学性能。

三、离子轰击热处理

离子轰击热处理是在真空中，利用阴极（工件）和阳极（炉壁）之间的辉光放电产生的等离子体轰击工件，使工件表层的成分、组织结构及性能发生变化的热处理工艺，简称等离子热处理。例如，离子渗氮、离子渗碳、离子渗金属等。这里仅介绍比较成熟且应用较多的离子渗氮工艺。

将工件置于真空度小于等于 6.67 Pa 的离子渗氮炉中，通入少量压力为 $2×10^2$～$7×10^2$ Pa 的氨气或 H_2+N_2 的混合气，在阴极（工件）和阳极间施加 500～1 000 V 的直流电压，炉中的稀薄气体被电离，并在工件表面产生辉光放电现象。此时电子向阳极运动，并在运动中不断使气体电离，电离所产生的 N^+、H^+ 在电场的加速下以很高速度轰击工件表面，其能量一部分转化为热能使工件温度达到 500 ℃～600 ℃，另一部分氮离子或原子渗入工件。离子轰击工件表面的同时产生阴极溅射，溅射出来的铁与氮化合形成 FeN，吸附在工件表面上，依次分解为低氮化合物（$Fe_{2-3}N$、Fe_4N）及氮原子。活性氮原子一部分向工件内部扩散形成一定厚度的氮化层，另一部分则返回辉光放电等离子中重新参加渗氮反应。

与气体氮化相比，离子氮化速度快，生产周期短，仅为气体氮化的 1/2～1/5；氮化层质量好，脆性小，工件变形小；省电、省氨气、无公害、操作条件好；对材料适应性强，如碳钢、合金钢和铸铁等均可进行离子渗氮。但离子渗氮所用设备昂贵，成本较高，产量较低，操作要求严格，应用受到一定限制。

四、形变热处理

形变热处理是把塑性变形和热处理有机结合在一起，同时发挥形变强化和相变强化作用的新工艺。它可获得比普通热处理更高的强韧化效果。这种热处理工艺可以省去热处理时的重新加热工序，大大简化了工序、节省了能源，故可获得巨大的经济效益。

形变热处理方法很多，根据形变温度不同可分为高温形变热处理和低温形变热处理。

（一）高温形变热处理

将钢加热到奥氏体稳定区时对奥氏体进行塑性变形，随后立即淬火和回火，如图 3-10（a）所示。其特点是在提高强度的同时，还可明显改善塑、韧性，减小脆性，增加钢件的使用可靠性。对亚共析钢，变形温度一般在 A_3 点以上，对过共析钢则在 A_1 点以上。锻热淬火、轧热淬火都属于这一类。此工艺对结构钢、工具钢均适用，能获得较明显的强韧化效果。与普通淬火相比能提高抗拉强度 10%～30%，提高塑性 40%～50%，韧性成倍提高。此法形变温度较高，故强化效果不如低温形变热处理。它主要用于调质钢和机械加工量不大的锻件，如曲轴、连杆、叶片和弹簧等。目前我国柴油机连杆就采用了锻热淬火，如将 B5 柴油机连杆 40Cr 钢坯加热至 1 150 ℃～1 180 ℃，立即模锻成形，形变时间为 13～17 s，形变量可达 40%。经过剪边、校直后工件温度仍在 900 ℃以上，此时立即在柴油中淬火，最后在 660 ℃回火。以这种工艺代替原来的调质工艺，可使连杆的强度、塑性和韧性都得到提高，质量稳定，效果良好，而且简化了工艺，节省了能源，还减少了工件的氧化、脱碳和变形。

（二）低温形变热处理

把钢加热到奥氏体状态，过冷至临界点以下进行塑性变形（变形量为 50%～70%），随即淬火并进行低温回火或中温回火的工艺称为低温形变热处理，如图 3-10（b）所示。其主要

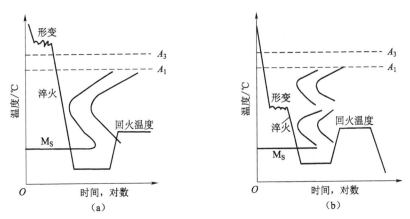

图 3-10　形变热处理工艺示意图

（a）高温形变热处理工艺曲线示意图；（b）低温形变热处理工艺曲线示意图

特点是在不降低塑性和韧性的条件下，能显著提高强度、耐回火性和耐磨性能，抗拉强度可比普通热处理提高 30～100 MPa。它主要用于刀具、模具以及飞机起落架等要求高强度和抗磨损的零件。

五、表面热处理新技术

它是以非传统的新工艺手段使工件表面获得与基体材料不同的化学成分、组织结构及所需使用性能的技术。表面处理新技术种类很多，这里仅介绍气相沉积、热喷涂和化学镀。

（一）气相沉积

气相沉积是将含有形成沉积元素的气相物质输送到工件表面，在工件表面形成沉积层的工艺方法。它具有高硬度（可达近 4 000 HV）、低摩擦系数和自润滑性、高熔点、较强的抗氧化性及耐蚀力等，在微电子、半导体光电技术和光纤通信等领域得到了广泛的应用。依据沉积过程反应的性质，可分为化学气相沉积和物理气相沉积。

化学气相沉积是利用气态物质在一定温度下于固体表面上进行化学反应，生成固态沉积膜的过程，通常叫 CVD 法。为了降低沉积温度，通常还采用一些物理激活方法。按照激活方法的不同，CVD 法可分为普通化学气相沉积（CCVD）、化学喷雾沉积（CSD）、等离子体活化气相沉积（PACVD）、化学离子镀（CIP）等不同种类。其主要特点是：可以沉积各种晶态或非晶态无机薄膜材料；沉积层纯度高，与基体的结合力强；沉积层致密，气孔极少；均镀性好；设备及工艺操作较简单；反应温度较高，一般多在 1 000 ℃ 以上，限制了应用范围。应用 CVD 法可以在钢铁、硬质合金、有色金属和无机非金属等材料表面制备各种用途的薄膜，主要是绝缘体薄膜、半导体薄膜、导体和超导体薄膜，以及耐蚀耐磨薄膜。

物理气相沉积是气态物质在工件表面直接沉积成固体薄膜的过程，通常称为 PVD 法。物理气相沉积有三种基本方法，即真空蒸镀、溅射镀膜和离子镀。

真空蒸镀是在 $1.33 \times 10^{-5} \sim 1.33 \times 10^{-4}$ Pa 真空下将镀层材料加热变成蒸发原子，蒸发原子在真空条件下不与残余气体分子碰撞而到达工件表面，形成薄膜镀层。

溅射镀膜是在气体压力为 2.66～13.3 Pa 的气体辉光放电炉中，用正离子（通常用氩离子）轰击阴极（待沉积材料作的靶），将其原子溅射出，并通过气相沉积到工件表面上形成镀层。

离子镀是借助于一种惰性气体（如氩气）的辉光放电使沉积材料蒸发离子化，离子经电场加速，沉积在带负电荷的工件表面。

（二）热喷涂

热喷涂是将涂层材料加热熔化，用高速气流将其雾化成极细的颗粒，并以很高的速度喷射到工件表面，形成涂层。选用不同的涂层材料，可获得不同的性能（如耐磨性、耐蚀性、抗氧化和耐热性等）。按热源不同，热喷涂分为火焰喷涂、电弧喷涂、等离子喷涂、爆炸喷涂和激光喷涂等。热喷涂可修复因磨损而超差的曲轴和机床导轨等，并提高修复部位的耐磨性；同时具有方法多样、基体材料不受限制、喷涂材料极为广泛和涂层厚度可控等优点，在工程材料表面强化方面得到了广泛的应用。

（三）化学镀

化学镀是将具有一定催化作用的制件置于装有特殊组分化学剂的镀槽中，制件表面与槽内溶液相接触，无须外电流通过，利用化学介质还原作用将有关物质沉积于制件表面并形成与基体结合牢固的镀覆层的工艺方法。

化学镀一般在室温下进行，镀覆速度慢、时间长，故常用提高温度、加强搅拌、加入有机酸增塑剂等方法来提高速度。化学镀的必要条件是有催化剂，以使制件表面活化。与电镀相比，化学镀的优点是：均镀和深镀能力好，可形成复杂的镀件表面，也可获得厚度均匀的镀层；镀层致密、孔隙少；既可镀纯金属，又能镀合金，甚至还可获得非晶态镀层；可对金属、非金属、半导体等各种材料镀覆；设备简单，无须外加直流电源，操作容易；镀层具有特殊的力学、化学和物理性能。例如，Ni-P 镀层具有优良的耐磨性和耐蚀性。目前，化学镀技术已在电子、阀门制造、机械、石油化工、汽车和航空航天等工业中得到广泛的应用。

六、复合热处理

将几种不同的热处理工艺进行适当的组合，以获得优于任何单一方法处理后的性能和效果，使材料获得更大的强化效果，这种组合称为复合热处理。

随着现代科学技术的发展，对机械零件的性能提出了越来越高的要求。在提高零件性能方面，热处理起着重要作用，当靠传统的单一热处理方法难以满足这些要求时，可以将多种特性不同的热处理工艺加以适当的组合，即通过复合热处理方法，使工件获得理想的优良性能，同时尽量节约能源，降低成本，提高生产率。单一的热处理工序可以组合成很多热处理工艺。表 3-2 所示热处理工序及其组成的复合热处理举例。

表 3-2　热处理工艺及其复合热处理

整体淬火	表面硬化	表面润滑化	复合热处理（举例）
（1）淬火、高温回火（合金钢） （2）淬火、低温回火（工具钢）	（1）渗碳淬火 （2）渗氮 （3）液体氮碳共渗 （4）高频淬火 （5）火焰淬火	（1）渗硫（高温） （2）渗硫（低温） （3）渗硫（渗氮）	（1）渗氮+整体淬火 （2）渗氮+高频淬火 （3）液体氮碳共渗+整体淬火 （4）液体氮碳共渗+高频淬火 （5）蒸气处理+渗氮 （6）渗碳+高频淬火 （7）渗碳淬火+低温渗硫 （8）高频淬火+低温渗硫 （9）调质+渗硫 （10）调质+低温渗硫

根据表 3-2 热处理的复合例子可将复合热处理工艺方法归纳为：表面合金化+淬火；表面硬化+低温回火温度下的表面化学热处理。此外，还有整体或表面强化+表面形变强化。

热处理复合的基本原则：热处理的复合不是简单的叠加，而是将单一热处理的特点有机地结合起来，使参加组合的热处理赋予工件的性能优点都充分保留，避免后续工序对前道工序的抵消作用，而且不增加能源消耗又可获得更好的性能。例如，渗碳淬火+低温渗硫，即渗碳淬火后，在回火过程中同时再渗入硫原子，可增加润滑性，使工件具有耐磨、抗咬合性能。把低温渗硫（180 ℃）与低温回火合并起来，可收到一举两得的效果。调质+氮碳共渗，由于氮碳共渗处理温度一般为 520 ℃～570 ℃，而许多结构钢调质处理回火温度也是在这一温度范围内。所以，在调质处理过程中加以氮碳共渗，便能在强韧的基体上形成耐磨、耐疲劳的表层。调质+硫氮共渗，硫氮共渗通常也是在 520 ℃～570 ℃的温度范围内使硫和氮同时渗入工件表层的一种化学热处理方法，它能在强韧的基体上形成耐磨、耐疲劳并富有润滑性的表层，许多结构钢也可在调质处理后进行硫氮共渗或把硫氮共渗与调质中的回火过程合并起来。

复习思考题

1. 热处理的概念及目的分别是什么？画出热处理工艺曲线。
2. 简述热处理的分类。
3. 什么是退火？简述常用退火工艺方法的种类、目的和应用。
4. 什么是正火？正火与退火的主要区别是什么？生产中如何选择退和正火？
5. 什么是马氏体？马氏体有何特点？
6. 什么是淬火？淬火的目的是什么？各类钢的淬火加热温度如何选择？
7. 常用的淬火介质有哪些？各有怎样的特点？
8. 常用的淬火方法有哪些？各有怎样的特点？
9. 什么是回火？回火的目的是什么？简述回火方法的分类、目的及应用。
10. 什么是调质处理？调质的目的是什么？
11. 哪些零件需要进行表面热处理？常用的表面热处理方法有哪几种？
12. 什么是表面淬火？工厂常用的有哪两种方法？各有什么优缺点？
13. 什么是化学热处理？化学热处理包括哪几个过程？
14. 渗碳的主要目的是什么？渗碳后需进行何种热处理？
15. 氮化处理的目的是什么？有何特点？
16. 何谓可控气氛热处理、真空热处理、形变热处理、离子轰击热处理和复合热处理？

第四章 机械加工质量

第一节 加 工 精 度

一、极限与配合国家标准的构成

（一）基本术语及其定义

1. 孔

孔通常是指圆柱形内表面,也包括非圆柱形内表面（由两平行平面或切面形成的包容面），如键槽或凹槽的宽度表面，如图 4–1（a）所示。

2. 轴

轴通常是指圆柱形外表面，也包括非圆柱形外表面（由两平行平面或切面形成的被包容面），如平键的宽度表面，如图 4–1（b）所示。

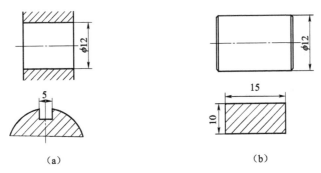

（a）　　　　　　　　　　　　（b）

图 4–1　孔和轴的示意图

（a）孔的示意图；（b）轴的示意图

3. 公称尺寸

公称尺寸是指设计确定的尺寸,孔用 D 表示，轴用 d 表示。公称尺寸在零件图样上是可见的，如图 4–2 所示，$\phi 10$ 为孔的公称尺寸，$\phi 15$ 为轴的公称尺寸。

4. 实际尺寸

实际尺寸是指零件加工后通过测量获得的某一孔或轴的尺寸，如图 4–3 所示，孔用 D_a 表示，轴用 d_a 表示，实际尺寸在零件图样上是不可见的。

5. 极限尺寸

极限尺寸是指孔或轴允许尺寸的两个极限值，如图 4–4 所示。其中，允许的最大尺寸称为最大极限尺寸，孔用 D_{max} 表示，轴用 d_{max} 表示；允许的最小尺寸称为最小极限尺寸，孔用

$D_{\min}$ 表示，轴用 $d_{\min}$ 表示。

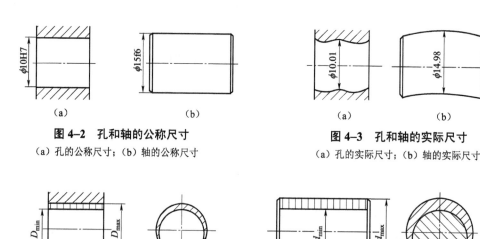

图4-2 孔和轴的公称尺寸
（a）孔的公称尺寸；（b）轴的公称尺寸

图4-3 孔和轴的实际尺寸
（a）孔的实际尺寸；（b）轴的实际尺寸

图4-4 孔和轴的极限尺寸
（a）孔的极限尺寸；（b）轴的极限尺寸

6. 尺寸偏差

尺寸偏差简称偏差，是指某一尺寸（如极限尺寸、实际尺寸）减其公称尺寸所得的代数差。孔用 E 表示，轴用 e 表示。

7. 实际偏差

实际偏差是指实际尺寸减其公称尺寸所得的代数差。孔用 Ea 表示，轴用 ea 表示。

8. 极限偏差

极限偏差是指极限尺寸减其公称尺寸所得的代数差。

最大极限尺寸减其公称尺寸所得的代数差称为上偏差，孔用 ES 表示，轴用 es 表示。最小极限尺寸减其公称尺寸所得的代数差称为下偏差，孔用 EI 表示，轴用 ei 表示，如图4-5所示。

$$ES = D_{\max} - D, \quad EI = D_{\min} - D$$
$$es = d_{\max} - d, \quad ei = d_{\min} - d$$

9. 尺寸公差

尺寸公差简称公差，指允许尺寸的变动量，如图4-5所示，孔用 T_h 表示，轴用 T_s 表示。

$$T_h = |D_{\max} - D_{\min}| = |ES - EI|$$
$$T_s = |d_{\max} - d_{\min}| = |es - ei|$$

10. 配合

配合是指公称尺寸相同，相互结合的孔、轴公差带之间的关系。

11. 间隙或过盈

间隙或过盈是指孔的尺寸减去相互配合的轴的尺寸所得的代数差。当该代数差为正值时，叫作间隙，用 X 表示；当该代数差为负值时，叫作过盈，用 Y 表示。

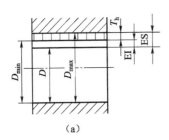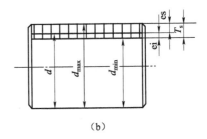

(a)　　　　　　　　　　　(b)

图 4-5　极限偏差和尺寸公差

(a) 孔的极限偏差和尺寸公差；(b) 轴的极限偏差和尺寸公差

12. 间隙配合

间隙配合是指具有间隙（包括最小间隙为零的情况）的配合。

间隙配合中的四个特征参数如下：

1）最大间隙

最大间隙是指孔的最大极限尺寸减去轴的最小极限尺寸所得的代数差，用符号 X_{max} 表示，即

$$X_{max}=D_{max}-d_{min}=ES-ei$$

2）最小间隙

最小间隙是指孔的最小极限尺寸减去轴的最大极限尺寸所得的代数差，用符号 X_{min} 表示，即

$$X_{min}=D_{min}-d_{max}=EI-es$$

3）平均间隙

平均间隙是指孔的平均尺寸减去轴的平均尺寸所得的代数差，用符号 X_{av} 表示，即

$$X_{av}=D_{av}-d_{av}=(X_{max}+X_{min})/2$$

4）配合公差

配合公差是指间隙配合中间隙的允许变动量，用符号 T_f 表示，即

$$T_f=|X_{max}-X_{min}|=T_h+T_s$$

13. 过盈配合

过盈配合是指具有过盈（包括最小过盈为零的情况）的配合。

过盈配合中的四个特征参数如下：

1）最大过盈

最大过盈是指孔的最小极限尺寸减去轴的最大极限尺寸所得的代数差，用符号 Y_{max} 表示，即

$$Y_{max}=D_{min}-d_{max}=EI-es$$

2）最小过盈

最小过盈是指孔的最大极限尺寸减去轴的最小极限尺寸所得的代数差，用符号 Y_{min} 表示，即

$$Y_{min}=D_{max}-d_{min}=ES-ei$$

3）平均过盈

平均过盈是指孔的平均尺寸减去轴的平均尺寸所得的代数差，用符号 Y_{av} 表示，即

$$Y_{av}=D_{av}-d_{av}=(Y_{max}+Y_{min})/2$$

4）配合公差

配合公差是指过盈配合中过盈的允许变动量，用符号 T_f 表示，即

$$T_f=|Y_{min}-Y_{max}|=T_h+T_s$$

14. 过渡配合

过渡配合是指具有间隙或过盈的配合。

过渡配合中的四个特征参数如下：

1）最大间隙

最大间隙是指孔的最大极限尺寸减去轴的最小极限尺寸所得的代数差，用符号 X_{max} 表示。

2）最大过盈

最大过盈是指孔的最小极限尺寸减去轴的最大极限尺寸所得的代数差，用符号 Y_{max} 表示。

3）平均间隙或平均过盈

平均间隙或平均过盈是指孔的平均尺寸减去轴的平均尺寸所得的代数差。当该代数差为正值时，叫作平均间隙，用符号 X_{av} 表示。当该代数差为负值时，叫作平均过盈，用符号 Y_{av} 表示。即

$$X_{av}(Y_{av})=D_{av}-d_{av}=(X_{max}+Y_{max})/2$$

4）配合公差

配合公差是指过渡配合中的最大间隙减去最大过盈的数值，用符号 T_f 表示，即

$$T_f=|X_{max}-Y_{max}|=T_h+T_s$$

（二）孔轴标准公差系列

1. 标准公差等级及其代号

国家标准将孔和轴的公差等级各分为 20 个，等级代号由符号 IT 和阿拉伯数字组成。20 个精度等级分别为 IT01、IT0、IT1、IT2、…、IT18。其中 IT01 最高，等级依次降低，IT18 最低。

2. 标准公差数值表的使用

在实际工作中，表 4-1 和表 4-2 可以用来直接查取公称尺寸和标准公差等级一定的零件的标准公差数值，还可以用来根据已知公称尺寸和标准公差数值确定零件的标准公差等级。

表 4-1　IT01 和 IT0 的标准公差数值（摘自 GB/T 1800.1—2009）

公称尺寸/mm		标准公差等级		公称尺寸/mm		标准公差等级	
		IT01	IT0			IT01	IT0
大于	至	公差/μm		大于	至	公差/μm	
—	3	0.3	0.5	80	120	1	1.5
3	6	0.4	0.6	120	180	1.2	2
6	10	0.4	0.6	180	250	2	3
10	18	0.5	0.8	250	315	2.5	4
18	30	0.6	1	315	400	3	5
30	50	0.6	1	400	500	4	6
50	80	0.8	1.2	—	—	—	—

表 4-2 IT1～IT18 的标准公差数值（摘自 GB/T 1800.1—2009）

公称尺寸/mm		标准公差等级																		
大于	至	IT1	IT2	IT3	IT4	IT5	IT6	IT7	IT8	IT9	IT10	IT11	IT12	IT13	IT14	IT15	IT16	IT17	IT18
		μm									mm								
—	3	0.8	1.2	2	3	4	6	10	14	25	40	60	0.1	0.14	0.25	0.4	0.6	1	1.4
3	6	1	1.5	2.5	4	5	8	12	18	30	48	75	0.12	0.18	0.3	0.48	0.75	1.2	1.8
6	10	1	1.5	2.5	4	6	9	15	22	36	58	90	0.15	0.22	0.36	0.58	0.9	1.5	2.2
10	18	1.2	2	3	5	8	11	18	27	43	70	110	0.18	0.27	0.43	0.7	1.1	1.8	2.7
18	30	1.5	2.5	4	6	9	13	21	33	52	84	130	0.21	0.33	0.52	0.84	1.3	2.1	3.3
30	50	1.5	2.5	4	7	11	16	25	39	62	100	160	0.25	0.39	0.62	1	1.6	2.5	3.9
50	80	2	3	5	8	13	19	30	46	74	120	190	0.3	0.46	0.74	1.2	1.9	3	4.6
80	120	2.5	4	6	10	15	22	35	54	87	140	220	0.35	0.54	0.87	1.4	2.2	3.5	5.4
120	180	3.5	5	8	12	18	25	40	63	100	160	250	0.4	0.63	1	1.6	2.5	4	6.3
180	250	4.5	7	10	14	20	29	46	72	115	185	290	0.46	0.72	1.15	1.85	2.9	4.6	7.2
250	315	6	8	12	16	23	32	52	81	130	210	320	0.52	0.81	1.3	2.1	3.2	5.2	8.1
315	400	7	9	13	18	25	36	57	89	140	230	360	0.57	0.89	1.4	2.3	3.6	5.7	8.9
400	500	8	10	15	20	27	40	63	97	155	250	400	0.63	0.97	1.55	2.5	4	6.3	9.7
500	630	9	11	16	22	32	44	70	110	175	280	440	0.7	1.1	1.75	2.8	4.4	7	11
630	800	10	13	18	25	36	50	80	125	200	320	500	0.8	1.25	2	3.2	5	8	12.5
800	1 000	11	15	21	28	40	56	90	140	230	360	560	0.9	1.4	2.3	3.6	5.6	9	14
1 000	1 250	13	18	24	33	47	66	105	165	260	420	660	1.05	1.65	2.6	4.2	6.6	10.5	16.5
1 250	1 600	15	21	29	39	55	78	125	195	310	500	780	1.25	1.95	3.1	5	7.8	12.5	19.5
1 600	2 000	18	25	35	46	65	92	150	230	370	600	920	1.5	2.3	3.7	6	9.2	15	23
2 000	2 500	22	30	41	55	78	110	175	280	440	700	1 100	1.75	2.8	4.4	7	11	17.5	28
2 500	3 150	26	36	50	68	96	135	210	330	540	860	1 350	2.1	3.3	5.4	8.6	13.5	21	33

注：① 公称尺寸大于 500 mm 的 IT1 至 IT5 的标准公差数值为试行的。
② 公称尺寸小于或等于 1 mm 时，无 IT4 和 IT18。

（三）孔轴基本偏差系列

1. 基本偏差代号及其特征

国家标准分别对孔、轴尺寸规定了 28 种标准基本偏差，每种基本偏差的代号用一个或两个英文字母表示。孔用大写字母，轴用小写字母。

在 26 个英文字母中，去掉 5 个容易与其他符号含义混淆的字母 I（i）、L（l）、O（o）、Q（q）、W（w），增加由两个字母组成的 7 组字母 CD（cd）、EF（ef）、FG（fg）、JS（js）、ZA（za）、ZB（zb）、ZC（zc），共计 28 种。

图 4-6 所示为轴的基本偏差系列示意图。

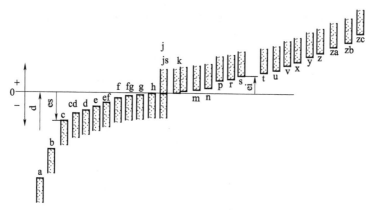

图 4-6　轴的基本偏差系列示意图

代号为 a～g 的基本偏差皆为上偏差 es（负值），按从 a 到 g 的顺序，基本偏差的绝对值依次逐渐减小。

代号为 h 的基本偏差为上偏差 es=0，它是基轴制中基准轴的基本偏差代号。

基本偏差代号为 js 的轴的公差带相对于零线对称分布，其基本偏差既可以取为上偏差，也可以取为下偏差。

代号为 j～zc 的基本偏差皆为下偏差 ei，按从 j 到 zc 的顺序，基本偏差的绝对值依次逐渐增大。

图 4-7 所示为孔的基本偏差系列示意图。

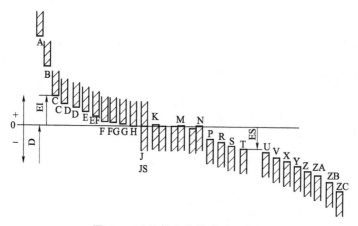

图 4-7　孔的基本偏差系列示意图

代号为 A～G 的基本偏差皆为下偏差 EI，按从 A 到 G 的顺序，基本偏差的绝对值依次逐渐减小。

代号为 H 的基本偏差为下偏差 EI=0，它是基孔制中基准孔的基本偏差代号。

基本偏差代号为 JS 的轴的公差带相对于零线对称分布，其基本偏差既可以取为上偏差，也可以取为下偏差。

代号为 J～ZC 的基本偏差皆为上偏差 ES（J、JS 除外），按从 J 到 ZC 的顺序，基本偏差的绝对值依次逐渐增大。

2. 公差带代号、配合代号及其标注

孔、轴公差带代号由其各自的基本偏差代号和标准公差等级代号中的阿拉伯数字组成。比如，孔的公差带代号 $\phi30H8$、$\phi50G7$、$\phi55F7$ 等，轴的公差带代号 $\phi30f6$、$\phi30h7$、$\phi80a10$ 等。公差带代号表示单个零件（孔或轴）的公差带在公差带图上的大小和位置。因此，其应该标注在零件图上，标注方式有以下三种。

方式一：在公称尺寸后面标注孔或轴的公差带代号，如图 4-8（a）所示；

方式二：在公称尺寸后面标注孔或轴的上、下偏差数值，如图 4-8（b）所示；

方式三：在公称尺寸后面同时标注孔或轴的公差带代号和上、下偏差数值，如图 4-8（c）所示。

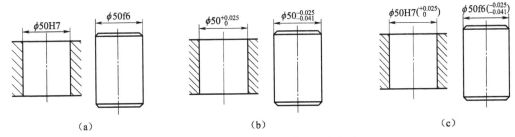

（a）　　　　　　　　（b）　　　　　　　　（c）

图 4-8　公差带代号在零件图上的标注

（a）在公称尺寸后面标注孔或轴的公差带代号；（b）在公称尺寸后面标注孔或轴的上、下偏差数值；

（c）在公称尺寸后面同时标注孔或轴的公差带代号和上、下偏差数值

将孔、轴的公差带代号进行组合，就得到了孔、轴的配合代号。配合代号用分数的形式表示，分子的位置为孔的公差带代号，分母的位置为轴的公差带代号。分数既可以用垂直形式表示，也可以用倾斜形式表示。比如，$\phi50\dfrac{H7}{g6}$ 或 $\phi50H7/g6$；$\phi50\dfrac{G7}{h6}$ 或 $\phi50G7/h6$。

配合代号标注在装配图上，其标注形式如图 4-9 所示。

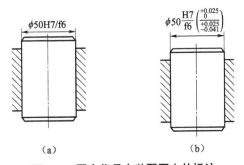

（a）　　　　　　　　（b）

图 4-9　配合代号在装配图上的标注

（a）在公称尺寸后面标注孔、轴配合代号；（b）在公称尺寸后面标注孔、轴配合代号及偏差值

3. 孔轴基本偏差数值表的应用

表 4-3 或表 4-4 可以用来直接查取公称尺寸、标准公差等级和基本偏差代号一定的轴或孔的基本偏差数值，还可以用来根据已知公称尺寸、标准公差等级和基本偏差数值，确定轴或孔的基本偏差代号。

表 4-3　尺寸至 500 mm 轴的基本偏差数值（摘自 GB/T 1800.1—2009）

基本偏差	上偏差 es/μm											下偏差 ei/μm				
代号	a[①]	b[①]	c	cd	d	e	ef	f	fg	g	h	js[②]	j			k
标准公差等级 公称尺寸/mm	所有的标准公差等级												IT5 IT6	IT7	IT8	IT4 IT7	≤IT3 >IT7
≤3	−270	−140	−60	−34	−20	−14	−10	−6	−4	−2	0	偏差=±ITn/2	−2	−4	−6	0
>3~6	−270	−140	−70	−46	−30	−20	−14	−10	−6	−4	0		−2	−4	—	+1	0
>6~10	−280	−150	−80	−56	−40	−25	−18	−13	−8	−5	0		−2	−5	—	+1	0
>10~14	−290	−150	−95	—	−50	−32	—	−16	—	−6	0		−3	−6	—	+1	0
>14~18	−290	−150	−95	—	−50	−32	—	−16	—	−6	0		−3	−6	—	+1	0
>18~24	−300	−160	−110	—	−65	−40	—	−20	—	−7	0		−4	−8	—	+2	0
>24~30	−300	−160	−110	—	−65	−40	—	−20	—	−7	0		−4	−8	—	+2	0
>30~40	−310	−170	−120	—	−80	−50	—	−25	—	−9	0		−5	−10	—	+2	0
>40~50	−320	−180	−130	—	−80	−50	—	−25	—	−9	0		−5	−10	—	+2	0
>50~65	−340	−190	−140	—	−100	−60	—	−30	—	−10	0		−7	−12	—	+2	0
>65~80	−360	−200	−150	—	−100	−60	—	−30	—	−10	0		−7	−12	—	+2	0
>80~100	−380	−220	−170	—	−120	−72	—	−36	—	−12	0		−9	−15	—	+3	0
>100~120	−410	−240	−180	—	−120	−72	—	−36	—	−12	0		−9	−15	—	+3	0
>120~140	−460	−260	−200	—	−145	−85	—	−43	—	−14	0		−11	−18	—	+3	0
>140~160	−520	−280	−210	—	−145	−85	—	−43	—	−14	0		−11	−18	—	+3	0
>160~180	−580	−310	−230	—	−145	−85	—	−43	—	−14	0		−11	−18	—	+3	0
>180~200	−660	−340	−240	—	−170	−100	—	−50	—	−15	0		−13	−21	—	+4	0
>200~225	−740	−380	−260	—	−170	−100	—	−50	—	−15	0		−13	−21	—	+4	0
>225~250	−820[①]	−420	−280	—	−170	−100	—	−50	—	−15	0		−13	−21	—	+4	0
>250~280	−920	−480	−300	—	−190	−110	—	−56	—	−17	0		−16	−26	—	+4	0
>280~315	−1 050	−540	−330	—	−190	−110	—	−56	—	−17	0		−16	−26	—	+4	0
>315~355	−1 200	−600	−360	—	−210	−125	—	−62	—	−18	0		−18	−28	—	+4	0
>355~400	−1 350	−680	−400	—	−210	−125	—	−62	—	−18	0		−18	−28	—	+4	0
>400~450	−1 500	−760	−440	—	−230	−135	—	−68	—	−20	0		−20	−32	—	+5	0
>450~500	−1 650	−840	−480	—	−230	−135	—	−68	—	−20	0		−20	−32	—	+5	0

续表

基本偏差	下偏差 ei/μm													
代号	m	n	p	r	s	t	u	v	x	y	z	za	zb	zc
公称尺寸/mm（标准公差等级）	所有的标准公差等级													
≤3	+2	+4	+6	+10	+14	—	+18	—	+20	—	+26	+32	+40	+60
>3~6	+4	+8	+12	+15	+19	—	+23	—	+28	—	+35	+42	+50	+80
>6~10	+6	+10	+15	+19	+23	—	+28	—	+34	—	+42	+52	+67	+97
>10~14	+7	+12	+18	+23	+28	—	+33	—	+40	—	+50	+64	+90	+130
>14~18	+7	+12	+18	+23	+28	—	+33	+39	+45	—	+60	+77	+108	+150
>18~24	+8	+15	+22	+28	+35	—	+41	+47	+54	+63	+73	+98	+136	+188
>24~30	+8	+15	+22	+28	+35	+41	+48	+55	+64	+75	+88	+118	+160	+218
>30~40	+9	+17	+26	+34	+43	+48	+60	+68	+80	+94	+112	+148	+200	+274
>40~50	+9	+17	+26	+34	+43	+54	+70	+81	+97	+114	+136	+180	+242	+325
>50~65	+11	+20	+32	+41	+53	+66	+87	+102	+122	+114	+172	+226	+300	+405
>65~80	+11	+20	+32	+43	+59	+75	+102	+120	+146	+174	+210	+274	+360	+480
>80~100	+13	+23	+37	+51	+71	+91	+124	+146	+178	+214	+258	+335	+445	+585
>100~120	+13	+23	+37	+54	+79	+104	+144	+172	+210	+254	+310	+400	+525	+690
>120~140	+15	+27	+43	+63	+92	+122	+170	+202	+248	+300	+365	+470	+620	+800
>140~160	+15	+27	+43	+65	+100	+134	+190	+228	+280	+340	+415	+535	+700	+900
>160~180	+15	+27	+43	+68	+108	+146	+210	+252	+310	+380	+465	+600	+780	+1 000
>180~200	+17	+31	+50	+77	+122	+166	+236	+284	+350	+425	+520	+670	+880	+1 150
>200~225	+17	+31	+50	+80	+130	+180	+258	+310	+385	+470	+575	+740	+960	+1 250
>225~250	+17	+31	+50	+84	+140	+196	+284	+340	+425	+520	+640	+820	+1 050	+1 350
>250~280	+20	+34	+56	+94	+158	+218	+315	+385	+475	+580	+710	+920	+1 200	+1 500
>280~315	+20	+34	+56	+98	+170	+240	+350	+425	+525	+650	+790	+1 000	+1 300	+1 700
>315~355	+21	+37	+62	+108	+190	+268	+390	+475	+590	+730	+900	+1 150	+1 500	+1 900
>355~400	+21	+37	+62	+114	+208	+294	+435	+530	+660	+820	+1 000	+1 300	+1 650	+2 100
>400~450	+23	+40	+68	+126	+232	+330	+490	+595	+740	+920	+1 100	+1 450	+1 850	+2 400
>450~500	+23	+40	+68	+132	+252	+360	+540	+660	+820	+1 000	+1 250	+1 600	+2 100	+2 600

注：① 公称尺寸小于或等于 1 mm 时，各级 a 和 b 均不采用。
② js 的数值中，对 IT7 至 IT11，若 ITn 的数值（μm）为奇数，则取偏差=±[IT(n−1)]/2。

表4–4　尺寸至500 mm孔的基本偏差数值表（摘自 GB/T 1800.1—2009）

基本偏差代号 公称尺寸/mm	下偏差 EI/μm											JS[2]
	A[1]	B[1]	C	CD	D	E	EF	F	FG	G	H	
标准公差等级	所有的标准公差等级											
≤3	+270	+140	+60	+34	+20	+14	+10	+6	+4	+2	0	
>3～6	+270	+140	+70	+46	+30	+20	+14	+10	+6	+4	0	
>6～10	+280	+150	+80	+56	+40	+25	+18	+13	+8	+5	0	
>10～14	+290	+150	+95	—	+50	+32	—	+16	—	+6	0	
>14～18	+290	+150	+95	—	+50	+32	—	+16	—	+6	0	
>18～24	+300	+160	+110	—	+65	+40	—	+20	—	+7	0	
>24～30	+300	+160	+110	—	+65	+40	—	+20	—	+7	0	
>30～40	+310	+170	+120	—	+80	+50	—	+25	—	+9	0	
>40～50	+320	+180	+130	—	+80	+50	—	+25	—	+9	0	
>50～65	+340	+190	+140	—	+100	+60	—	+30	—	+10	0	
>65～80	+360	+200	+150	—	+100	+60	—	+30	—	+10	0	
>80～100	+380	+220	+170	—	+120	+72	—	+36	—	+12	0	偏差= $\pm\dfrac{ITn}{2}$
>100～120	+410	+240	+180	—	+120	+72	—	+36	—	+12	0	
>120～140	+460	+260	+200	—	+145	+85	—	+43	—	+14	0	
>140～160	+520	+280	+210	—	+145	+85	—	+43	—	+14	0	
>160～180	+580	+310	+230	—	+145	+85	—	+43	—	+14	0	
>180～200	+660	+340	+240	—	+170	+100	—	+50	—	+15	0	
>200～225	+740	+380	+260	—	+170	+100	—	+50	—	+15	0	
>225～250	+820	+420	+280	—	+170	+100	—	+50	—	+15	0	
>250～280	+920	+480	+300	—	+190	+110	—	+56	—	+17	0	
>280～315	+1 050	+540	+330	—	+190	+110	—	+56	—	+17	0	
>315～355	+1 200	+600	+360	—	+210	+125	—	+62	—	+18	0	
>355～400	+1 350	+680	+400	—	+210	+125	—	+62	—	+18	0	
>400～450	+1 500	+760	+440	—	+230	+135	—	+68	—	+20	0	
>450～500	+1 650	+840	+480	—	+230	+135	—	+68	—	+20	0	

续表

基本偏差	上偏差 ES/μm											
代号	J			K		M		N		P~ZC	P	R	S
公称尺寸/mm ＼ 标准公差等级	IT6	IT7	IT8	≤IT8④	>IT8	≤IT8③,④	>IT8	≤IT8④	>IT8①	≤IT7④	IT8~IT18		
≤3	+2	+4	+6	0	0	−2	−2	−4	−4		−6	−10	−14
>3~6	+5	+6	+10	−1+Δ	—	−4+Δ	−4	−8+Δ	0		−12	−15	−19
>6~10	+5	+8	+12	−1+Δ	—	−6+Δ	−6	−10+Δ	0		−15	−19	−23
>10~14	+6	+10	+15	−1+Δ	—	−7+Δ	−7	−12+Δ	0		−18	−23	−28
>14~18													
>18~24	+8	+12	+20	−2+Δ	—	−8+Δ	−8	−15+Δ	0		−22	−28	−35
>24~30													
>30~40	+10	+14	+24	−2+Δ	—	−9+Δ	−9	−17+Δ	0	在低于7级的相应数值上增加一个Δ值	−26	−34	−43
>40~50													
>50~65	+13	+18	+28	−2+Δ	—	−11+Δ	−11	−20+Δ	0		−32	−41	−53
>65~80												−43	−59
>80~100	+16	+22	+34	−3+Δ	—	−13+Δ	−13	−23+Δ	0		−37	−51	−71
>100~120												−54	−79
>120~140	+18	+26	+41	−3+Δ	—	−15+Δ	−15	−27+Δ	0		−43	−63	−92
>140~160												−65	−100
>160~180												−68	−108
>180~200	+22	+30	+47	−4+Δ	—	−17+Δ	−17	−31+Δ	0		−50	−77	−122
>200~225												−80	−130
>225~250												−84	−140
>250~280	+25	+36	+55	−4+Δ	—	−20+Δ	−20	−34+Δ	0		−56	−94	−158
>280~315												−98	−170
>315~355	+29	+39	+60	−4+Δ	—	−21+Δ	−21	−37+Δ	0		−62	−108−	−190
>355~400												114	−208
>400~450	+33	+43	+66	−5+Δ	—	−23+Δ	−23	−40+Δ	0		−68	−126	−232
>450~500												−132	−252

续表

基本偏差	上偏差 ES/μm									$\Delta=ITn-IT(n-1)$/μm					
代号	T	U	V	X	Y	Z	ZA	ZB	ZC	孔的标准公差等级					
标准公差等级 公称尺寸/mm	>IT7（标准公差等级为 IT8、IT9、…、IT18）									3	4	5	6	7	8
≤3	—	−18	—	−20	—	−26	−32	−40	−60	$\Delta=0$					
>3~6	—	−23	—	−28	—	−35	−42	−50	−80	1	1.5	1	3	4	6
>6~10	—	−28	—	−34	—	−42	−52	−67	−97	1	1.5	2	3	6	7
>10~14	—	−33	—	−40	—	−50	−64	−90	−130	1	2	3	3	7	9
>14~18	—	−33	−39	−45	—	−60	−77	−108	−150	1	2	3	3	7	9
>18~24	—	−41	−47	−54	−63	−73	−98	−136	−188	1.5	2	3	4	8	12
>24~30	−41	−48	−55	−64	−75	−88	−118	−160	−218	1.5	2	3	4	8	12
>30~40	−48	−60	−68	−80	−94	−112	−148	−200	−274	1.5	3	4	5	9	14
>40~50	−54	−70	−81	−97	−114	−136	−180	−242	−325	1.5	3	4	5	9	14
>50~65	−66	−87	−102	−122	−144	−172	−226	−300	−405	2	3	5	6	11	16
>65~80	−75	−102	−120	−146	−174	−210	−274	−360	−480	2	3	5	6	11	16
>80~100	−91	−124	−146	−178	−214	−258	−335	−445	−585	2	4	5	7	13	19
>100~120	−104	−144	−172	−210	−254	−310	−400	−525	−690	2	4	5	7	13	19
>120~140	−122	−170	−202	−248	−300	−365	−470	−620	−800	3	4	6	7	15	23
>140~160	−134	−190	−228	−280	−340	−415	−535	−700	−900	3	4	6	7	15	23
>160~180	−146	−210	−252	−310	−380	−465	−600	−780	−1 000	3	4	6	7	15	23
>180~200	−166	−236	−284	−350	−425	−520	−670	−880	−1 150	3	4	6	9	17	26
>200~225	−180	−258	−310	−385	−470	−575	−740	−960	−1 250	3	4	6	9	17	26
>225~250	−196	−284	−340	−425	−520	−640	−820	−1 050	−1 350	3	4	6	9	17	26
>250~280	−218	−315	−385	−475	−580	−710	−920	−1 200	−1 550	4	4	7	9	20	29
>280~315	−240	−350	−425	−525	−650	−790	−1 000	−1 300	−1 700	4	4	7	9	20	29
>315~355	−268	−390	−475	−590	−730	−900	−1 150	−1 500	−1 900	4	5	7	11	21	32
>355~400	−294	−435	−530	−660	−820	−1 000	−1 300	−1 650	−2 100	4	5	7	11	21	32
>400~450	−330	−490	−595	−740	−920	−1 100	−1 450	−1 850	−2 400	5	5	7	13	23	34
>450~500	−360	−540	−660	−820	−1 000	−1 250	−1 600	−2 100	−2 600	5	5	7	13	23	34

注：① 公称尺寸小于或等于 1 mm 时，A 和 B 及低于 8 级的 N 均不采用。
② JS 的数值中，对 IT7 及 IT11，若 ITn 的数值（μm）为奇数，则取偏差=±[$IT(n-1)$]/2。
③ 特殊情况，当公称尺寸大于 250~315 mm 时，M6 的 ES 等于−9（代替−11）。
④ 对 8 级及 8 级以上的 K、M、N 和 7 级及 7 级以上的 P 至 ZC，所需的 Δ 值从表内右侧栏选取。

二、零件几何精度的基本知识

（一）几何要素的概念及其分类

1. 概念

几何要素是指构成机械零件几何特征的点、线、面，如图4-10所示。

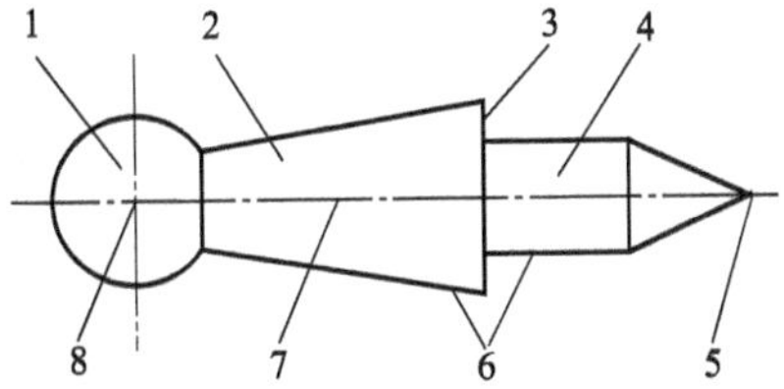

2. 分类

1）按结构特征分类

（1）组成要素（轮廓要素）：构成零件外形的点、线、面。

（2）导出要素（中心要素）：由一个或几个尺寸要素的对称中心得到的中心点、中心线或中心平面。

2）按存在状态分类

（1）理想要素：具有几何学意义的点、线、面。

（2）实际要素：零件上实际存在的要素。

3）按检测关系分类

（1）被测要素：图样上给出的几何公差的要素。

（2）基准要素：用来确定被测要素的方向或位置关系的要素。

4）按功能关系分类

（1）单一要素：按本身功能要求而给出形状公差的被测要素。

（2）关联要素：对基准要素有功能关系而给出位置公差的被测要素。

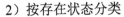

图4-10 零件几何要素示意图

1—球面；2—圆锥面；3—端平面；4—圆柱面；5—圆锥顶点；6—素线；7—轴线；8—球心

（二）几何要素在图样上的标注方法

1. 几何公差的特征项目及其符号

GB/T 1182—2008 将几何公差的特征项目分为形状公差、方向公差、位置公差和跳动公差，共计19个项目，见表4-5。

表4-5 几何公差特征项目及符号

公差类型	特征项目	符号	是否有基准要求
形状公差	直线度	—	无
	平面度	▱	无
	圆度	○	无
	圆柱度	⌿	无
	线轮廓度	⌒	无
	面轮廓度	⌓	无
方向公差	平行度	//	有
	垂直度	⊥	有
	倾斜度	∠	有

续表

公差类型	特征项目	符号	是否有基准要求
方向公差	线轮廓度	⌒	有
	面轮廓度	◠	有
位置公差	位置度	⊕	有或无
	同心度（用于中心点）	◎	有
	同轴度（用于轴线）	◎	有
	对称度	⌥	有
	线轮廓度	⌒	有
	面轮廓度	◠	有
跳动公差	圆跳动	↗	有
	全跳动	↗↗	有

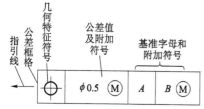

图 4-11　几何公差框格示意图

2. 几何公差框格和基准符号

几何公差（形位公差）框格分成两格或多格，如图 4-11 所示。

框格从左至右填写如下内容。

第一格：几何特征符号；

第二格：公差值及附加符号。公差值，以线性尺寸单位表示的量值。如果公差带为圆形或圆柱形，公差值前应加注符号"ϕ"；如果公差带为圆球形，公差值前应加注符号"$S\phi$"。

第三格及以后各格：基准，用一个字母表示单个基准，用几个字母表示基准体系或公共基准。

几何公差框格应水平或垂直绘制，其线型为细实线。

基准符号的结构如图 4-12 所示，分别由基准字母、方格、连线和一个涂黑或空白的三角形组成。

3. 被测要素的标注方法

1）组成要素（轮廓要素）

当被测要素是轮廓线或轮廓面时，指引线的箭头指向该要素的轮廓线或其延长线上，并与尺寸线至少错开 4 mm，如图 4-13 所示。

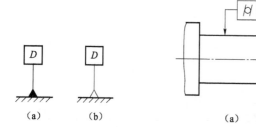

（a）　　　（b）

图 4-12　基准符号结构示意图

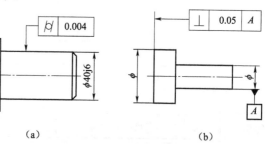

（a）　　　　　　　（b）

图 4-13　被测组成要素的标注

2）导出要素（中心要素）

当被测要素是中心线、中心面或中心点时，指引线的箭头应位于相应尺寸线的延长线上，如图 4-14 所示。

3）实际表面

当被测要素是实际表面时，指引线的箭头可指向引出线的水平线，引出线引自被测面，如图 4-15 所示。

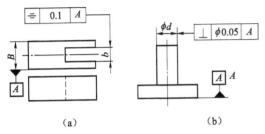
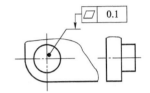

图 4-14　被测导出要素的标注

（a）被测中心平面；（b）被测中心轴线

图 4-15　被测实际要素的标注

4. 基准要素的标注方法

1）组成要素（轮廓要素）

基准要素是轮廓线或轮廓面时，基准三角形放置于要素的轮廓线或其延长线上，并与尺寸线至少错开 4 mm，如图 4-16（a）和图 4-16（b）所示。基准三角形也可放置在该轮廓面引出线的水平线上，如图 4-16（c）所示。

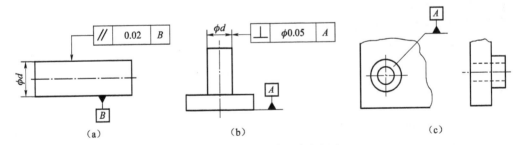

图 4-16　基准组成要素的标注

（a）基准三角形置于轮廓线上；（b）基准三角形置于轮廓的延长线上；

（c）基准三角形置于该轮廓面引出线的水平线上

2）导出要素（中心要素）

当基准要素是尺寸要素确定的轴线、中心平面或中心点时，基准三角形应放置在相应尺寸线的延长线上，如图 4-17（a）所示。如果没有足够的位置标注基准要素尺寸的两个尺寸箭头，则其中一个箭头可用基准三角形代替，如图 4-17（b）所示。

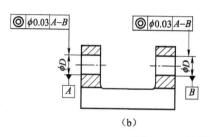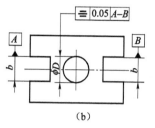

图 4-17　基准导出要素的标注

（a）三角形放置在尺寸线的延长线上；（b）尺寸线的一个箭头用基准三角形代替

第二节　表面粗糙度轮廓

　　零件的实际表面是物体与周围介质分离的表面。无论采用哪种加工方法所获得的零件表面，都不是绝对理想的表面，即使看起来很光滑的表面，在显微镜的观察下也是凸凹不平的。

　　零件的实际表面是由表面粗糙度、表面波纹度和形状误差叠加而成的表面，如图 4-18 所示。三者通常按波距来划分，波距小于 1 mm 的属于表面粗糙度（微观几何形状误差）；波

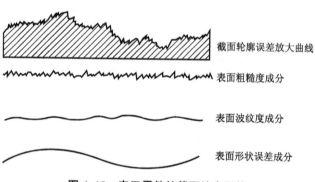

图 4-18　完工零件的截面轮廓形状

距在 1～10 mm 的属于表面波纹度（中间几何形状误差）；波距大于 10 mm 的属于形状误差（宏观几何形状误差）。

　　表面粗糙度是指加工表面所具有的较小间距和微小峰谷不平度。这种微观几何形状的尺寸特征，一般是由零件的加工过程和其他因素形成的。其形成原因主要有：加工过程中在工件表面留下的刀痕，刀具和零件表面之间的摩擦，切屑分离时工件表面层的塑性变形，切削过程中的残留物以及工艺系统中的高频振动等。

　　表面波纹度是由间距比表面粗糙度大得多的、随机的或接近周期形式的成分构成的表面不平度，通常包含工件表面加工时由意外因素所引起的那种不平度，例如，由一个工件或某一刀具的失控运动所引起的工件表面的纹理变化。

一、表面粗糙度轮廓的主要术语及定义

（一）实际表面

　　实际表面是指零件上实际存在的表面，是物体与周围介质分离的表面，如图 4-19 所示。

（二）表面轮廓

　　表面轮廓是指理想平面与实际表面相交所得的轮廓，如图 4-19 所示。按相截方向的不同，表面轮廓可分为横向表面轮廓和纵向表面轮廓。在评定和测量表面粗糙度时，除非特别指明，否则通常指横向表面轮廓，即与实际表面加工纹理方向垂直的截面上的轮廓。

（三）坐标系

坐标系是指确定表面结构参数的坐标体系,如图 4-19 所示。通常采用一个直角坐标体系,其轴线形成一右旋笛卡儿坐标系,X 轴与中线方向一致,Y 轴处于实际表面上,而 Z 轴则处于材料到周围介质的外延方向上。

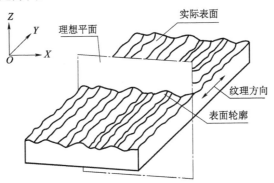

图 4-19　表面轮廓与坐标系

（四）取样长度 lr

取样长度是指用于判别被评定轮廓的不规则特征的 X 轴方向上的长度,是测量和评定表面粗糙度时所规定的一段基准线长度,它至少包含 5 个以上轮廓峰谷,如图 4-20 所示,取样长度 lr 的方向与轮廓走向一致。

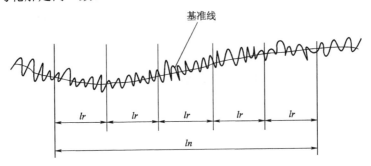

图 4-20　取样长度和评定长度

规定取样长度是为了限制和减弱其他几何形状误差,特别是表面波纹度对测量和评定表面粗糙度的影响。表面越粗糙,取样长度越大。

（五）评定长度 ln

评定长度是指用于判别被评定轮廓在 X 轴方向上的长度。由于零件表面粗糙度不一定均匀,在一个取样长度上往往不能合理地反映整个表面粗糙度特征。因此,在测量和评定时,需规定一段最小长度为评定长度。

评定长度包含一个或几个取样长度,如图 4-20 所示。一般情况下,取 $ln=5lr$;若被测表面比较均匀,可选 $ln<5lr$;若其均匀性差,可选 $ln>5lr$。

（六）中线

中线是指具有几何轮廓形状并划分轮廓的基准线,也就是用以评定表面粗糙度参数值的给定线。中线有下列两种:

1. 轮廓最小二乘中线

轮廓最小二乘中线是指在取样长度内，使轮廓上各点至该线的距离 Z_i 的平方和为最小的线，即 $\int_0^{lr} Z_i^2 \mathrm{d}x$ 为最小，如图 4-21 所示。

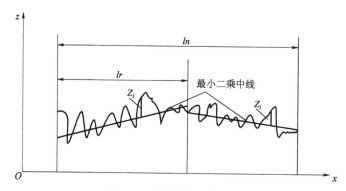

图 4-21 轮廓最小二乘中线

2. 轮廓算术平均中线

轮廓算术平均中线是指在取样长度内，将轮廓划分为上、下两部分，且使上、下两部分面积相等的线，即 $F_1+F_2+\cdots+F_n=S_1+S_2+\cdots+S_m$，如图 4-22 所示。

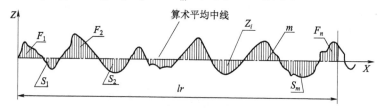

图 4-22 轮廓算术平均中线

在轮廓图形上确定轮廓最小二乘中线的位置比较困难，多采用轮廓算术平均中线，通常用目测法确定轮廓算术平均中线。

二、表面粗糙度轮廓标准符号及其含义

为了满足零件表面不同的功能要求，国标 GB/T 3505—2009 从表面粗糙度特征的幅度、间距和形状等方面，规定了相应的表面粗糙度轮廓标准符号。

（一）评定轮廓的算术平均偏差 *Ra*

评定轮廓的算术平均偏差是指在一个取样长度内纵坐标值 $Z(x)$ 绝对值的算术平均值，如图 4-23 所示，用 *Ra* 表示，即

$$Ra = \frac{1}{lr} \int_0^{lr} |Z(x)| \mathrm{d}x \qquad (4-1)$$

或近似为

$$Ra = \frac{1}{n} \sum_{i=1}^{n} |Z_i| \qquad (4-2)$$

所谓纵坐标值 $Z(x)$，是指被评定轮廓在任一位置距 X 轴的高度。若纵坐标位于 X 轴下方，

则该高度被视为负值；反之则视为正值。

测得的 Ra 值越大，表面越粗糙。Ra 能客观地反映表面微观几何形状误差，但因受到计量器具功能的限制，故不宜作为过于粗糙或光滑表面的评定参数。

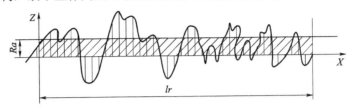

图 4-23 评定轮廓的算术平均偏差

（二）轮廓的最大高度 Rz

轮廓的最大高度是指在一个取样长度内，最大轮廓峰高 Zp 和最大轮廓谷深 Zv 之和的高度，如图 4-24 所示，用 Rz 表示，即

$$Rz = Zp + Zv \qquad (4-3)$$

式中，Zp 和 Zv 都取绝对值。

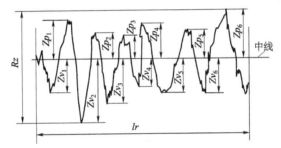

图 4-24 轮廓的最大高度

轮廓峰是指连接（轮廓和 X 轴）两相邻交点向外（从材料到周围介质）的轮廓部分；轮廓谷是指连接两相邻交点向内（从周围介质到材料）的轮廓部分。

注意：在 GB/T 3505—2009 中，符号 Rz 曾用于表示"不平度的十点高度"。

（三）轮廓单元的平均宽度 RSm

轮廓单元的平均宽度是指在一个取样长度内轮廓单元宽度 Xs 的平均值，如图 4-25 所示，用 RSm 表示，即

$$RSm = \frac{1}{m} \sum_{i=1}^{m} Xs_i \qquad (4-4)$$

所谓轮廓单元，是指某个轮廓峰与相邻轮廓谷的组合。所谓轮廓单元宽度，是指 X 轴与轮廓单元相交线段的长度。

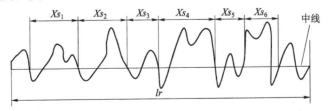

图 4-25 轮廓单元的平均宽度

（四）轮廓支承长度率 *Rmr(c)*

在给定水平截面高度 *c* 上轮廓的实体材料长度 *Ml(c)* 与评定长度 *ln* 的比率，如图 4-26 所示，用 *Rmr(c)* 表示。即

$$Rmr(c) = \frac{Ml(c)}{ln} \qquad (4-5)$$

Rmr(c) 与表面轮廓形状有关，是反映表面耐磨性能的指标，如图 4-26 所示，在给定水平位置时，图 4-26（b）的表面比图 4-26（a）的实体材料长度大，所以图 4-26（b）所示的表面耐磨。

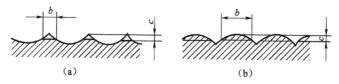

图 4-26　表面粗糙度的不同形状

（五）表面粗糙度的符号、代号及其注法

图样上所标注的表面粗糙度的符号、代号是该表面完工后的要求。

1. 表面粗糙度的符号

表 4-6 列出了图样上标示的零件表面粗糙度符号及其说明。若仅需要加工（采用去除材料的方法或不去除材料的方法），但对表面粗糙度的其他规定没有要求时，允许只标注表面粗糙度符号。

表 4-6　表面粗糙度的符号（摘自 GB/T 131—2006）

符　　号	说　　明
（基本图形符号）	基本图形符号，表示未指定工艺方法的表面（表面可用任何方法获得）。当不加注表面粗糙度参数值或有关说明（如表面处理、局部热处理状况等）时，仅适用于简化代号标注
（扩展图形符号）	扩展图形符号，表示用去除材料的方法获得的表面。例如，车、铣、钻、磨、剪切、抛光、腐蚀、电火花加工和气割等
（扩展图形符号）	扩展图形符号，表示用不去除材料的方法获得的表面。例如，铸、锻、冲压变形、热轧、冷轧和粉末冶金等。或者是用于保持原供应状况的表面（包括保持上道工序的状况）
（完整图形符号）	完整图形符号。在上述三个符号的长边上均可加一条横线，用于标注有关参数和说明
（相同要求图形符号）	相同要求图形符号。在完整图形符号上，均可加一个小圆，表示图样某个视图上构成封闭轮廓的各表面具有相同的表面粗糙度要求

2. 表面粗糙度的代号及其注法

表面粗糙度的评定参数值及对零件表面的其他要求在表面粗糙度符号中的标注位置如图 4-27 所示，它们和表面粗糙度符号共同构成了表面粗糙度代号。

1）基本参数的标注

表面粗糙度幅度参数是基本参数。图 4-27 中 a 处的幅度参数值为其上限值或最大值（表示上限值时，在参数代号前加 U 或不加；表示最大值时，在参数代号后加 max）；b 处的幅度参数值为其下限值或最小值（表示下限值时，在参数代号前加 L；表示最小值时，在参数代号后加 min）。

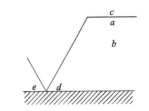

图 4-27　表面粗糙度代号注法
（GB/T 131—2006）

a, b—表面粗糙度参数代号及其数值；c—加工方法；
d—加工纹理和方向；e—加工余量

当允许在表面粗糙度参数的所有实测值中超过规定值的个数少于总数的 16% 时，应在图样上标注表面粗糙度参数的上限值或下限值。

当要求在表面粗糙度参数的所有实测值中不得超过规定值时，应在图样上标注表面粗糙度参数的最大值或最小值。

2）附加参数的标注

表面粗糙度的间距参数和形状参数为附加参数。当需要标注 RSm 值或 $Rmr(c)$ 值时，数值应写在相应代号的后面。图 4-28（a）所示为 RSm 上限值的标注示例；图 4-28（b）所示为 $Rmr(c)$ 的标注示例，表示水平截距 c 在 Rz 的 50% 位置上，$Rmr(c)$ 为 70%，此时 $Rmr(c)$ 为下限值；图 4-28（c）所示为 RSm 最大值的标注示例；图 4-28（d）所示为 $Rmr(c)$ 最小值的标注示例。

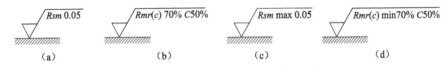

| (a) | (b) | (c) | (d) |

图 4-28　表面粗糙度附加参数的标注

（3）表面粗糙度标注示例（见表 4-7）。

表 4-7　表面粗糙度参数标注示例（GB/T 131—2006）

符号	含义/解释
$\sqrt{}$ $Rz\ 0.4$	表示不允许去除材料，单向上限值，默认传输带，表面粗糙度的最大高度为 0.4 μm，评定长度为 5 个取样长度（默认），"16% 规则"（默认）
$\sqrt{}$ $Rz\ max\ 0.2$	表示去除材料，单向上限值，默认传输带，表面粗糙度的最大高度为 0.2 μm，评定长度为 5 个取样长度（默认），"最大规则"
$\sqrt{}$ $0.008-0.8/Ra\ 3.2$	表示去除材料，单向上限值，传输带为 0.008~0.8 mm，算术平均偏差为 3.2 μm，评定长度为 5 个取样长度（默认），"16% 规则"（默认）
$\sqrt{}$ $-0.8/Ra\ 3\ 3.2$	表示去除材料，单向上限值，传输带：根据 GB/T 6062—2009，取样长度为 0.8 mm（λ_s 默认 0.002 5 mm），算术平均偏差为 3.2 μm，评定长度包含 3 个取样长度，"16% 规则"（默认）
$\sqrt{}$ U $Ra_{max}\ 3.2$ L $Ra\ 0.8$	表示不允许去除材料，双向极限值，两极限值均使用默认传输带，上限值：算术平均偏差为 3.2 μm，评定长度为 5 个取样长度（默认），"最大规则"。下限值：算术平均偏差为 0.8 μm，评定长度为 5 个取样长度（默认），"16% 规则"（默认）

续表

符号	含义/解释
$\sqrt{}$ 0.002 5–0.1//Rx 0.2	表示任意加工方法，单向上限值，传输带 λ_s=0.002 5 mm，A=0.1 mm，评定长度为 3.2 mm（默认），表面粗糙度图形参数，表面粗糙度图形最大深度为 0.2 μm，"16% 规则"（默认）
$\sqrt{}$ /10/R 10	表示不允许去除材料，单向上限值，传输带 λ_s=0.008 mm（默认），A=0.5 mm（默认），评定长度为 10 mm，表面粗糙度图形参数，表面粗糙度图形平均深度为 10 μm，"16%规则"（默认）
$\sqrt{}$ –0.3/6/AR 0.09	表示任意加工方法，单向上限值，传输带 λ_s=0.008 mm（默认），A=0.3 mm（默认），评定长度为 6 mm，表面粗糙度图形参数，表面粗糙度图形平均间距为 0.09 mm，"16% 规则"（默认）
注：这里给出的表面粗糙度参数、传输带/取样长度和参数值以及所选择的符号仅作为示例。	

3. 表面粗糙度符号、代号的标注位置与方向

1）概述

总的原则是根据 GB/T 4458.4—2003 的规定，使表面粗糙度的注写和读取方向与尺寸的注写和读取方向一致，如图 4-29 所示。

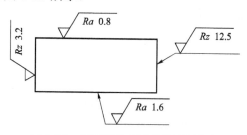

图 4-29　表面粗糙度要求的注写方向

2）标注在轮廓线上或指引线上

表面粗糙度要求可标注在轮廓线上，其符号应从材料外指向并接触表面。必要时，表面粗糙度符号也可用带箭头或黑点的指引线引出标注，如图 4-30 所示。

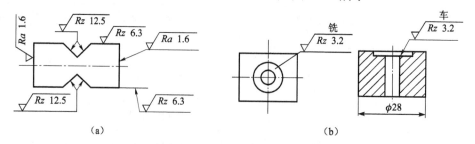

（a）　　　　　　　　　　　　（b）

图 4-30　表面粗糙度标注在轮廓线上或指引线上示例

3）标注在特征尺寸的尺寸线上

在不致引起误解时，表面粗糙度要求可以标注在给定的尺寸线上，如图 4-31 所示。

4）标注在形位公差的框格上

表面粗糙度要求可标注在形位公差框格的上方，如图 4-32 所示。

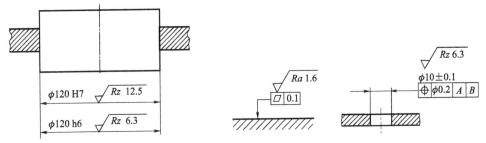

图 4-31　表面粗糙度要求标注在尺寸线上　　图 4-32　表面粗糙度要求标注在形位公差框格的上方

5）在延长线或用带箭头的指引线引出标注

表面粗糙度要求可以直接标注在延长线上，或用带箭头的指引线引出标注，如图 4-30（b）和图 4-33 所示。

6）标注在圆柱和棱柱表面上

圆柱和棱柱表面的表面粗糙度要求只标注一次，如图 4-33 所示。如果每个棱柱表面有不同的表面粗糙度要求，则应分别单独标注，如图 4-34 所示。

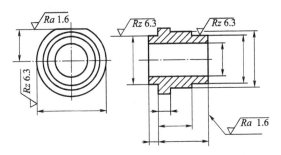

图 4-33　表面粗糙度要求标注在圆柱特征的延长线上　　图 4-34　圆柱和棱柱的表面粗糙度要求的注法

4. 表面粗糙度要求的简化注法

1）有相同表面粗糙度要求的简化注法

如果在工件的多数（包括全部）表面有相同的表面粗糙度要求，则其表面粗糙度要求可统一标注在图样的标题栏附近，不同的表面粗糙度要求应直接标注在图形中，如图 4-35 所示。

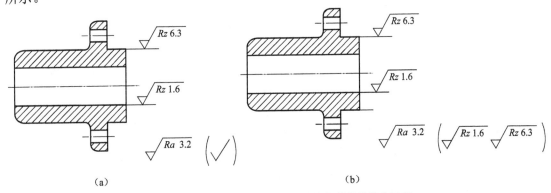

（a）　　　　　　　　　　（b）

图 4-35　多数表面有相同表面粗糙度要求的简化注法

（a）在圆括号内给出无任何其他标注的基本符号；（b）在圆括号内给出不同的表面粗糙度要求

2）多个表面有共同要求的注法

（1）概述。

当多个表面具有相同的表面粗糙度要求或图纸空间有限时，可以采用简化注法。

（2）用带字母的完整符号的简化注法。

可用带字母的完整符号，以等式的形式在图形或标题栏附近，对有相同表面粗糙度要求的表面进行简化标注，如图 4-36 所示。

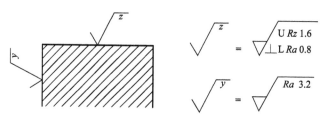

图 4-36　在图纸空间有限时的简化注法

（3）只用表面粗糙度符号的简化注法。

可用基本图形符号、扩展图形符号，以等式的形式给出对多个表面共同的表面粗糙度要求，如图 4-37 所示。

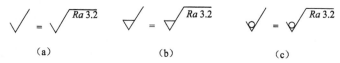

图 4-37　多个表面粗糙度要求的简化注法

（a）未指定工艺方法；（b）要求去除材料；（c）不允许去除材料

复习思考题

1. 公称尺寸、极限尺寸和实际尺寸有何区别和联系？

2. 尺寸公差、极限偏差和实际偏差有何区别和联系？

3. 配合分为几类？各种配合中孔、轴公差带的相对位置分别有什么特点？配合公差等于相互配合的孔、轴公差带之和说明了什么？

4. 什么是标准公差？什么是基本偏差？它们的公差带有何关系？

5. 利用有关表格查表确定下列公差带的极限偏差。

（1）$\phi50d8$　　（2）$\phi90r7$　　（3）$\phi40n6$　　（4）$\phi40R7$　　（5）$\phi50D9$　　（6）$\phi30M7$

6. 几何公差特征项目与符号有几项？它们的名称和符号是什么？

7. 什么是理想要素、实际要素、组成要素和导出要素？

8. 什么是被测要素、基准要素、单一要素和关联要素？

9. 几何公差框格指引线的箭头如何指向被测轮廓要素？如何指向被测中心要素？

10. 试将下列各项几何公差要求标注在习题图 4-1 上。

（1）圆锥面 A 的圆度公差为 0.006 mm；

（2）圆锥面 A 的素线直线度公差为 0.005 mm；

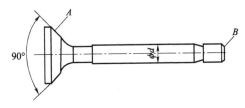

习题图 4-1

（3）圆锥面 A 的轴线对 ϕd 圆柱面轴线的同轴度公差为 0.01 mm；

（4）ϕd 圆柱面的圆柱度公差为 0.015 mm；

（5）右端面 B 对 ϕd 圆柱面轴线的端面圆跳动公差为 0.012 mm。

11. 试将下列各项几何公差要求标注在习题图 4-2 上。

（1）两个 ϕd 孔的轴线分别对它们的公共基准轴线的同轴度公差均为 0.02 mm；

（2）ϕD 孔的轴线对两个 ϕd 孔的公共基准轴线的垂直度公差为 0.01 mm；

（3）ϕD 孔的轴线对两个 ϕd 孔的公共基准轴线的对称度公差为 0.03 mm。

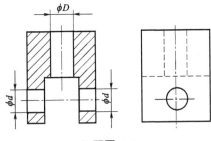

习题图 4-2

12. 表面粗糙度的含义是什么？它与形状误差和表面波纹度有何区别？

13. 为什么要规定取样长度和评定长度？二者之间的关系如何？

14. 表面粗糙度国家标准中规定了哪些评定参数？

第五章　金属材料成形工艺

金属材料成形在机械制造中占有重要的地位，根据生产制造实际和工艺特点的不同，金属材料成形工艺主要分为铸造、锻压和焊接三大类。

第一节　铸　造

一、铸造的特点及应用

铸造是熔炼金属、制造铸型，并将熔融金属浇入铸型，凝固后获得一定形状与性能的毛坯或零件的成形方法。铸造所获得的毛坯或零件称为铸件。

铸造是生产毛坯的主要方法之一，在机械制造中占有重要的地位。例如，按重量估算，铸件在一般机械设备中占 40%～90%，在金属切削机床中占 70%～80%。

铸造之所以得到广泛的应用，是因为它具有如下优点：

（1）成形能力强。铸造可生产形状复杂、特别是具有复杂内腔的毛坯或零件，如气缸体、气缸盖、箱体、机架和床身等。对于硬度过高、切削加工困难的材料，采用精密铸造进行生产是一条较为理想的途径。

（2）适应性广。工业中常用的金属材料，如碳素钢、合金钢、铸铁、青铜、黄铜、铝合金等，都可用于铸造，其中应用极广的铸铁只能用铸造方法来制造毛坯。铸件轻可仅为几克，重至数百吨，壁厚可薄至 0.3 mm，厚至 1 000 mm 左右。铸造的批量不限，从单件、成批、直至大量生产。

（3）成本低。铸造所用的原材料来源广泛、价格低廉，并可直接利用报废的机件、废钢和切屑等。一般情况下，铸造设备需要的投资较小。同时，采用精密铸造的方法，可实现少、无切削加工，从而节省材料和工时，降低制造成本。

但是，铸件（尤其是砂型铸造）的晶粒粗大，组织疏松，且易出现缩孔、气孔和夹渣等缺陷，因而铸件的力学性能比同种材料的锻压件要差；铸造生产工序较多，工艺过程较难控制，致使铸件的废品率较高；铸造的工作条件较差，工人劳动强度较大。

近年来，随着科学技术的不断发展，铸造技术也获得了很大进步。铸件性能和质量正在进一步提高，劳动条件正在逐步改善，现代铸造生产正朝着专业化、集约化和智能化的方向发展。

二、铸造工艺方法

根据铸型的种类不同，铸造工艺方法分为砂型铸造和特种铸造两类。

（一）砂型铸造

砂型铸造是利用具有一定性能的原砂作为主要造型材料制备铸型并在重力作用下浇注的铸造方法。其适应性很强，几乎不受铸件材质、尺寸、重量及生产批量的限制，是目前最基本、应用最广泛的铸造方法。砂型铸造基本工艺过程如图 5-1 所示，主要工序包括制造模样和芯盒、制备型砂和芯砂、造型、造芯、合型、浇注、落砂、清理和检验等。

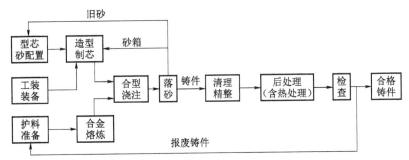

图 5-1　砂型铸造基本工艺过程示意图

套筒铸件的砂型铸造工艺流程如图 5-2 所示。

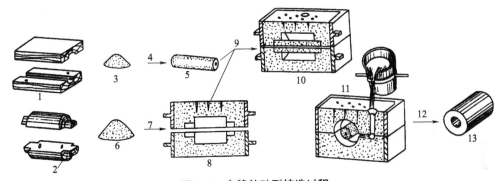

图 5-2　套筒的砂型铸造过程

1—芯盒；2—模样；3、5—芯砂；4、7—造型；6—型砂；8—砂型；
9—合型；10—铸型；11—浇注；12—落砂、清理；13—铸件

1. 造型方法

砂型铸造的生产过程是周期性的，当一批铸件从砂型中取出后，要清理造型场地，处理型砂，接着开始下一批的造型。造型是砂型铸造的主要工艺过程之一，造型方法的选择是否合理，对铸件质量和成本以及铸造工艺的制定有着重要的影响。根据紧实型砂和起模方法的不同，造型方法可分为手工造型和机器造型两种。

1）手工造型

手工造型是指紧砂和起模等主要工序全部用手工或借助手动工具来完成的造型方法。它操作灵活、工艺装备简单、生产准备周期短、适应性强，适用于各种大小、形状不同的铸件。但手工造型生产效率低，劳动强度大，对工人的技术水平要求高，而且铸件质量差，适合单件、小批量生产。手工造型的方法很多，根据铸件结构、技术要求、生产批量及生产条件等的不同，所采用的造型方法也不同。常用的造型方法有：整模造型、分模造型、挖砂造型、活块造型、刮板造型和假箱造型等。

2）机器造型

机器造型是将紧砂和起模等主要工序实现机械化的造型方法。它生产率高，劳动条件好，砂型紧实度高而均匀，铸件质量高，但设备和工艺装备费用高，生产准备时间长，适于大批量生产。机器造型的主要方法有振压造型、微振压实造型、射砂造型和抛砂造型等。

2. 浇注系统

引导液态金属流入铸型型腔的通道称为浇注系统。典型（标准）的浇注系统是由外浇道、直浇道、横浇道和内浇道四部分组成的，如图5-3所示。它的作用是：保证液态金属平稳、迅速地流入铸型型腔；防止熔渣、砂粒等杂物进入型腔；调节铸件各部分温度，补充铸件在冷凝收缩时所需的液态金属。正确地设置浇注系统，对保证铸件质量、降低金属消耗有重要的意义。浇注系统设置不合理，易产生冲砂、砂眼、渣眼、浇不到、气孔和缩孔等缺陷。

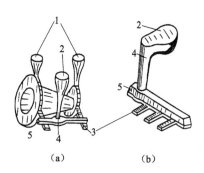

图5-3 浇注系统和冒口

（a）带有浇注系统和冒口的铸件；（b）典型的浇注系统
1—冒口；2—外浇道；3—内浇道；4—直浇道；5—横浇道

有些铸件还要设置冒口，如图5-3所示。它是用于补充铸件中液态金属凝固时收缩所需的金属液，另外，还兼有排除型腔中气体和集渣的作用。

（二）特种铸造

砂型铸造因其适应性强、成本低，在生产中得到了广泛的应用，但也存在着铸件尺寸精度低、表面粗糙和铸造缺陷多等缺点。为弥补砂型铸造的不足，生产中也广泛地应用了特种铸造方法。除砂型铸造之外的所有其他铸造方法统称特种铸造，常用的有金属型铸造、熔模铸造、压力铸造和离心铸造等。这些特种铸造方法在提高铸件精度和表面质量、改善铸件机械性能、提高生产效率、改善劳动条件以及降低铸件生产成本等方面各有特点。

1. 金属型铸造

金属型铸造是将液态合金浇入金属材料制成的铸型中而获得铸件的方法。图5-4所示为铸造铝活塞的金属铸型典型结构图，浇注后，先取出件4，再取出件3和件5。由于金属铸型一般可浇注几百次到几万次，故亦称为"永久型"。与砂型相比，金属铸型没有透气性和退让性，散热快，对铸件有激冷作用。为此需在金属铸型上开设排气槽，浇注前应将金属铸型预热、喷刷涂料保护等，以防止铸件产生气孔、裂纹、白口和浇注不到等缺陷。

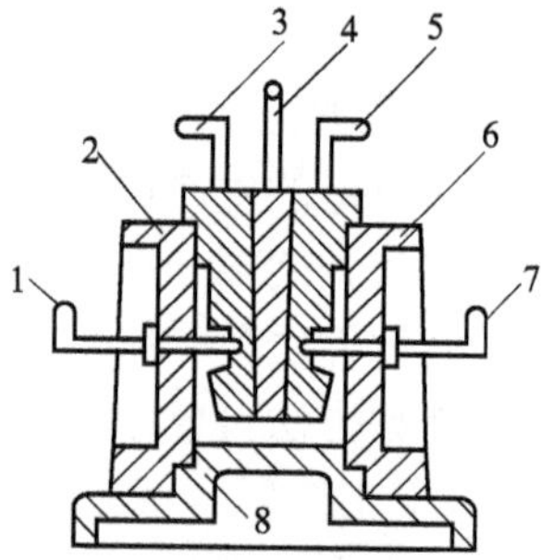

图5-4 铸造铝活塞简图

1，7—销孔金属型芯；2，6—左右半型；
3，4，5—分块金属型芯；8—底型

与砂型铸造相比，金属型铸造实现了"一型多铸"，生产率高、成本低，便于实现生产的机械化和自动化；铸造精度较高，表面质量较好；金属铸型传热快，铸件冷速快，晶粒细，经济性能高。但金属铸型制造成本高、周期长，不适合单件、小批量生产；铸件形状和尺寸受到一定限制；易产生白口。

金属型铸造在有色合金铸件的大批量生产中的应用较广泛，如铝活塞、气缸体、缸盖、油泵壳体、轴瓦和衬套等，有时也可浇注小型铸铁件和铸钢件。

2. 熔模铸造

熔模铸造是指用易熔材料（如蜡料）制成模样，在模样上包覆若干层耐火涂料，然后制成型壳，熔去模样后经高温焙烧即可浇注。由于模样广泛采用蜡质材料制造，铸型无分型面，铸件精度高，所以又称为"失蜡铸造"。

熔模铸造的工艺过程如图 5-5 所示。

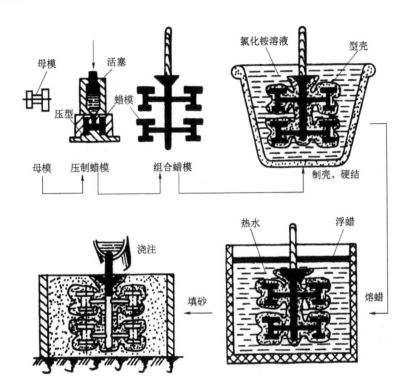

图 5-5 熔模铸造工艺流程

熔模铸造有以下特点：

（1）可生产形状复杂的薄壁铸件（可铸出直径达 0.5 mm 的小孔、厚度达 0.3 mm 的薄壁）。铸型是在预热后进行浇注，合金充型能力强。形状复杂的整体蜡模可由若干形状简单的蜡模组成。

（2）铸型精密而无分型面，型腔表面光洁，故铸件的尺寸精度高、表面质量好；机加工余量小，可实现少、无切削加工。

（3）适应性好。一方面，适合各类合金的生产，尤其适合生产高熔点合金及难以切削加工的合金铸件，如耐热合金、不锈钢等，其型壳采用高级耐火材料制成；另一方面，对批量没有限制。

（4）工艺过程较复杂，生产周期长，铸型的制造费用高，铸件不宜太大，一般为几十克到几千克重，最大不超过 45 kg。

熔模铸造主要用于形状复杂、精度要求较高或难以切削加工的小型零件、高熔点合金及有特殊要求的精密铸件的成批、大量生产，目前在航空、船舶、汽车、机床、仪表、刀具和兵器等行业都已得到广泛的应用，如汽轮机叶片、切削刀具等。

3. 压力铸造

压力铸造（简称压铸）是在高压下（5～150 MPa），高速地（定型时间为 0.01～0.2 s）将熔融的金属压入金属铸型中，并使其在压力下结晶从而获得铸件的铸造方法。

压力铸造的工艺过程如图 5-6 所示。首先将金属液注入压室，用活塞将合金液压入闭合的铸型中，使金属在压力下凝固，然后退回活塞，分开压型，推杆顶出压铸件。压力铸造使用设备为压铸机，使用铸型为压型。

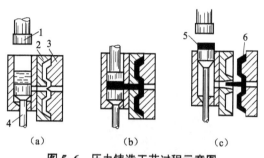

图 5-6 压力铸造工艺过程示意图
(a) 浇注；(b) 压射；(c) 开型
1—压铸活塞；2，3—压型；4—下活塞；5—余料；6—铸件

压力铸造有如下特点：

（1）铸件的精度和表面质量较高，可铸出形状复杂的薄壁件和镶嵌件，并可直接铸出小孔、螺纹等。

（2）机械性能较高。由于压力铸造是在压力下结晶，故晶粒细密，其抗拉强度可比砂型铸造提高 25%～40%。

（3）生产效率高。压铸机每小时可压铸几百个零件，易实现自动化。

（4）设备投资大，制造铸型费用高。

压力铸造主要用于低熔点有色金属（如铝合金、镁合金等）薄壁小铸件的大批量生产，在汽车、拖拉机、仪器、仪表、医疗器械和兵器等领域得到了广泛的应用，如气缸体、化油器和喇叭外壳等零件的生产。

4. 离心铸造

离心铸造是将液态金属浇入高速旋转（250～1 500 r/min）的铸型，使金属液在离心力的作用下凝固而获得铸件的铸造方法。如图 5-7 所示，铸型绕垂直轴旋转的铸造称为立式离心铸造，适合浇注各种盘、环类铸件［见图 5-7（a）］；铸型绕水平轴旋转的称为卧式离心铸造，适合浇注长径比较大的各种管件［见图 5-7（b）］。

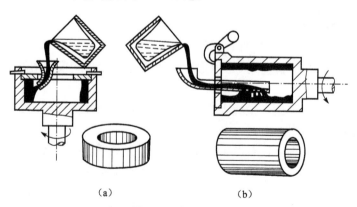

图 5-7 离心铸造
(a) 绕垂直轴旋转；(b) 绕水平轴旋转

离心铸造具有以下特点：

（1）金属液在离心力作用下冷凝结晶，组织紧密，因此铸件质量好，力学性能高。

（2）铸造套、管等中空铸件，可自然形成，不用型芯和浇注系统，简化了工艺，降低了铸造成本。

（3）便于铸造"双金属"铸件，节省贵重金属。例如，在钢套内镶黄铜或者青铜轴套，可节约铜合金，降低成本。

离心铸造广泛用于铸造各种管件（如水管、气管和油管等）、气缸套和双金属铸件等，也可铸造复杂的刀具、齿轮、蜗轮和叶片等成形零件。

（三）常见铸造方法的比较

各种铸造方法均有其本身的特点及适用范围，在选择铸造方法时，必须依据铸件的形状、大小、质量要求、生产批量、合金的种类及现有的设备条件等具体情况进行全面分析比较，合理选择。表 5-1 列出了几种常用铸造方法的综合比较。

表 5-1　常用铸造方法比较

比较项目＼铸造方法	砂型铸造	金属型铸造	熔模铸造	压力铸造	离心铸造
适用合金	各种铸造合金	以非铁合金为主	以碳钢、合金钢为主	非铁合金	铸钢、铸铁和铜合金
适用铸件大小	不受限制	中、小铸件	几十克到几千克的复杂铸件	几十克到几十千克的中小件	零点几千克至十几吨的铸件
铸件最小壁厚/mm	铸铁>3~4	铸铝>3，铸铁>5	0.5~0.7，孔 $\phi 0.5$~$\phi 2.0$	铝合金 0.5，锌合金 0.3，铜合金 2	优于同类铸型的常压铸件
铸件加工余量	最大	较大	较小	最小	内孔大
表面粗糙度 Ra/μm	50~12.5	12.5~6.3	12.5~1.6	3.2~0.8	取决于铸型材料
铸件尺寸公差	CT11~CT7	CT9~CT6	CT7~CT4	CT8~CT4	CT8~CT4
金属收得率/%	30~50	40~50	60	60	85~95
毛坯利用率/%	70	70	90	95	70~90
投产最小批量/件	单件	700~1 000	1 000	1 000	100~1 000
生产率（一般机械化程度）	低中	中高	低中	最高	中高
设备费用	较高（机械造型）	较低	较高	较高	中等
应用举例	床身、箱体、支座、曲轴、缸体和缸盖等	铝活塞、水暖器材、水轮机叶片和一般非铁合金铸件等	刀具、叶片、机床零件、汽车及拖拉机零件等	汽车化油器、缸体、仪表、照相机壳体和支架等	各种铸管、套筒、环、叶轮和滑动轴承等

三、合金的铸造性能

（一）铸造性能

铸造性能是合金在铸造生产中所表现出来的工艺性能，它对能否获得合格的铸件有很大影响。铸造性能是一个复杂的综合性能，通常用充型能力和收缩性来衡量。

1. 充型能力

液态合金充满铸型型腔，获得形状完整、轮廓清晰、尺寸准确的铸件的能力称为液态合金的充型能力。在液态合金的充型过程中，若充型能力不够，型腔就不容易充满，铸件形状就会不完整、轮廓就会不清晰、尺寸就会不准确，铸件将产生浇不足或冷隔等缺陷。

影响液态合金充型能力的主要因素有两个：一是合金的流动性；二是外界条件。

1）合金的流动性

合金的流动性是指液态合金本身的流动能力。合金的流动性是合金主要的铸造性能之一，也是影响合金充型能力的内在因素，它主要与合金本身的性质有关。合金的流动性对铸件的质量有很重要的影响。流动性好的合金，充型能力强，易于获得形状完整、轮廓清晰、尺寸准确、薄而复杂的铸件；反之，则铸件容易产生浇不足或冷隔等缺陷。同时，流动性好，有利于金属液中的气体和非金属夹杂物的上浮与排除，还有利于对合金凝固过程中的收缩进行补缩，以免产生气孔、夹渣以及缩孔、缩松等缺陷。

影响合金流动性的因素很多，不同种类合金的流动性差别较大，在常用的铸造合金中，灰铸铁、硅黄铜的流动性最好，铝硅合金次之，铸钢的流动性最差。但对同类合金而言，化学成分的影响最为显著。纯金属和共晶成分合金的流动性最好，非共晶成分的合金流动性较差。同类合金的结晶温度区间越大，结晶时固液两相共存区越宽，则对内部液体的流动阻力越大，合金的流动性也就越差。因此，从流动性考虑，宜选用共晶成分或结晶温度区间窄的合金作为铸造合金。

除此之外，合金液的黏度、结晶潜热、导热系数等物理性能对合金的流动性也有一定的影响。

2）外界条件

影响充型能力的外界因素主要包括铸型条件、浇注条件和铸件结构。

（1）铸型条件。

铸型材料的导热速度越大，对液态合金的激冷能力越强，合金液的流动时间会缩短，合金的充型能力就越差，如液态合金在金属型中的充型能力比在砂型中差。金属型铸造、压力铸造和熔模铸造时，铸型被预热到较高的温度，通过降低对金属液的激冷作用减缓了金属液的冷却速度，故使充型能力得到提高。

砂型铸造时，若型砂中水分过多、排气不好，浇注时会产生大量气体，增加充型阻力，使合金的充型能力变差。

（2）浇注条件。

浇注温度对合金的充型能力有决定性影响。浇注温度较高，显然能延长合金液到凝固完成之间的时间，合金在铸型中保持流动的时间长，并会降低合金的黏度，有利于夹杂物的上浮和排除，充型能力强；反之，充型能力差。因此，适当提高浇注温度是提高充型能力的有效措施。但浇注温度过高，又会增加合金液的氧化、吸气和收缩，铸件容易产生粘砂、气孔、缩孔、缩松和粗晶等缺陷，因此在保证充型能力足够的前提下，应尽量降低浇注温度。例如，铸钢的浇注温度为 1 520 ℃～1 620 ℃，铸铁的浇注温度为 1 230 ℃～1 450 ℃，铝合金的浇注温度为 680 ℃～780 ℃，薄壁复杂件取上限，厚大铸件取下限。浇注压力和浇注速度对合金的充型能力也有影响，提高合金液的充型压力和浇注速度可提高充型能力，如增加直浇口的高度、人工加压（如压力铸造、低压铸造及离心铸造等）等。此外，浇注系统结构应尽量简化，以降低流动阻力，提高充型能力。

（3）铸件结构。

铸件结构复杂、壁厚过小、壁厚急剧变化以及有大的水平面等结构时，都将使合金液的流动变得困难，降低充型能力。

综上所述，合金的充型能力与合金的流动性及外界条件有关，为提高合金的充型能力，应尽量选择共晶成分或结晶温度区间小、流动性好的合金，同时应尽量优化外部工艺条件。在许多情况下，合金是确定的，需从其他方面采取措施提高合金的充型能力。因此，可以认为充型能力是考虑铸型及其他工艺因素影响的液态合金的流动性。

2. 收缩性

浇入铸型中的液态合金在凝固的过程中，体积会缩小，如果这种缩小不能得到及时补足，将会使铸件产生缩孔或缩松缺陷。

铸造合金从液态冷却到室温的过程中，其体积和尺寸缩减的现象称为收缩。铸件的收缩过程可以分为三个阶段：液态收缩、凝固收缩和固态收缩，如图5-8所示。

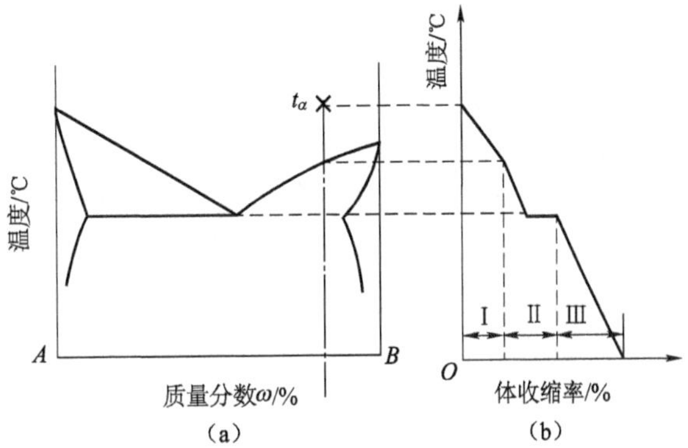

1）影响收缩的因素

（1）化学成分。铸件材料的种类不同，其收缩不同。常用铸造合金中，铸钢的收缩最大，灰铸铁最小。

（2）浇注温度。合金的浇注温度越高，过热度越大，液态收缩量也越大。

（3）铸件结构与铸型条件。铸件冷却收缩时，因其形状、尺寸的不同，各部分的冷却速度不同，导致收缩不一致，且互相阻碍；此外，铸型和型芯也会对铸件收缩产生阻碍，故铸件的实际收缩率总是小于其自由收缩率。

图5-8　铸造合金的收缩阶段
Ⅰ—液态收缩；Ⅱ—凝固收缩；Ⅲ—固态收缩

2）收缩对铸件质量的影响

（1）缩孔与缩松。

铸件在凝固过程中，其液态收缩和凝固收缩所减少的体积如果得不到及时的补充，则会在最后的凝固部位形成一些不规则的孔洞，即缩孔，形成过程如图5-9所示；小而分散的孔洞称为缩松，形成过程如图5-10所示。

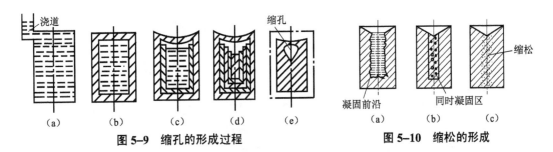

图5-9　缩孔的形成过程　　**图5-10　缩松的形成**

由图5-9可以看出，由于铸型的吸热，靠近型腔表面的金属最先凝固结壳，随着凝固过程的进行，硬壳逐渐加厚，其内部液面逐渐下降，由于硬壳内的液态合金因收缩而得不到补充，故当铸件全部凝固后，在其上部形成了一个倒锥形的孔洞——缩孔。最后由于固态收缩，铸件的外形尺寸有所缩小。缩松主要出现在呈糊状凝固的合金或厚大截面的内部，原因是呈糊状凝固的区域被枝状晶体分割成若干小液体区，难以得到补缩。

缩孔和缩松可使铸件的力学性能、气密性和物理、化学性能大大降低，甚至使铸件成为废品。为此，必须采取适当的措施加以防止。

① 合理选择铸造合金与冒口位置。选择共晶或接近共晶成分的合金，铸件易形成缩孔而不易形成缩松。如果冒口设置合理，可以将缩孔转移到冒口中，从而获得致密零件。

② 采用顺序凝固原则，用冒口补缩。

③ 控制浇注温度与速度。温度越高，收缩越大，速度过快，不利于补缩。因此，在满足充型能力的前提下，降低浇注温度和速度是防止产生缩孔的有效措施之一。

此外，对要求较高的铸件，可以在铸造过程中采用加压、补缩或静压法消除缺陷，也可以用浸渗技术填充铸件的孔隙，达到堵漏的目的。

（2）铸造应力、变形和裂纹。

随着温度的降低，铸件会产生固态收缩，由于冷却、收缩的不均匀，固态收缩阶段所引起的应力称为铸造应力。按应力形成的原因可分为热应力、机械应力和相变应力。

热应力是铸件在冷却过程中不同部位由于不均衡的收缩而引起的应力。由于铸件壁厚不均和不同部位冷速不同，同一时期内铸件各部分的收缩不一致，但铸件各部位又彼此制约，不能自由收缩，因而造成应力。为减小热应力，可使铸件同时凝固。

机械应力是由于铸件收缩受阻而产生的应力，可通过改善型砂和型芯的退让性，或采用提早落砂等措施，减少机械应力。

当铸件中铸造应力较大时会引起铸件不同程度的变形。为防止铸件或加工后的零件变形，除采用正确的铸造工艺外，还应合理设计铸件结构，并在铸造后及时地进行热处理，以充分地消除铸造应力。

当铸造应力过大时，如应力超过合金的强度极限，则易在应力集中部位产生裂纹。裂纹分为热裂纹和冷裂纹两种，热裂纹是在高温下形成的，而冷裂纹则是因铸造应力超过强度极限而引起的。

（二）常用合金的铸件性能及应用

1. 普通灰铸铁

普通灰铸铁是铸造生产中应用最广的一种金属材料，常用来制造承受较小冲击载荷、需要减震耐磨的零件，如机床床身、机架、箱体、支座和外壳等。

普通灰铸铁件内部组织中的石墨呈粗片状，化学成分接近共晶成分，熔点低，凝固温度范围窄，流动性好，收缩小，可浇注各种复杂薄壁铸件及壁厚不太均匀的铸件；不易产生缩孔和裂纹，一般无须冒口和冷铁。故普通灰铸铁在铸件生产中应用最广。

2. 孕育铸铁

孕育铸铁件是指铁液经孕育处理后，获得的亚共晶灰铸铁。孕育铸铁中的石墨片呈细小状且均匀分布，从而改善了其力学性能。由于孕育铸铁中碳硅含量较低，铸造性能比普通灰铸铁差，为防止缩孔、缩松的产生，对某些铸件需设置冒口。与普通铸铁相比，孕育铸铁对壁厚的敏感性小，铸件厚大截面上的性能比较均匀，它适用于制造强度、硬度、耐磨性要求高，尤其是壁厚不均匀的大型铸件，如床身、凸轮、凸轮轴、气缸体和气缸套等。

3. 可锻铸铁

可锻铸铁是白口铸铁通过石墨化或氧化脱碳可锻化处理，改变其金相组织或成分而获得的有较高韧性的铸铁。可锻铸铁件内部石墨组织呈团絮状，碳、硅含量较低，熔点较高，凝固温度范围宽，流动性差，收缩大，铸造性能比灰铸铁差。为避免产生浇不到、冷隔、缩孔、裂纹等铸造缺陷，工艺上需要提高浇注温度，可采用定向凝固、增设冒口、提高造型材料的耐火性和退让性等措施。

可锻铸铁通常分为黑心可锻铸铁和珠光体可锻铸铁两种。黑心可锻铸铁强度适中，塑性、韧性较好，适用于制造承受冲击载荷、要求耐蚀性好或薄壁复杂的零件。珠光体可锻铸铁强度、硬度较高，耐磨性好，用于制造耐磨零件。

4. 球墨铸铁

球墨铸铁件内部组织中的石墨呈球状，是一种应用广泛的高强度铸铁。球墨铸铁的铸造性能介于灰铸铁与铸钢之间，因其化学成分接近共晶点，流动性与灰铸铁相近，故可用于制作 3～4 mm 壁厚的铸件。但由于球化孕育处理使铁液温度下降很多，要求浇注温度高，易使铸件产生冷隔和浇不到等缺陷。此外，由于球墨铸铁的结晶特点是在凝固收缩前有较大的膨胀，使铸件尺寸及内部各结晶体之间间隙增大，故易产生缩孔、缩松等缺陷。因此，在铸造工艺上应采用定向凝固原则，提高铸型的紧实度和透气性，并增设冒口以加强补缩。对重要的球墨铸铁件要采用退火处理以消除应力。

球墨铸铁按基体组织不同分为铁素体球墨铸铁和珠光体球墨铸铁两类。铁素体球墨铸铁塑性、韧性好；珠光体球墨铸铁强度、硬度高，可以用来代替铸钢、锻钢制造一些受力复杂、力学性能要求高的曲轴、连杆、凸轮轴和齿轮等重要零件。

5. 铸钢

铸钢熔点高、浇注温度高、流动性差、易被氧化且收缩大，因此，铸造性能很差，易产生浇不到、缩孔、缩松、裂纹和粘砂等铸造缺陷。为此，在工艺上要用截面尺寸较大的浇注系统，多开内浇道，可采用定向凝固、加冒口和冷铁等方法；应选用耐火性高、退让性好的造型材料，并对铸件进行退火和正火处理，以细化晶粒、消除残余内应力。铸钢虽然铸造性能较差，但其综合力学性能较高，适于制造强度、韧性等要求高的零件，如车轮、机架、高压阀门和轧辊等。

6. 铸造铝合金

铸造铝合金熔点较低，流动性好，可用细砂造型。因而表面尺寸比较精确，表面光洁，并可浇注薄壁复杂铸件，但铝合金易氧化和吸气，使机械性能降低。在熔炼时通常在合金液表面用溶剂（如 KCl、$NaCl$、CaF_2 等）形成覆盖层，使合金液与炉气隔离，以减少铝液的氧化和吸气；并在熔炼后期加入精炼剂（通常为氯气或氯化物）去气精炼，使铝合金液净化。此外，还常采用底注式浇注系统，使合金液迅速平稳地充满铸型。对铸造性能较差的铝合金，还应选用退让性好的型砂和型芯，采用提高浇注温度和速度、增设冒口等措施，以防铸件产生缺陷。

7. 铸造铜合金

铸造铜合金通常分为铸造黄铜和铸造青铜。大多数铜合金结晶温度范围窄、熔点低、流动性好、缩松倾向小，因而可采用细砂造型，生产出表面光滑和复杂形状的薄壁铸件。但铜合金收缩大，易氧化和吸气，因此在工艺上要放置冒口和冷铁，使之定向凝固，并用溶剂覆盖铜液表面，同时加入脱氧剂进行脱氧处理。此外，对于具有不同铸造性能的铜合金，还应采取相应的工艺措施。

铜合金具有较高的耐磨性、耐蚀性、导电性和导热性，广泛用于制造轴承、蜗轮、泵体和管道配件等零件。

四、铸件结构工艺性

铸件的结构工艺性是指铸件的结构设计首先要满足其使用性能的要求，其次要满足合金铸造性能和铸造工艺对铸件结构的要求。它是衡量铸件设计质量的一个重要因素。铸件结构工艺性是否合理，对铸件质量、生产率及成本都有很大的影响。合理的铸件结构不仅能保证铸件质量、满足使用要求，而且铸造工艺简单、生产率高、成本低。

（一）铸造工艺对铸件结构的要求

从铸造工艺方面考虑，铸件的结构设计应满足简化制模、造型和制芯、合型、清理等过程，降低操作技术要求，以实现优质、高产、低消耗为原则。以砂型铸造工艺为例，其对铸件结构的要求见表5-2。

表5-2　砂型铸造工艺对铸件结构的要求

设计要求	不良结构	良好结构
铸件的外形应力求简单，尽量减少与简化分型面。这样可简化模具制造和造型工艺，易于保证铸件精度，便于机器造型	另制型芯	自制型芯
铸件的内腔应尽可能不用或少用型芯		
铸件的壁厚应均匀		
铸件内腔结构应有利于型芯的固定、排气和清理		

续表

设计要求	不良结构	良好结构
铸件上凸台、凸缘和肋条的设计要便于造型、起模，尽量避免活块或外壁型芯		
铸件上垂直分型面的不加工面应具有结构斜度		
铸件壁的连接或转角，一般应具有结构圆角		

（二）合金铸造性能对铸件结构的要求

（1）由于铸件的壁厚直接影响着合金的定型能力和凝固，因此，合金的流动性越差、铸件形状越复杂，壁厚取值应越大。但壁厚过大又易产生缩孔和缩松。

（2）加强筋设计要合理。加强筋一般取被加强壁的 0.6～0.8 倍，且布置要合理。例如，收缩大的铸钢件，应错开排列加强筋，如图 5-11 所示。

（3）对流动性差的合金，应避免大平面的设计；合理的铸件结构在其合金收缩大时应使铸件收缩不受阻碍。

（4）铸孔的设计受孔的尺寸、合金的种类和生产批量的影响。在已定铸造方法下每种合金都有其最小的铸孔直径。

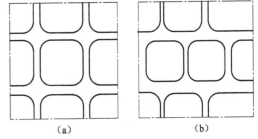

图 5-11　加强筋设计
（a）不合理；（b）合理

此外，对于采用不同铸造方法生产的铸件，除了考虑上述铸件结构的工艺性和对合金性能的要求之外，还应根据各种铸造方法的特点考虑对铸件结构的特殊要求。

五、铸造新工艺及应用

随着科技的飞速发展，新材料、新能源、信息技术、自动化技术和计算机技术等相关学科高新技术成果的应用，促进了铸造技术在许多方面的快速发展。

（一）定向凝固及单晶精铸理论

目前，定向凝固工艺已发展到一个新的高度，成为高温合金涡轮叶片等零件的主要生产手段之一。由于叶片内全部是纵向柱状晶体，晶界与主应力方向平行，故各项性能指标较高。与普通凝固方式相比，其抗拉强度提高 2 倍，断裂韧性提高 4 倍，疲劳强度提高 8 倍。

近年来，涡轮叶片的单晶精铸也有了很大发展，整个叶片可由一个晶粒组成，没有晶界，各项性能指标更高。

（二）快速凝固技术

快速凝固技术能够显著地细化晶粒，极大地提高固溶度（远超过相图中的固溶度极限），可出现常规凝固条件下不会出现的亚稳定相，还可能凝固成非晶体金属，使得快速凝固合金具有优异的力学和物理、化学性能。另外，在凝固理论的发展中还出现了悬浮铸造、旋转振荡结晶法和扩散凝固铸造等，这些技术均在提高铸件质量等方面做出了贡献。

（三）精密铸造成型技术的发展

近年来，精密成型技术在我国得到迅速发展。在精密成型铸造技术方面，重点发展了熔模精密铸造、陶瓷型精密铸造和消失模铸造等新技术。采用消失模铸造生产的铸件质量好，铸件壁厚公差达到±0.15 mm，表面粗糙度 $Ra=25\ \mu m$。电渣熔铸工艺已用于大型水轮机的导叶生产。一批新型、高效、优质和高精度的铸造技术得到应用，如采用感应电炉双联熔炼技术、炉前微机自动检测控制技术和树脂砂铸造技术等，使铸件质量得到大幅度提高。

（四）铸件凝固过程的数值模拟技术的发展

铸件凝固过程的宏观模拟经过多年的发展，目前已相当成熟，它可以预测与铸件温度场直接相关的铸件的宏观缺陷，如缩孔、缩松、热裂和宏观偏析等，并且可用于铸件的铸造工艺辅助设计。随着铸件凝固过程宏观模拟的日臻成熟，以及许多合金的凝固动力学规律进一步被揭示，铸件凝固过程的微观（晶粒尺度上）模拟越来越受到人们的重视，成为铸造学科中研究的热点之一。另外，质量控制模拟正在向微观组织模拟、性能及使用寿命预测的方向发展。

第二节　锻　　压

一、锻压的特点及应用

锻压是利用外力使坯料（金属）产生塑性变形，获得所需尺寸、形状及性能的毛坯或零件的加工方法。它是金属压力加工（塑性成形）的主要方式，也是机械制造中毛坯生产的主要方法之一。

与铸造相比，锻压具有以下特点：

（1）改善金属内部组织，提高力学性能。通过锻压加工能消除锭料的气孔、缩松等铸造组织缺陷，压合微裂纹、获得致密的结晶组织、均匀材料成分，使金属的力学性能得到改善。

（2）锻压加工生产率高，尺寸精确并节省材料，容易实现自动化。

（3）对材料塑性要求高。锻压所用的金属材料应具有良好的塑性，以便能在外力的作用下产生塑性变形而不破裂。常用的金属材料中，铸铁因塑性差，不能用于锻压；钢和非铁金属中的铜及其合金等塑性好，可用于锻压。

（4）不能直接获得形状很复杂的锻压件。锻压加工是在固态下成形的，对制造形状复杂的零件，特别是具有复杂内腔的零件较困难。

金属材料经锻造后，力学性能得到提高，可用于加工承受载荷大、转速高的重要零件，如机器主轴、曲轴、连杆，重要的齿轮、凸轮、叶轮，以及炮筒、枪管、起重吊钩、容器法兰等。冲压则具有强度高、刚度大和重量轻等优点，广泛用于汽车、电器和仪表等各类薄板结构零件的加工。

二、金属的塑性变形

各种压力加工方法都是以金属的塑性变形为基础的。塑性变形不仅可以使金属获得一定的形状和尺寸，而且还会引起金属内部组织的变化，使金属的性能得到改善和提高。因此，只有牢固掌握塑性变形的实质、规律及其影响因素，才能正确选用压力加工方法，合理设计压力加工零件。

（一）金属塑性变形的实质

金属变形分为弹性变形和塑性变形两种。金属在外力作用下，首先产生弹性变形，当外力超过一定限度后，才产生塑性变形。在金属塑性成形加工中，主要是利用其中的塑性变形进行加工生产，而塑性变形和弹性变形总是相伴而生的，因此弹性变形的恢复现象就对有些压力加工的变形和工件质量影响较大（如弯曲加工），必须采取措施保证产品质量。

单晶体的塑性变形的基本方式有两种，滑移和孪生。其中，滑移是最主要的变形方式，即在切应力的作用下，晶体的一部分相对于另一部分沿着一定的晶面（滑移面）和晶向（滑移方向）产生相对滑动；孪生则是晶体的一部分相对于另一部分沿着一定的晶面（孪生面）和晶向（孪生方向）产生整体的剪切变形。单晶体塑性变形过程如图 5-12 所示。

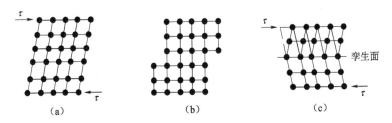

图 5-12　单晶体塑性变形过程示意图
（a）弹性变形；（b）滑移变形；（c）孪生变形

而实际的金属材料多为多晶体，其塑性变形方式除晶粒内部的滑移和孪生（晶内变形）外，还有晶粒之间的滑动和转动（晶间变形）。各种晶内变形和晶间变形的整体效果就表现为整块金属的变形。

除此之外，晶体内部缺陷（如位错、空穴等）的存在也促进了晶体的塑性变形，使得产生塑性变形的实际作用力比理论计算值低几个数量级。

（二）塑性变形对金属组织和性能的影响

塑性变形以后，金属的组织要产生一系列变化：晶粒内产生滑移带和孪晶带，导致晶体沿最大变形方向伸长，形成纤维组织，使性能呈各向异性；拉伸时，晶粒间滑移面的转动和外力方向一致，导致各个晶粒位向渐趋于一致，形成变形结构，性能呈各向异性；晶粒间还会因晶粒的破碎而产生碎晶；变形的不均匀还会引起各种内应力；等等。

金属组织的变化会引起金属性能的改变。金属发生塑性变形后，随着变形程度的加大，产生的硬度增高、塑性降低的现象称为加工硬化（也称冷作硬化）。加工硬化不利于金属的继续成形加工，但有时可用来提高产品的表面硬度和性能，特别适合于那些不能用热处理强化的金属，如纯金属、铝合金、铜合金和铬镍不锈钢等。

加工硬化的金属材料通过加热提高温度可使其得到部分消除或全部消除。当加热温度升高到金属熔点的 0.1～0.3 倍时，晶粒中的原子由于热运动的加剧而得到了正常的排列，消除了晶格扭曲，加工硬化部分消除，这一过程称为"回复"；温度继续升高到熔点的 0.4～0.5 倍时，大量的热能使金属再次结晶出无应力应变的新晶粒，从而完全消除加工硬化现象，这一过程称为"再结晶"。在"再结晶"温度以上的塑性变形称为热变形，在"再结晶"温度以下的变形称为冷变形。由于热变形能以较小的功达到较大的变形，同时能获得具有高力学性能的细晶粒再结晶组织，因而大部分金属压力加工常采用热变形方法。在实际工业生产中，常通过加热产生再结晶的方法使金属再次获得良好塑性，称为再结晶退火。

另外，铸锭坯料经压力加工后在性能上会呈现方向性，这种方向性是金属在塑性变形时形成的纤维组织所致，因为金属中的晶粒和杂质沿着变形方向被拉长。纤维组织是铸锭热变形后的一种新缺陷，它将导致金属在平行纤维方向上的塑性和韧性较好，而在垂直纤维方向上较差。变形程度越大，纤维组织就越明显。

（三）金属的可锻性

金属的可锻性表示金属材料利用压力加工成形的难易程度，是金属材料的工艺性能之一，通常由金属的塑性和变形抗力来综合衡量。塑性好、变形抗力（金属抵抗变形的能力）小，则可锻性好；反之则差。

金属的可锻性取决于金属的本质和变形条件。

1. 金属的本质

金属的本质是指金属的化学成分和组织结构。不同化学成分的金属，其塑性不同，可锻性也不同。一般情况下，纯金属比合金的可锻性好；金属含合金元素越多，合金含量越高，可锻性越差。

金属的内部组织结构不同，导致其可锻性也有差别。单相组织（纯金属及单相不饱和固溶体）比多相组织可锻性好，碳化物的可锻性差；金属的晶粒越小，则其塑性越高，但变形抗力也相应增大；金属的组织越均匀，其塑性也越好。

2. 变形条件

变形条件则是指金属进行变形时的变形温度、变形速度及应力状态（或变形方式）。

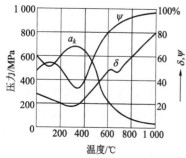

图 5-13　低碳钢的机械性能与温度变化关系图

1）变形温度

提高金属变形时的温度，可改善金属的可锻性，从图 5-13 中可以看出，低碳钢在 300 ℃左右呈脆性状态，随着温度的升高，其塑性升高，即可锻性变好。对于碳素钢来说，加热温度超过铁碳合金图中的 A_3 线，塑性就较好，适于压力加工。

但加热温度过高会产生过热、过烧、脱碳和严重氧化等现象，甚至使锻件报废；而温度过低，金属的加工硬化现象严重，又难以加工，强行锻造也只会破坏锻件。因而必须正确地选择热变形加工的温度范围。该温度范围称为锻造温度，即始锻温度（开始锻造时的温度）和终锻温度（停止锻造时的温度）间的温度范围，锻造温度由合金状态图确定。

2）变形速度

变形速度即单位时间内产生变形的程度。提高变形速度对金属的可锻性有利有弊。一方面，由于变形速度的增大，回复和再结晶还来不及消除（或部分消除）加工硬化，金属塑性下降，变形抗力增大，可锻性差，一般压力加工常属于此类型；但另一方面，当变形速度提高到某一值以上时，一部分塑性变形能量就转化为热能，金属温度升高，其塑性提高，变形抗力下降，可锻性变好，即产生了热效应现象，多在高速锻锤锻造时才会发生。

3）应力状态

采用不同的变形方式，会改变金属的可锻性，这是因为不同的变形方式在变形金属内部产生了不同的应力状态。图5–14所示分别为拔制、镦粗和挤压三种方式下的应力状态。

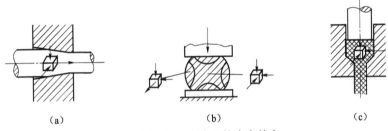

图5–14　不同方式下的应力状态
(a) 拔制；(b) 镦粗；(c) 挤压

拔制时，坯料轴向受拉，其他方向受压，其塑性较低；镦粗时坯料中心部分三向受压，周边部分则两向受压和一向受拉，周边部分塑性较差，易镦裂；挤压时三向受压，无拉应力，塑性最好。由此可见，三向压应力状态使金属具有较高的塑性。但是，压应力在提高金属塑性的同时，也会使变形抗力增大。

在压力加工实际生产中，选择零件的材料时应注意从金属的化学成分和组织结构上来选择可锻性好的金属材料（在满足使用性能条件下），并正确选择变形方式以提高金属可锻性。这对于某些塑性差、变形抗力高的难变形金属（如高合金钢，低塑性有色合金）来说，尤为重要。

三、锻压方法

锻压方法分为锻造和冲压两大类。

（一）锻造

锻造是利用冲击力或压力使金属在上下砧板间或锻模中产生塑性变形而得到所需制件的一种成形加工方法。锻造是金属的重要成形方法之一，它能保证金属零件具有较好的力学性能，以满足使用要求。

锻造有以下特点：

（1）具有较好的力学性能。由于锻造的毛坯内部缺陷（气孔、粗晶、缩松等）得以消除，因而组织更致密，强度提高，但锻造流线会使金属呈现力学性能的各向异性。

（2）节约材料。锻造毛坯是通过体积的再分配（非切削加工）获得的，且力学性能又得以提高,故可减少切削废料和零件的用料。

(3)生产率高。与切削加工相比,生产率高,成本低,适用于大批量生产。

(4)适应范围广。锻造的零件或毛坯的重量、体积范围大。

(5)锻件的结构工艺性要求高,难以锻造复杂的毛坯和零件。

(6)锻件的尺寸精度低,对于要求精度高的零件,还需经过其他工序处理。

常见的基本锻造方法有自由锻造、模型锻造和胎模锻造三种。

1. 自由锻造

自由锻造(简称自由锻)是利用冲击力或压力使在上下面砧块之间的金属材料产生塑性变形得到所需锻件的一种锻造加工方法。自由锻造所用工具简单,通用性强,灵活性大,应用广泛;但自由锻生产率低,尺寸精度不高,表面粗糙度差,对工人的操作水平要求高,自动化程度低。因此,自由锻适用于形状简单零件的单件、小批量生产,也是重型机械中生产大型和特大型锻件的唯一方法,可锻造质量达几百吨的锻件。

1)自由锻设备

自由锻造的主要设备有锻锤和液压机(如水压机)两大类。其中,锻锤有空气锤和蒸汽—空气锤两种,锻锤的吨位用落下部分的质量来表示,一般在 5 t 以下,可锻造 1 500 kg 以下的锻件;液压机以水压机为主,吨位以最大实际压力来表示,为 500~12 000 t,可锻造 1~300 t 锻件。锻锤是靠锻锤打击工作,故振动大、噪声高、安全性差、机械自动化程度差,因此吨位不宜过大,适宜于锻造中、小锻件;水压机以静压力成形方式工作,无振动、噪声小、工作安全可靠、易实现机械化,故以生产大、巨型锻件为主。

2)自由锻工序

自由锻工序可分为基本工序、辅助工序和精整工序三大类。自由锻的基本工序是使金属产生一定程度的塑性变形,以达到所需形状及尺寸的工艺过程,有镦粗、拔长、冲孔、弯曲、切割、扭转、错移及锻接等,其中以镦粗、拔长和冲孔最为常用,见表 5-3。辅助工序是为基本工序操作方便而进行的预先变形工序,如压钳口、压钢锭棱边和切肩等。精整工序是用以减少锻件表面缺陷的工序,如清除锻件表面凹凸不平、校正、滚圆及整形等。精整工序一般在终锻温度以下进行。

表 5-3 自由锻造基本工序及应用

工序名称	变形特点	图例	应用
镦粗	高度减小,截面积增大	完全镦粗　　局部镦粗	用于制造高度小、截面大的工件,如齿轮、圆盘和叶轮等;作为冲孔前的准备工序;增加以后拔长的锻造比
拔长	横截面积或壁厚减小,长度增加	平砧拔长　　芯轴拔长	用于制造长而截面小的工件,如轴、拉杆和曲轴等;制造空心件,如炮筒、透平主轴和套筒等

工序名称	变形特点	图　例	应　用
冲孔与扩孔	形成通孔或不通孔（扩孔有冲头扩孔和芯轴扩孔）	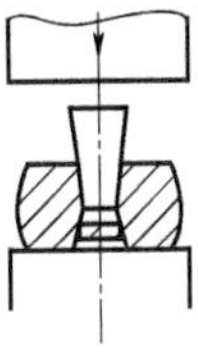 冲头冲孔 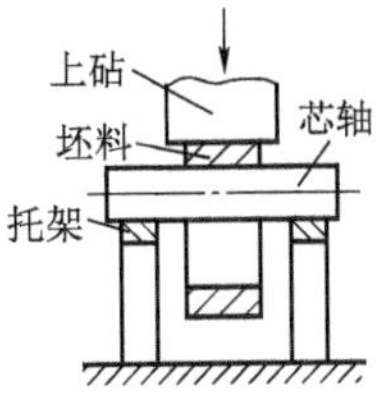　　芯轴扩孔	制造空心工件，如齿轮坯、圆环和套筒等；质量要求高的大锻件，如大透平轴可用空心冲孔，以去除质量较低的中心部分

3）自由锻造结构工艺性

由于自由锻造是在平砧块上用简单工具进行的，因此要求锻件形状简单。在设计自由锻造成形的零件毛坯时，除满足使用性能外，还应结合工艺特点，考虑零件的结构要符合自由锻的工艺要求，锻件的结构设计应合理，具体见表5-4。

表5-4　自由锻造锻件的结构工艺性

原　则	不合理结构	合理结构
锻件外形简单、对称、平直，不应有锥形和楔形	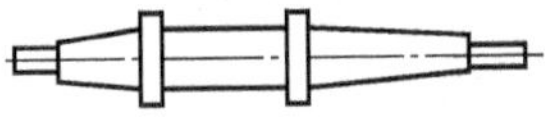	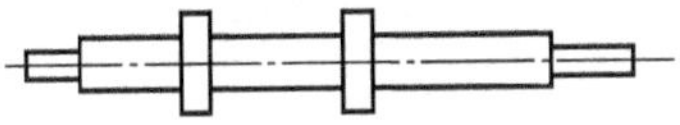
横截面尺寸相差较大和外形较复杂的零件，应设计成由几个简单件连接而成	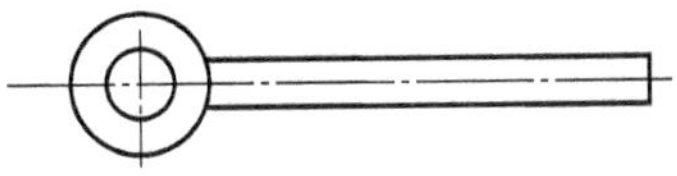	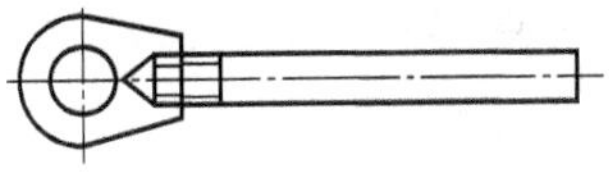
锻件由几个简单几何体构成时，其表面交接处不应有较复杂的空间曲线（如相贯线）	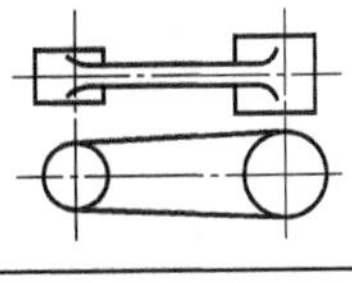	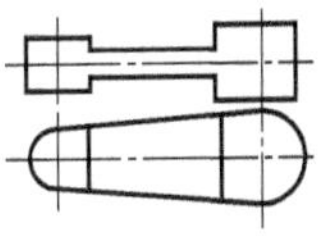
自由锻件上不应有加强筋、凸台、复杂形状截面或空间曲线表面	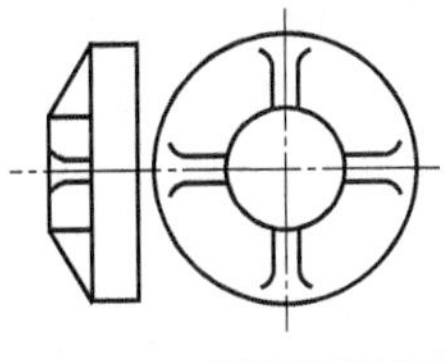	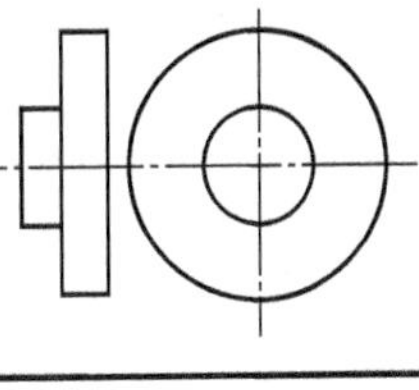

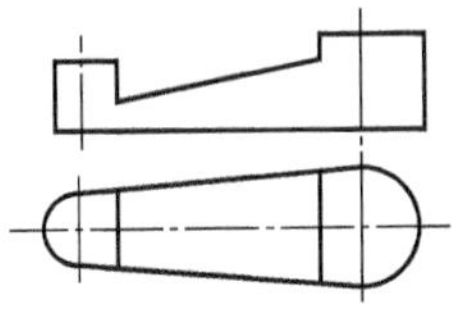

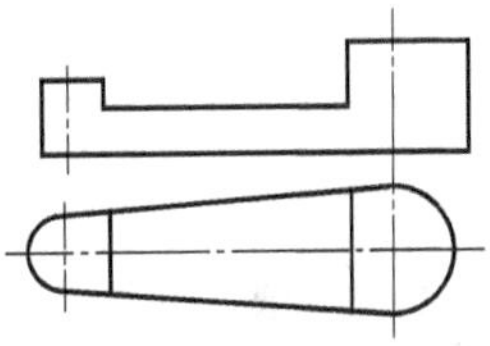

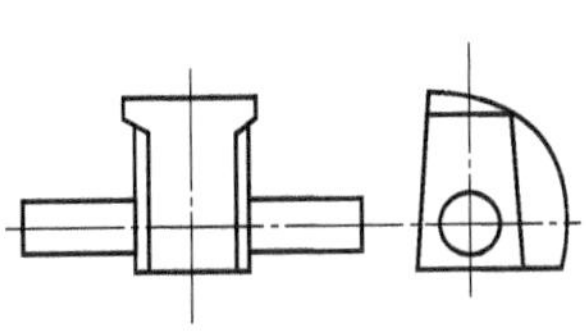

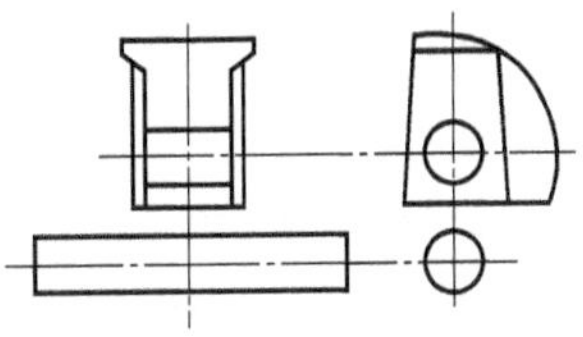

2. 模型锻造

模型锻造简称模锻，它是利用模具使毛坯在模膛内受压变形而获得锻件的锻造方法，和自由锻相比，模锻具有以下优点：

（1）坯料受到模膛的限制，锻件形状可以比较复杂。

（2）锻件力学性能较高。

（3）锻件尺寸精度高，表面质量好，节约材料和切削加工工时。

（4）生产率高，操作简便，易实现机械化。

但受模锻设备吨位的限制，模锻件质量不能太大，而且模锻设备投资较大、加工工艺复杂，所以适于中、小锻件的大批量生产。

根据模锻设备的不同，模锻可分为锤上模锻、压力机上模锻、水压机上模锻以及其他专用设备模锻。

锤上模锻是在锤锻模上借助锻模对金属材料进行锻造的方法。锤锻模由上、下两模块组成，它们分别通过燕尾与楔铁紧固在锤头和模座上，如图 5-15 所示。锻模模膛按其作用可分为模锻模膛和制坯模膛两类。

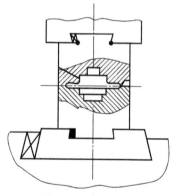

图 5-15　锤上模锻

模锻模膛包括终锻模膛和预锻模膛。终锻模膛用于模锻件的最终成形，因此，其形状和尺寸精度决定了锻件的精度和质量。终锻模膛的尺寸按照锻件的尺寸加上收缩量来确定；模膛分模面周围须设置飞边槽，以促使金属充满模膛，并容纳多余金属，同时缓冲锤击；对于带有通孔的锻件，模锻不能直接冲出，孔内将留有一层金属，称为冲孔连皮。模锻后，应将锻件上的飞边和连皮冲切掉。预锻模膛只用于形状复杂的锻件，以利于终锻时金属能顺利充满模膛，并减轻终锻模膛的磨损，提高模具的使用寿命。但增加预锻模膛会降低生产效率，恶化锻锤的受力条件，所以应尽可能不用。

3. 胎模锻造

胎模锻造是在自由锻造的设备上使用胎模（不固定在锤上的锻模）进行锻造的方法，它介于自由锻造与模锻之间。胎模锻造一般采用自由锻造方法制坯，然后在胎模中最后成形。胎模锻造适合于中、小批量生产，多用于没有模锻设备的中、小型工厂中。

（二）板料冲压

板料冲压是利用冲模使板料产生分离或变形的加工方法，通常在常温下进行，故又称冷冲压。当板料厚度超过 8～10 mm 时，才采用热冲压。

板料冲压具有以下特点：

（1）可冲压形状复杂、强度高、刚性好和重量轻的薄壁零件。

（2）冲压件的精度高、表面粗糙度较低、互换性较好，可直接装配使用。

（3）生产率高，操作简单，容易实现机械化和自动化。

冲压件的原材料主要为塑性较好的材料，有低碳钢、铜合金、镁合金、铝合金及其他塑性好的合金等；材料形状有板料、条料、带料和块料四种形状。其加工设备是剪床和冲床。

1. 冲压工序

冲压基本工序按其性质可分为分离工序和成形工序两大类。

1）分离工序

分离工序是使板料分离开的工序，如切断、冲裁等工序。

（1）切断。

切断是将板料沿不封闭的轮廓分离的冲压工序。它是在剪板机上将大板料或带料切断成需要的小板料或条料的操作。

（2）冲裁。

冲裁是将板料沿封闭轮廓曲线分离的冲压工序。它包括冲孔和落料，如图5-16所示。其中，冲孔是将废料冲落，得到带孔的板料制件；而落料则是将所需制件或坯料冲裁下来，封闭轮廓内的工件。

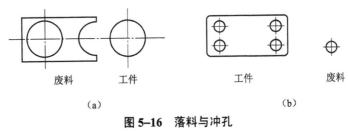

图5-16 落料与冲孔
（a）落料；（b）冲孔

（3）整修。

整修是利用整修模将落料件的外缘或冲孔件内缘刮去一层薄的金属层，以提高冲件尺寸精度、降低表面粗糙度的工序。

（4）精密冲裁。

冲件在经整修工序后可获得高精度和低表面粗糙度断面，但成本较高，生产率低，而精密冲裁经一次冲裁就可获得高精度和低表面粗糙度的断面冲裁件，可以降低成本和提高生产率。一直以来，应用最广泛的是强力压边精密冲裁，冲裁件的剪切表面平直光洁，冲件精度可达IT7～IT6级，表面粗糙度可达$Ra\,0.8～0.4\,\mu m$。值得注意的是，精密冲裁的坯料应具有较高的塑性。一般在精密冲裁前应先进行退火处理，以提高板料塑性。

2）成形工序

成形工序是使板料产生塑性变形以达到所需形状的工序。其可使坯料的一部分相对另一部分产生位移而不破裂，主要有弯曲、拉深、翻边、缩口和成形等工序。

（1）弯曲。

弯曲是将板料弯成所需要的半径和角度的成形工序。图5-17所示为弯曲变形过程简图，由该图可见，板料放在凹模上，随着凸模的下行，材料发生弯曲，而且弯曲半径会越来越小，直到凸模、凹模和板料三者吻合，弯曲过程结束。弯曲变形只发生在弯曲圆角部分，且其内侧受压应力、外侧受拉应力。内、外侧大部分属于塑性变形（含少量的弹性变形）区域，而中心部分为弹性变形区域。

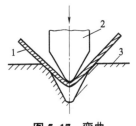

图5-17 弯曲
1—工件；2—凸模；3—凹模

（2）拉深。

拉深是将板料冲压成开口零件的工序，也称拉延。如图5-18所示，平直板料在凹模（冲头）的作用下被拉深成为直径d、高度为h的筒形件。对于要求拉深变形量较大的零件，必须采用多次拉深。

（3）翻边。

翻边是用扩孔的方法在带孔件的孔口周围冲出凸缘的一种成形工序。在带孔的平坯料上用扩孔的方法获得凸缘的工序称为内孔翻边，如图5-19所示。内孔翻边是伸长类平面翻边的一种特定形式。

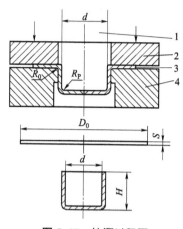

图5-18 拉深过程图
1—凸模；2—压边圈；3—板料；4—凹模

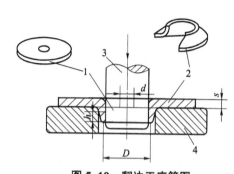

图5-19 翻边工序简图
1—带孔板料；2—翻边件；3—翻边凸模；4—翻边凹

2. 板料冲压件结构工艺性

除了保证有良好的使用性能外，板料冲压还应有良好的工艺性能，以节省材料消耗，减少工序数目，保证质量，简化模具制造，增加模具寿命，提高生产率。具体要求见表5-5。

表5-5 板料冲压件结构工艺性

	要求	不合理结构	合理结构
冲压件	合理冲压外形，以便于排样和节约材料，同时外形和孔形力求简单、对称		
	凸凹部分宽度不能太小；孔间距与零件边缘距离不宜太小		
	冲孔尺寸不宜太小	—	与孔的形状、材料厚度有关
	冲件转角处圆弧过渡		
弯曲件	弯曲件外形尽量对称		
	弯曲半径 r_{min}	—	有关数值可查资料

续表

	要求	不合理结构	合理结构
弯曲件	带孔弯曲件的孔边缘与弯曲线的距离不能太小	(L<t, t<2 mm) (L<2t, t<2 mm)	(L<t, t<2 mm) (L<2t, t<2 mm)
	弯曲直边高度 $H>2t$	H<2t	H>2t
拉深件	拉深件外形应简单、对称，且不宜过高	—	
	拉深件的圆角半径在不增加工艺程序的情况下不宜取得过小	—	

四、锻压新工艺

随着科学技术的不断发展，对压力加工生产提出了越来越高的要求。

（一）精密模锻

精密模锻是在锻模上锻造出形状复杂、精度高和表面质量好的锻件的模锻工艺。精密模锻件比普通锻件高1～2 个精度等级。图 5-20（b）所示为精密锻造锥齿轮，其齿形部分可直接锻出而不必再进行切削加工。

（二）高能成形

高能成形是以高能量源为动力的快速成型方法，它具有变形速度快、精度高、成本低、可加工难加工的金属材料、设备投资少等优点。高能成形方法常以压力波、电磁场、高速锤为能源，主要有爆炸成形、电磁成形、电液成形和高速锤成形等方法。

（1）爆炸成形是利用炸药爆炸后产生强大的压力使坯料成形的方法，如图 5-21 所示。其中，图 5-21（a）所示为封闭式爆炸成形，用于生产小型零件；图 5-21（b）所示为非封闭式爆炸成形，适合生产大型零件。

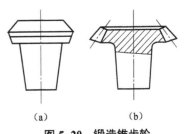

图 5-20　锻造锥齿轮
（a）普通模锻；（b）精密模锻

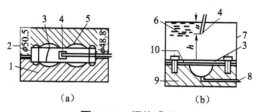

图 5-21 爆炸成形

(a) 封闭式；(b) 非封闭式

1—下模；2—上模；3—坯料；4—炸药；5—模腔；6—介质；7—容器；8—真空管道；9—凹模；10—压边围

（2）电液成形是通过电路中电极在液体中放电而产生强大的电流冲击波，形成液体压力使材料在模内成形的方法。

（3）电磁成形则是利用电磁场力使坯料成形的方法。

（4）高速锤锻则是利用高压气体（达 14 MPa）膨胀驱动锻打机构使材料在高速冲击下成形的方法。

（三）超塑性成形

超塑性成形是利用材料的超塑性进行成形加工的方法。超塑性是金属在特定的温度、特定变形速度或特定组织条件下进行变形时，具有比常态高几倍乃至几十倍塑性的性质。用作超塑性加工的材料主要有锌铝合金、铜合金、钛合金和高温合金，主要成形方法有超塑性模锻、超塑性挤压和超塑性拉深等。

金属在超塑性状态下的变形不产生颈缩现象，变形抗力很小，因此极易变形，可采用多种工艺方法制造出各种复杂零件。例如，飞机钛合金组合件，原来需要几十个零件组成，用超塑性成形后，可一次整体成形，大大减轻了构件的质量，提高了结构的强度。

（四）粉末锻造

粉末锻造是粉末冶金成形法与精密锻造相结合的一种金属加工方法。将各种原料先制成很细的粉末，按一定的比例配制成所需的化学成分，经混料，用锻模压制成形，并放在有保护气体的加热炉内，在 1 100 ℃～1 300 ℃的高温下进行烧结，然后冷却到 900 ℃～1 000 ℃时出炉，并进行封闭模锻，从而得到尺寸精度高、表面质量好和内部组织致密的锻件。

（五）旋压成形

利用旋压机使毛坯和模具以一定的速度共同旋转，并在滚轮的作用下使毛坯在与滚轮接触的部位产生连续的局部塑性变形，从而获得所需形状与尺寸的零件加工方法称为旋压成形。

旋压件尺寸精度高，表面粗糙度容易保证，甚至可与切削加工相媲美。经旋压成形的零件，抗疲劳强度高，屈服点、抗拉强度和硬度都大幅度提高。其非常适合于用冲压方法难以成形的复杂零件的加工，如头部很尖的火箭弹药锥形罩、薄壁收口容器和带内螺旋线的猎枪管等。

第三节 焊 接

一、焊接的特点及分类

焊接是通过加热或加压，或两者并用，并且用或不用填充材料，使工件达到结合的一种永久性连接方法。它是现代工业生产中用来制造各种金属结构和机械零件的主要工艺方法之一，在许多领域得到了广泛的应用。

焊接具有许多其他加工方式不可替代的特点，主要有：

（1）节省材料，减轻重量。

焊接的金属结构件比铆接可节省材料10%～25%；采用点焊的飞行器结构重量明显减轻，降低油耗，提高运载能力。

（2）简化复杂零件和大型零件的制造。

焊接方法灵活，可化大为小、以简拼繁，加工快、工时少、生产周期短。许多结构都以铸—焊、锻—焊形式组合，简化了加工工艺。

（3）适应性广，连接质量好。

多样的焊接方法几乎可焊接所有的金属材料和部分非金属材料，可焊范围较广，而且焊接接头可达到与工件金属等强度或相应的特殊性能。

（4）满足特殊连接要求。

不同材料焊接到一起，能使零件的不同部分或不同位置具备不同的性能，达到使用要求。如防腐容器的双金属筒体焊接、钻头工作部分与柄的焊接和水轮机叶片耐磨表面堆焊等。

（5）降低劳动强度，改善劳动条件。

尽管如此，焊接加工在应用中仍存在某些不足。例如，不同焊接方法的焊接性有较大差别，焊接接头的组织具有不均匀性；焊接结构易产生应力和变形，在接头处会产生裂纹、气孔等焊接缺陷，从而影响焊件的形状与尺寸精度以及使用性能等。

焊接的方法很多，按其工艺特点可分为熔焊、压焊和钎焊三大类，每一类又可根据所用热源、保护方式和焊接设备等的不同而进一步分成多种焊接方法，如图5-22所示。

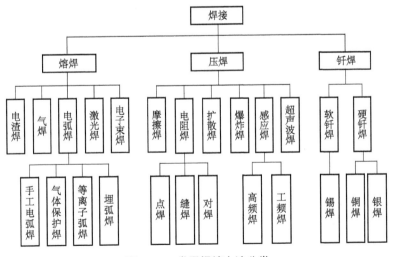

图5-22　常用焊接方法分类

熔焊：利用热源将被焊金属结合处局部加热到熔化状态，并与熔化的焊条金属混合组成熔池，冷却时在自由状态下凝固结晶，使之焊合在一起。

压焊：焊接过程中通过加压力（或同时加热），使金属产生一定的塑性变形，实现原子间的接近和相互结合，组成新的晶粒，达到焊接的目的。

钎焊：其与熔化焊的区别是被焊金属不熔化，只是作为填充金属的钎料熔化，并通过钎料与被焊金属表面间的相互扩散和溶解作用而形成焊接接头。

焊接主要应用于制造金属结构件、机器零件和工具，例如，桥梁、船体、飞机机身、建筑构架、锅炉与压力容器、机床机架与床身以及各种切削工具等；还可用于机件与金属构件的修复。

二、焊接过程与焊接质量

（一）焊接冶金过程

焊接冶金过程是指熔焊时焊接区内各种物质之间（如液态金属、熔渣和气体间）在高温下相互作用的过程，其实质是金属在焊接条件下的再熔炼过程。它和一般冶炼相比既有相似之处，又有其自身的特点和规律。

1. 焊接电弧

它是由焊接电源供给的、具有一定电压的两极间或电极与母材间，在气体介质中产生的强烈而持久的放电现象。此处的电极可以是金属丝、钨极、碳棒或焊条。

用直流电焊接时，焊接电弧由阴极区、阳极区和弧柱区三部分组成，如图 5-23 所示。电弧中各部分产生的热量和温度是不同的，集中在阳极区的热量占电弧总热量的 43%，阴极区的热量占 36%。阳极区的温度约为 2 600 K，阴极区的温度约为 2 400 K，弧柱区的温度为 6 000 K～8 000 K。使用直流弧焊电源时，若焊接厚大的焊件，宜将焊件接电源正极、焊条接负极，这种接法称为正接法；当焊接薄的焊件、要求熔深小时，宜采用反接法，即焊条接正极、焊件接负极。若使用的是交流弧焊机，因电流正负极交替变化，所以两极温度都在 2 500 K 左右，故无正接和反接之分。

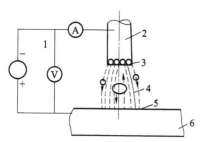

图 5-23 焊接电弧的组成

1—焊机；2—焊条；3—阴极区；4—弧柱区；
5—阳极区；6—焊件

2. 焊接冶金过程的特点

在焊接冶金过程中，焊接熔池可以看成是一座微型的冶金炉，在其中进行着一系列的冶金反应。但焊接冶金过程与一般冶金过程不同，一是冶金温度高，造成金属元素强烈的烧损和蒸发，同时熔池周围又被冷的金属包围，常使焊件产生应力和变形；二是冶炼过程短，焊接熔池从形成到凝固的时间很短（约 10 s），各种冶金反应不充分，难以达到平衡状态；三是冶炼条件差，有害气体容易进入熔池，形成脆性的氧化物、氮化物和气孔，使焊缝金属的塑性、韧性显著下降。因此，焊前必须对焊件进行清理，在焊接过程中必须对熔池金属进行机械保护和冶金处理。机械保护是指利用熔渣、保护气体（如二氧化碳、氩气）等机械地把熔池与空气隔开；冶金处理是指向熔池中添加合金元素，以改善焊缝金属的化学成分和组织。

（二）焊接接头的组织和性能

焊接接头的横截面可以分为三种性质不同的部分：一是由熔池凝固后在焊件之间形成的

结合部分，称为焊缝区；二是在焊接过程中，焊件受热的影响而发生组织性能变化的区域，称为热影响区；三是从焊缝到热影响区的过渡区域，称为熔合区。上述三个区域就构成了焊接接头，如图 5-24 所示。

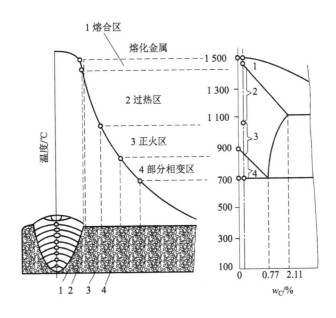

图 5-24　低碳钢焊接接头的组织

1. 焊缝区

焊缝的结晶是从熔池底壁开始向中心生长的。因结晶时各个方向的冷却速度不同，从而形成柱状的铸态组织，由铁素体和少量珠光体所组成。因结晶是从熔池底部的半熔化区开始逐次进行的，低熔点的硫磷杂质和氧化铁等易偏析物集中在焊缝中心区，将影响焊缝的力学性能。因此，应慎重选用焊条或其他焊接材料。

焊接时，熔池金属受电弧吹力和保护气体吹动，熔池底壁柱状晶体的生长受到干扰，柱状晶体呈倾斜状，晶粒有所细化。同时由于焊接材料的渗合金作用，焊缝金属中锰、硅等合金元素含量可能比母材（即焊件）金属高，焊缝金属的性能可能不低于母材金属的性能。

2. 热影响区

焊接热影响区是指焊缝两侧金属因焊接热作用而发生组织和性能变化的区域。由于焊缝附近各点受热情况不同，故热影响区可分为过热区、正火区和部分相变区等。

1）过热区

过热区指焊接热影响区中具有过热组织或晶粒显著粗大的区域。此区域的温度范围为固相线至 1 100 ℃，因加热温度过高，奥氏体晶粒急剧长大，使其塑性明显下降，尤其是冲击韧度下降 20%～30%。对于易淬硬钢，此区脆性更大，是热影响区中性能最差的部位。

2）正火区

此区温度在过热温度和 Ac_3 之间，空冷后，金属发生重结晶而使晶粒细化，相当于正火组织，其力学性能优于母材。

3）部分相变区

此区的温度范围在 Ac_3 与 Ac_1 之间，珠光体和部分铁素体发生重结晶，转变成细小的奥氏体晶粒。部分铁素体不发生相变，但其晶粒有长大趋势。冷却后晶粒大小不均，因而力学性能比正火区稍差。

综上所述，在焊接接头的横截面上，熔合区和过热区是焊接接头中力学性能最差的薄弱部位，会严重影响焊接接头的质量。因此，应尽可能减小其范围。焊接一般低碳钢构件时，热影响区较窄，危害性较小；对于重要的焊件，焊后要通过热处理（一般用正火处理）来改善热影响区的组织，以改善焊接接头的性能。

（三）焊接应力与变形

1. 焊接应力与变形的产生

焊接时焊件及接头受到不均匀的加热和冷却，同时又受到焊件自身结构和外部约束的限制，使焊接接头产生不均匀的塑性变形，这是焊接应力和变形产生的根本原因。

焊接应力是导致焊接裂纹的根本原因。当焊接应力超过材料的强度极限时，焊件将会产生裂纹，甚至断裂。焊后焊件内残留的应力不仅会影响机械加工精度，而且会使焊件的承载能力下降，产生变形、裂纹或断裂，严重影响焊件的质量，甚至可能酿成重大事故。

2. 焊接变形的形式

焊接变形的基本形式有收缩变形、角变形、弯曲变形、波浪变形、扭曲变形和错边变形等，如图 5-25 所示。

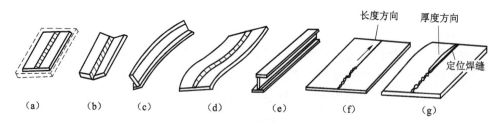

图 5-25　焊接变形的基本形式

（a）收缩变形；（b）角变形；（c）弯曲变形；（d）波浪变形；（e）扭曲变形；

（f）错边（长度方向、厚度方向）变形

3. 焊接应力与变形的预防措施

为防止焊接应力与焊接变形，在实际生产中主要采取以下工艺措施：

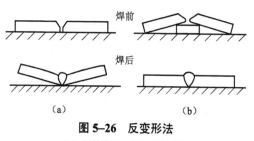

图 5-26　反变形法

（a）焊接变形；（b）反变形法

（1）合理选择焊件结构。尽量减少焊缝的数量、长度及截面积。在结构设计时，尽量使焊缝对称，减少焊缝交叉。

（2）焊前预热。通过减少焊件各部分的温差，可有效地减小焊接应力与变形。

（3）焊前组装时，采用反变形法。根据计算、实验或经验，确定焊件焊后产生变形的方向和大小，将焊件预先置成反向角度，以抵消焊接变形，如图 5-26 所示。

（4）刚性固定法。采用工装夹具或定位焊固定能限制焊接变形的产生，如图 5-27 所示。

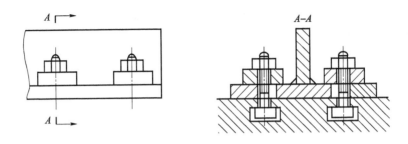

图 5-27　刚性固定法固定

（5）选择合理的焊接顺序。一般来说，应尽量使焊缝的纵向和横向都能自由收缩，减少应力和变形。交叉焊缝、对称焊缝和长焊缝的合理焊接顺序如图 5-28 所示。

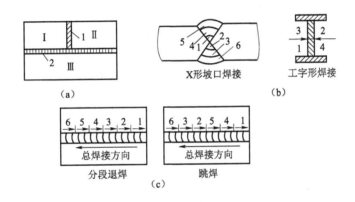

图 5-28　合理的焊接顺序

（a）焊接顺序应能使焊件自由收缩；（b）对称焊接法；（c）长焊缝的分段焊接法

（6）锤击焊缝法。用圆头小锤对焊后红热的焊缝金属进行均匀适度锤击，以延伸变形，补偿其收缩，同时使应力释放，减少焊接应力和变形。

（7）焊后热处理。采取去应力退火的方法将焊件整体或局部加热到 550 ℃～650 ℃，保温后缓冷，可消除焊接残余应力 80% 以上。

4. 焊接应力与变形的矫正方法

在焊接过程中，应尽量采取上述措施预防焊接应力和变形，但实际操作中通常很难避免变形的产生，一旦变形超过了允许的范围，必须加以矫正。常用的矫正方法有以下两种：

（1）机械矫正法。用机械加压或锤击的办法，通过产生塑性变形来矫正焊接变形。此法简单实用，应用较普遍，但对高强度钢应用时应慎重，以防断裂。

（2）火焰矫正法。采用局部加热焊件的某些部位（通常温度在 600 ℃～800 ℃），使受热区金属在冷却后收缩，达到矫正变形的目的，如图 5-29 所示。

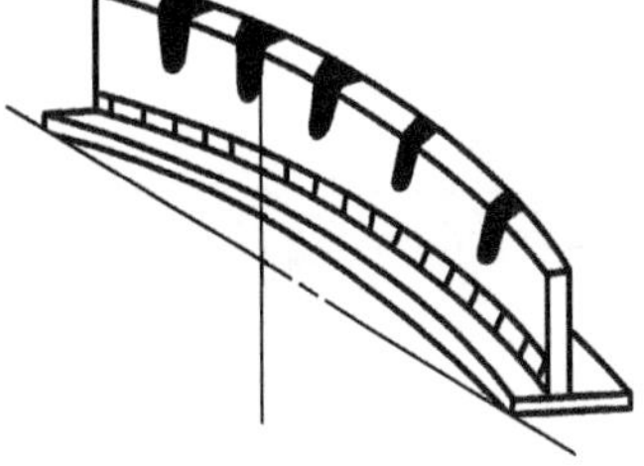

图 5-29　火焰矫正法

三、焊接方法

焊接的方法很多，常用的有焊条电弧焊、埋弧焊、气体保护焊、气焊、电阻焊和钎焊等。

（一）焊条电弧焊

利用电弧作为焊接热源的熔焊方法，称为电弧焊。其中，用手工操纵焊条进行焊接的电弧焊方法，称为焊条电弧焊，又称手工电弧焊，如图 5-30 所示。焊条电弧焊适用于室内、室外、高空和各种位置施焊；所用设备简单，易维护，使用灵活方便。焊条电弧焊适于焊接各种碳钢、低合金钢、不锈钢及耐热钢，也适于焊接高强度钢、铸铁和有色金属，是焊接生产中应用最广泛的一种方法。

1. 焊条电弧焊的焊接过程

焊条电弧焊的焊接过程如图 5-30（b）所示。焊接开始时，使焊条和焊件瞬时接触（短路），随即分离一定的距离（2~4 mm），即可引燃电弧。利用高达 6 000 K 的高温使母材（焊件）和焊条同时熔化，形成金属熔池，随着母材和焊条的熔化，焊条向下和向焊接方向同时前移，保证电弧的连续燃烧并同时形成焊缝。熔化或燃烧的焊条药皮会产生大量的 CO_2 气体使熔池与空气隔绝，保护熔化金属不被氧化，并与熔化金属中的杂质发生化学反应，结成较轻的熔渣漂浮到熔池表面。随着电弧的不断前移，原先的熔池也逐渐成为固态渣壳，这层熔渣与渣壳对焊缝质量的优劣和减缓焊缝金属的冷却速度有着重要的作用。

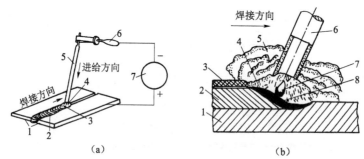

图 5-30 焊条电弧焊及其焊接过程

（a）焊条电弧焊；

1—焊件；2—焊缝；3—熔池；4—电弧；5—焊条；6—焊钳；7—焊机

（b）焊条电弧焊的焊接过程；

1—焊件；2—焊缝；3—渣壳；4—熔渣；5—气体；6—焊条；7—熔滴；8—熔池

2. 电焊条

1）电焊条的组成和作用

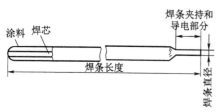

图 5-31 焊条的组成

电焊条是手弧焊所用的焊接材料，简称焊条。焊条由金属焊芯和药皮两部分组成，如图 5-31 所示。

焊芯的作用：作为电极，起导电作用；作为焊缝的填充金属，与母材一起组成焊缝金属。

药皮的作用：稳弧；产生保护气体使金属熔滴和熔池与空气隔绝；造渣，保护焊缝；补充合金元素，提高焊缝金属的力学性能。

2）电焊条的类型

焊条电弧焊焊条按其用途可分为结构钢焊条、耐热钢焊条和不锈钢焊条等十大类，见表5-6。

表5-6 焊条大类的划分

序号	焊条大类	代号（拼音）	代号（汉字）	序号	焊条大类	代号（拼音）	代号（汉字）
1	结构钢焊条	J	结	6	铸铁焊条	Z	铸
2	钼及铬钼耐热钢焊条	R	热	7	镍及镍合金焊条	Ni	镍
3	不锈钢焊条	G	铬	8	铜及铜合金焊条	T	铜
		A	奥	9	铝及铝合金焊条	L	铝
4	堆焊焊条	D	堆	10	特殊用途焊条	TS	特
5	低温钢焊条	W	温				

按熔渣化学性质的不同，焊条可分为酸性焊条和碱性焊条两大类。熔渣以酸性氧化物为主的焊条，称为酸性焊条；熔渣以碱性氧化物为主的焊条，称为碱性焊条。酸性焊条的氧化性强，焊接的焊缝力学性能差，但工艺性好，对铁锈、油污和水分等容易导致气孔的有害物质敏感性较低。碱性焊条有较强的脱氧、去氢、除硫和抗裂纹的能力，焊接的焊缝力学性能好，但焊接工艺性不如酸性焊条好。

（二）埋弧焊

埋弧焊是使电弧在较厚的焊剂层（或称熔剂层）下燃烧，利用机械自动控制引弧、焊丝送进、电弧移动和焊缝收尾的一种电弧焊方法。

埋弧焊及其焊接过程如图5-32所示。电弧引燃后，焊丝盘中的光焊丝（一般d=2～6 mm）由机头上的滚轮带动，通过导电嘴不断送入电弧区。电弧则随着焊接小车的前进而匀速地向前移动。焊剂（相当于焊条药皮，透明颗粒状）从漏斗中流出撒在焊缝表面。电弧在焊剂层下的光焊丝和焊件之间燃烧。电弧的热量将焊丝、焊件边缘以及部分焊剂熔化，形成熔池和熔渣，最后得到受焊剂和渣壳保护的焊缝，大部分未熔化的焊剂可收回重新使用。

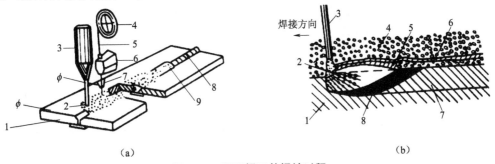

图5-32 埋弧焊及其焊接过程
（a）埋弧焊；
1—焊件；2—焊剂；3—焊剂漏头；4—焊丝盘；5—焊丝；6—焊接机头；7—导电嘴；8—焊缝；9—渣壳
（b）焊接过程；
1—焊件；2—电弧；3—焊丝；4—焊剂；5—熔化了的焊剂；6—渣壳；7—焊缝；8—熔池

埋弧焊与焊条电弧焊相比，具有如下特点：

（1）由于采用大电流（比焊条电弧焊高6～8倍）且连续送进焊丝，故生产率提高5～10倍；

（2）由于电弧区被焊剂保护严密，故焊接质量高而且稳定；

（3）由于避免了焊条头的损失，且薄件不需要开坡口，故节约了大量的焊接材料；

（4）由于弧光被埋在焊剂层下，焊剂层外看不见弧光，大大减少了烟雾，并且实现了自动焊接，故大大改善了劳动条件。

埋弧焊主要用于成批生产、厚度为6～60 mm、处于水平位置的长直焊缝或较大直径的环形焊缝，适焊材料为钢、镍基合金和铜合金等，在造船、锅炉、压力容器、桥梁、车辆、工程机械和核电站等工业生产中得到了广泛应用。

（三）气体保护焊

气体保护焊全称气体保护电弧焊，是指用外加气体作为电弧介质并保护电弧和焊接区的电弧焊。按保护气体的不同，常用的气体保护焊有氩弧焊和二氧化碳气体保护焊两种。

1. 氩弧焊

氩弧焊是使用氩气作为保护气体的气体保护焊。按所用电极的不同，氩弧焊可分为熔化极氩弧焊和不熔化极（钨极）氩弧焊两种，如图5-33所示。熔化极氩弧焊也称直接电弧法，其焊丝直接作为电极，并在焊接过程中熔化为填充金属；钨极氩弧焊也称间接电弧法，其电极为不熔化的钨极，填充金属由另外的焊丝提供。

从图5-33中可以看出，喷嘴中喷出的氩气在电弧及熔池的周围形成连续封闭的气流，由于氩气是惰性气体，既不溶于液态金属，又不与金属发生化学反应，因而能很有效地保护熔池，获得高质量的焊缝。另外，氩弧焊由于明弧可见，便于操作，故适用于全位置焊接；又由于其表面无熔渣，故表面成形美观。但氩气较贵，焊接成本高。目前氩弧焊主要用于焊接易氧化的非铁金属（如铝、镁、铜、钛及其合金）、高强度钢、不锈钢和耐热钢等。

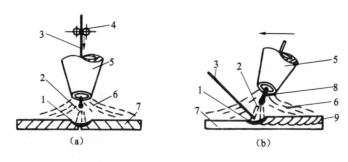

图5-33 氩弧焊示意图
（a）熔化极氩弧焊；（b）钨极氩弧焊
1—熔池；2—电弧及熔滴；3—焊丝；4—送丝滚轮；5—喷嘴；6—保护气体；7—焊件；8—钨极；9—焊缝

2. 二氧化碳气体保护焊

二氧化碳气体保护焊是以二氧化碳（CO_2）作为保护气体的电弧焊方法，简称 CO_2 焊。其焊接过程和熔化极氩弧焊相似，用焊丝作电极并兼作填充金属，以机械化或手工（以前称半自动）方式进行焊接。目前应用较多的是手工焊（以前称半自动焊），即焊丝送进靠送丝机构自动进行，由焊工手持焊炬进行焊接操作。

二氧化碳焊的特点类似于氩弧焊，但 CO_2 气体来源广、价格低廉，同时易产生熔滴飞溅，且氧化性较强。因此，它主要适于低碳钢和低合金结构钢薄板件的焊接，不适于焊接易氧化的非铁金属及其合金。目前，二氧化碳焊已经广泛用于造船、机车车辆、汽车和农业机械等工业部门。

（四）气焊

气焊是利用可燃气体（乙炔）和氧气（O_2）混合燃烧时所产生的高温火焰使焊件与焊丝局部熔化和填充金属的焊接方法。焊丝一般选用与母材相近的金属丝。其焊接过程如图 5-34 所示，乙炔和氧气在焊炬中混合均匀后，从焊嘴喷出燃烧，将焊件和焊丝熔化形成熔池并填充金属，冷却凝固后形成焊缝。乙炔燃烧时产生大量 CO_2 和 CO 气体包围熔池，排开空气，对熔池有保护作用。焊接不锈钢、铸铁、铜合金和铝合金时，常使用焊剂去除焊接过程中产生的氧化物。

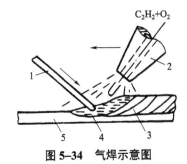

图 5-34 气焊示意图

1—焊丝；2—焊嘴；3—焊缝；4—熔池；5—焊件

气焊与电弧焊相比具有如下特点：气焊热源的温度较低，加热慢，生产率低；热量比较分散，焊接受热范围大，焊后焊件易变形；焊接时火焰对熔池保护性差，焊接质量不高。但气焊火焰容易控制，操作简便，灵活性强，不需要电源，可在野外作业。

气焊适于焊接厚度在 3 mm 以下的低碳钢薄板、高碳钢、铸铁以及铜、铝等非铁金属及其合金，也可用作焊前预热、焊后缓冷及小型零件热处理的热源。

（五）电阻焊

电阻焊是将工件组合后通过电极施加压力，利用电流通过接头的接触面及邻近区域产生的电阻热进行焊接的方法。按工件接头形式和电极形状不同，电阻焊可分为点焊、缝焊和对焊三种，如图 5-35 所示。

1. 点焊

点焊是将焊件装配成搭接接头，并压紧在两电极之间，利用电阻热熔化母材金属，形成焊点的电阻焊方法，如图 5-35（a）所示。它主要用于各种薄板零件、冲压结构及钢筋构件等无密封性要求的工件的焊接，尤其适用于汽车和飞机制造业，如驾驶室、车厢、蒙皮结构和金属网等。近年来，越来越多的企业已经开始使用点焊机器人进行焊接。

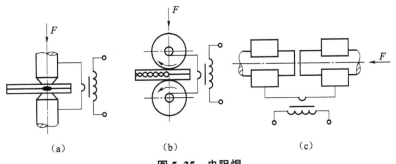

(a)　　　　　(b)　　　　　(c)

图 5-35 电阻焊

(a) 点焊；(b) 缝焊；(c) 对焊

2. 缝焊

缝焊的焊接过程与点焊相似，只是用转动的滚轮电极取代了点焊时所用的柱状电极。焊接时，滚轮电极压紧焊件并转动，依靠摩擦力带动焊件向前移动，通过连续或断续的送电，形成许多连续并彼此重叠的焊点，完成缝焊焊接，如图 5-35（b）所示。其主要用于有密封要求的薄壁容器（如水箱、油箱）和管道的焊接，焊件厚度一般在 2 mm 以下，低碳钢的板厚可达 3 mm。

3. 对焊

对焊是利用电阻热使对接接头的焊件在整个接触面上焊合的焊接工艺。按工艺的不同，对焊可分为电阻对焊和闪光对焊两种。

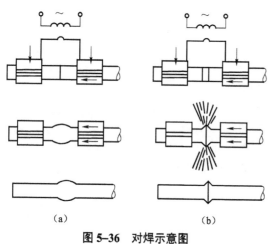

（1）电阻对焊是将焊件装配成对接接头，使其端面紧密接触，利用电阻热加热至塑性状态，然后迅速施加顶锻力而实现焊接的焊接方法，如图 5-36（a）所示。它适用于形状简单、小断面金属型材的对焊。

（2）闪光对焊是将焊件装配成对接接头，接通电源，并使其端面逐渐移近达到局部接触，利用电阻热加热这些接触点（产生闪光），使端面金属迅速熔化，直至端部在一定深度范围内达到预定温度时，迅速施加顶锻力而实现焊接的焊接方法，如图 5-36（b）所示。闪光对焊接头质量高，焊前焊件清理要求低，目前其应用比电阻对焊广泛，适用于受力要求高的重要焊件的焊接。

图 5-36　对焊示意图

（a）电阻对焊；（b）闪光对焊

（六）钎焊

根据钎料熔点的不同，钎焊分为硬钎焊和软钎焊两种。

1. 硬钎焊

钎料熔点高于 450 ℃的钎焊称为硬钎焊。常用的钎料有铜基、银基、铝基和镍基等合金，钎剂常采用硼砂、硼酸、氯化物和氟化物等。硬钎焊焊接接头强度高，一般在 200 MPa 以上，适于受力较大及工作温度较高焊件的焊接，如机械零部件、工具和刀具等。

2. 软钎焊

钎料熔点低于 450 ℃的钎焊称为软钎焊。应用最广泛的软钎料是锡基合金，多数软钎料适合的焊接温度为 200 ℃～400 ℃，钎剂为松香、松香酒精溶液和氯化锌溶液等，常用烙铁加热。软钎焊焊接接头强度低，一般在 70 MPa 以下，适于焊接受力不大、工作温度较低的焊件，如电子元器件、仪器、仪表和导线等。

四、常用金属材料的焊接

（一）金属材料的焊接性

金属材料的焊接性又称可焊性，是指金属材料对焊接加工的适应性，即在一定的焊接工艺条件下，金属材料获得优质焊接接头的难易程度。焊接性的好坏主要从两方面来衡量：一是焊接工艺性的优劣，如焊接接头产生的缺陷，尤其是出现裂纹倾向性的大小；二是焊接接头在使用过程中的可靠性，如焊接接头的力学性能及耐热、耐蚀、导电和导磁等方面性能的持久性。

影响金属材料焊接性的因素很多，焊件材料、焊接材料、焊接方法与工艺、焊接结构以及焊件的工作条件等都会影响到焊接性。因而评价焊接性的指标有多种，这里仅介绍碳当量法。

碳当量法是利用钢材中的碳、锰等化学成分估算冷裂纹倾向来评定钢材焊接性的方法。计算碳当量 CE（%）的经验公式为

$$CE = \omega_C + \frac{1}{5}(\omega_{Cr} + \omega_{Mo} + \omega_V) + \frac{1}{6}\omega_{Mn} + \frac{1}{15}(\omega_{Cu} + \omega_{Ni})$$

式中：ω_C、ω_{Cr}、ω_{Mo}、ω_V、ω_{Mn}、ω_{Cu}、ω_{Ni} 分别表示 C、Cr、Mo、V、Mn、Cu、Ni 等元素的质量分数（%）。

CE 越大，钢的焊接性越差。根据实践经验，当 CE<0.4%时，钢的焊接性良好；CE=0.4%～0.6%时，钢的焊接性中等；CE>0.6%时，钢的焊接性较差。当钢中碳当量 CE 或板厚较大时，必须采取预热等工艺措施。

金属材料的焊接性是一个相对的概念，不是固定不变的。对同一种材料，采用不同的焊接方法、焊接材料、焊接工艺及焊后热处理，其焊接性有较大差异。例如，钛合金曾被认为焊接性较差，但在氩弧焊出现后，其焊接性得到了改善。

（二）常用金属材料的焊接

1. 低碳钢的焊接

低碳钢一般是指碳的质量分数不大于 0.25%的钢材，其塑性好，一般没有淬硬倾向，对焊接热过程不敏感，焊接性好。一般情况下，焊接时不需要采取特殊的工艺措施，选择各种焊接工艺方法都易于获得优质的焊接接头。但对厚度大于 50 mm 的构件，需用多层焊，焊后应进行去应力退火；在低温条件下焊接刚度大的构件时，易导致较大的焊接应力，故焊前应进行预热处理。

2. 中、高碳钢的焊接

中碳钢碳的质量分数为 0.25%～0.6%，随着碳的质量分数的增加，其淬硬倾向性愈趋严重，焊接性变差，焊接接头易形成气孔和裂纹。焊接时需采用适当的措施：一是选择适当的焊条，如抗裂性好的低氢焊条或奥氏体不锈钢焊条等；二是采用一定的焊接工艺措施，如焊前预热焊件，采用细焊条、小电流、开坡口和多层焊，减少母材过多地熔入焊缝，以防止产生热裂纹，并采取焊后缓冷以防止冷裂纹的产生等。

对于碳的质量分数大于 0.6%的高碳钢，由于其焊接性更差，故一般不用于制造焊接结构件，但有时需要对其进行补焊。

3. 低合金高强度结构钢的焊接

低合金高强度结构钢在焊接结构生产中，应用较广。其含碳及合金元素越高，焊后热影

响区的淬硬倾向越大，致使热影响区的脆性增加，塑性、韧性下降。对于 $R_{eH} > 500\,MPa$ 的低合金高强度结构钢，为避免产生裂纹，焊前应进行预热，焊后应及时进行去应力退火。

4. 铸铁的补焊

为修补工件（铸件、锻件、机械加工件或焊接结构件）的缺陷而进行的焊接称为补焊。铸件是含碳量很高的铁碳合金，在焊接过程中极易形成白口组织、裂纹和气孔等。因此，在补焊时必须采取适当的措施。

铸铁的补焊一般采用气焊和焊条电弧焊等。按焊前是否预热可分为热焊法和冷焊法两大类。热焊法预热温度为 600 ℃～700 ℃，用于补焊形状复杂的重要件。冷焊法补焊时，焊前不预热或在 400 ℃以下低温预热，用于补焊要求不高的铸件。

5. 铝及铝合金的焊接

铝及铝合金的焊接性较差，主要原因如下：

1）易氧化

铝及铝合金易被氧化，生成的 Al_2O_3 熔点高、密度大，氧化铝薄膜致密、难破坏，易引起焊缝熔合不良及夹渣缺陷。

2）易形成气孔

氢能溶入液态铝，但几乎不溶于固态铝，故易形成气孔。

3）易开裂

铝的线膨胀系数大，焊接应力与变形大，加之高温下铝的强度和塑性很低，因此易开裂。

4）易烧穿和塌陷

铝在液、固状态转化时无明显的色泽变化及塑性流动迹象，故不易控制加热温度，易烧穿。

目前铝及铝合金常用的焊接方法有氩弧焊、气焊、点焊、缝焊和钎焊，其中尤以氩弧焊最理想。气焊主要用于焊接不重要的铝及铝合金薄壁构件。

6. 铜及铜合金的焊接

铜及铜合金的焊接性较差，主要原因如下：

（1）导热性强，为钢的 7～11 倍，因此焊接时易因热量散失而达不到焊接温度，造成焊不透等缺陷。

（2）线膨胀系数和收缩率都较大，焊接热影响区宽，易产生较大的焊接应力，变形和裂纹产生的倾向大。

（3）液态时易氧化，生成的 Cu_2O 与 Cu 形成脆性、低熔点共晶体，分布于晶界上，易产生热裂纹。

（4）吸气性强，易形成气孔。

铜及铜合金可用氩弧焊、气焊、电弧焊和钎焊等方法进行焊接。其中，氩弧焊主要用于焊接紫铜和青铜件，气焊主要用于焊接黄铜件。

五、焊接结构的设计

焊接结构设计的好坏对焊接质量、生产率和经济性等方面都将产生重大的影响。焊接结构设计不仅仅要考虑结构的使用性能、环境要求和国家的技术标准与规范，而且要充分考虑焊接结构的焊接工艺性和现场的具体条件，如焊接结构件材料的选择、焊接方法的选择和焊接接头的工艺设计等，才能获得优化的设计方案，实现高效、优质和低成本的焊接件生产。

（一）焊接结构材料的选择

选择焊接结构材料的总原则：在满足使用要求的前提下，尽量选择焊接性能较好的材料。一般来说，低碳钢和碳当量小于 0.4% 的低合金钢，都具有良好的焊接性。异种金属材料的焊接较同种金属材料焊接困难，应尽量避免运用。

（二）焊接方法的选择

焊接方法的选择，应根据材料的焊接性、焊件厚度、生产率、各种焊接方法的适用范围和现场设备条件等综合考虑决定。例如，用各种焊接方法时，低碳钢的焊接性都良好，焊接中等厚度（10~20 mm）焊件，采用焊条电弧焊、埋弧焊和气体保护焊等方法均适宜，但由于氩弧焊成本较高，故一般不用。焊接长直焊缝或圆周焊缝，且生产批量较大时，宜选用埋弧焊；若焊件为单件生产或焊缝短而处于不同空间位置，则采用焊条电弧焊最为方便；若焊接厚度较大（通常 35 mm 以上）的重要结构，条件具备则可用电渣焊；如焊铝合金等易氧化材料或合金钢、不锈钢等重要零件，则应采用氩弧焊，以保证接头质量。总之，在选用焊接方法时，需要分析、比较各种焊接方法的特点及适用范围，结合焊件的具体结构和工艺特点，合理地加以选择。

（三）焊接接头的设计

1. 接头形式的确定

接头形式应根据结构形式、强度要求、焊件厚度和焊后变形大小等方面的要求和特点，合理地加以选择，以达到保证质量、简化工艺和降低成本的目的。以熔焊为例，接头形式有对接、搭接、角接和 T 形接等接头形式，如图 5-37 所示。

对接接头受力比较均匀，接头质量容易保证，是用得最多的形式，各种重要的受力焊缝均应尽量选用对接接头。搭接接头因两焊件不在同一平面，受力时焊缝处易产生应力集中和附加弯曲应力，降低了接头强度，一般尽量不用。角接接头和 T 形接头受力情况比较复杂，当焊件需要成一定角度连接时只能选用此种形式。

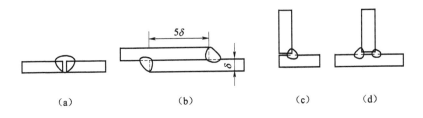

（a）　　　　　（b）　　　　　（c）　　　　（d）

图 5-37　焊接接头形式

（a）对接；（b）搭接；（c）角接；（d）T 形接

2. 坡口形式的确定

坡口是为满足工艺的要求在焊件的待焊部位加工并装配成具有一定几何形状的沟槽。坡口形式的确定应考虑在施焊及坡口加工允许的条件下，尽可能减少焊接变形，节省焊接材料，提高生产率和降低成本，通常主要根据板厚确定。板厚较大时，为保证焊透，接头处应根据焊件厚度预制各种坡口，坡口角度和装配尺寸可按标准选用。坡口的形式很多，常用的坡口有I形、V形、X形和U形四种。图 5-38 给出了对接接头使用的坡口形式。

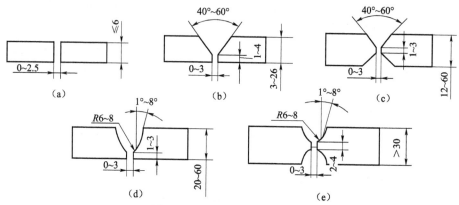

图 5-38　对接接头的坡口形式

(a) I形；(b) V形；(c) X形；(d) U形；(e) 双U形

（四）焊缝的设计

合理地设计焊缝是焊接结构设计的关键之一，它对产品质量、生产率、生产成本及工人劳动条件等都有很大影响。因此，焊缝设计时在满足使用要求的前提下，应遵循一些基本原则。表 5-7 给出了焊缝设计的典型原则及图例。

表 5-7　焊缝设计的典型原则及图例

序号	设计原则	不合理的设计	合理的设计
1	要考虑焊条操作空间		
2	焊缝应避免过分集中或交叉，以减少应力与变形		
3	尽量减少焊缝数量（适当采用型钢和冲压件），以减少应力与变形		
4	焊缝应尽量对称布置，以减少应力与变形		
5	焊缝顶端的锐角处应去掉，以减少应力与变形		

续表

序号	设计原则	不合理的设计	合理的设计
6	焊缝应尽量避开最大应力或应力集中处		
7	不同厚度焊件焊接时，接头处应平滑过渡		
8	焊缝应避开加工表面		

六、焊接技术的新发展

随着机械化、自动化的不断发展，焊接技术也获得了飞速的发展。焊接柔性制造系统、计算机集成制造系统和智能系统开始在焊接生产中逐步应用，航空航天飞行器、核能装置、汽车、医疗器械及精密仪器等开始越来越多地采用激光、电子束等高能束焊接方法。

（一）计算机在焊接中的应用及发展

1. 计算机辅助焊接过程控制

焊接过程的自动化是提高焊接效率、保证产品质量的一个极其重要的手段。焊接质量控制的对象是焊接参数，其控制效果既表现在焊缝金属的内在质量，如金相组织好、内部缺陷少等方面，也表现在几何形状，如焊缝成形、焊接熔深和熔透控制等方面。在焊接控制中，利用计算机高精度运算和大容量存储的功能，同时将神经元网络和模糊控制引入熔透控制中，实现了焊接过程的质量自动控制。

2. 焊接过程的模拟及定量控制

焊接过程的变化规律十分复杂，如冶金过程、焊接温度分布、焊接熔池的成形、应力应变以及焊缝跟踪和熔透控制等。长期以来这些只能定性地依靠经验加以预测，随着计算机技术的发展，如何从经验走向定量控制成为发展的必然趋势。

1）数值模拟

通过数值模拟对焊接过程获得定量认识（如焊接温度场、焊接热循环、焊接冷裂敏感性判据、焊接区的强度和韧性等），可以免去大量试验而得到定量的预测信息，而且可节省大量经费、人力和时间。

2）物理模拟

采用缩小比例或简化了某些条件的模拟件来代替原尺寸的实物研究。例如，焊接热力物理模拟、模拟件爆破试验和断裂韧度试验等。物理模拟和数值模拟各有所长，只有两者很好地结合起来才能获得最佳效果。

3）焊接专家系统

目前焊接专家系统在焊接领域中按其功能可分为以下三种：诊断型——用于预测接头性能、应力应变、裂纹敏感性、结构安全可靠性、寿命预测、焊接工艺的合理性及失效分析等；设计型——可以根据约束条件进行结构设计、工艺设计、焊条配方设计、最佳下料方案和车间管理等；实时控制型——根据初始条件，控制焊接参数，反馈系统与实施系统均有很快的响应速度。这三类焊接专家系统已不同程度地应用于焊接生产研究中，目前正在研究更高级的智能专家系统，如应用模糊控制和神经网络控制技术，控制焊缝成形、识别焊接缺陷及选择最佳焊接条件等。

（二）高能束焊接方法

1. 激光焊接

激光焊接是利用聚焦的激光束轰击焊件所产生的热量进行焊接的一种熔焊方法，其主要

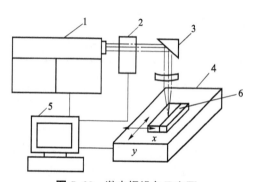

图5-39　激光焊设备示意图

1—激光器；2—光束检测系统；3—光学偏转聚焦系统；
4—工作台；5—控制系统；6—焊件

由激光器、光学偏转聚焦系统、光束检测系统、控制系统和工作台等部分组成，如图5-39所示。激光器产生方向性很强的平行光束，经光学偏转聚焦系统聚焦后，能量进一步集中，作为焊接热源。光束检测系统可随时检测激光器的输出功率，同时可检测激光束横断面上的能量分布，以确定激光器的输出模式。工作台附有传动机构，可灵活地调节焊件位置。

根据所用激光器及其工作方式不同，激光焊可分为连续激光焊和脉冲激光焊两种。连续激光焊在焊接过程中形成一条连续焊缝，脉冲激光焊焊接时形成一个个圆形的焊点。

与一般焊接方法相比，激光焊具有以下优点：

（1）能量密度大，穿透深度大，焊缝可以极其窄小；热量集中，作用时间短，热影响区小，焊接残余应力和变形极小，特别适于热敏感材料焊接。

（2）可以焊接一般焊接方法难以焊接的材料，如高熔点金属等，甚至可用于非金属材料，如陶瓷、塑料等的焊接。还可以实现异种材料的焊接，如钢和铝、铝和铜，以及钢和铜等。

（3）激光可以反射、透射，能在空间传播相当远的距离而衰减很小，因而可进行远距离焊接或一些难以接近部位的焊接。

（4）焊接过程时间极短，不仅生产率高，而且焊件不易氧化，因此不论是在真空、保护气体还是空气中焊接，其效果几乎相等。

但激光焊的设备较复杂，投资较大，所以它主要用于电子仪表工业和航空技术、原子能反应堆等领域，如集成电路外引线的焊接，集成电路块、密封性微型继电器、石英晶体等器件外壳和航空仪表零件的焊接等。

2. 电子束焊接

电子束焊是利用加速和聚焦的电子束轰击置于真空或非真空中的焊件，电子动能99%以上会转变为热能将焊件熔化进行焊接。

根据焊件所处环境的真空度不同，电子束焊可分为高真空电子束焊、低真空电子束焊和非真空电子束焊三类。

真空电子束焊是在真空度大于 $666×10^{-2}$ MPa 的真空室中，电子枪的阳极被通电加热至 2 600 K 左右，发射出大量电子，这些电子在阴极和阳极之间受高电压作用加速到很高速度。高速运动的电子流经过聚束装置形成高能量密度的电子束。电子束以极大速度（约 16 000 km/s）射向焊件，能量密度高达 $10^6 \sim 10^8$ W/cm^2，使焊件受轰击部位迅速熔化，焊件移动便可形成连续焊缝，如图 5-40 所示。利用磁性偏转装置可调节电子束的方向。

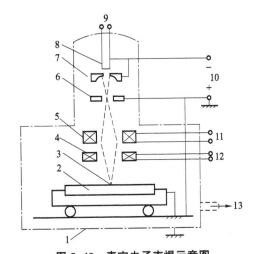

图 5-40　真空电子束焊示意图

1—真空室；2—焊件；3—电子束；4—磁性偏转装置；
5—聚焦透镜；6—阳极；7—阴极；8—灯丝；9—交流电源

真空电子束焊与其他焊接方法相比，具有以下特点：

（1）焊件在高真空中焊接，金属不会被氧化、氮化，故焊接质量高。

（2）焊接时热量高度集中，焊接热影响区小，仅为 0.05 $\sim$ 0.75 mm，基本上不产生焊接变形，可对精加工后的零件进行焊接。

（3）焊接适应性强、电子束焊工艺参数可在较广范围内进行调节，且控制灵活，既可焊接 0.1 mm 的薄板，又可焊接 200 $\sim$ 300 mm 的厚板，还可焊接形状复杂的焊件。

（4）能焊接一般金属材料，也可焊接难熔金属（如钛、钼等）、活性金属（除锡、锌等低沸点元素较多的合金外）、复合材料及异种金属构件。

（5）设备复杂，造价高，焊前对焊件的清理和装配质量要求很高，焊件尺寸受真空室限制，操作人员需要防护 X 射线。

真空电子束焊主要用于焊接原子能、航空航天部门中特殊的材料和结构，如微型电子线路组件、钼箔蜂窝结构、导弹外壳和核电站锅炉汽包等。其在民用方面也有应用，如焊接精度较高的轴承、齿轮组合件等。

3. 等离子弧焊接

利用具有高能量密度的等离子弧作为焊接热源的熔焊方法叫作等离子弧焊接。

1）等离子弧的产生

等离子弧是利用外部约束条件使弧柱受到压缩的电弧。其电弧温度很高，达 24 000 K $\sim$ 50 000 K，能量密度很大，达 $10^5 \sim 10^6$ W/cm^2，等离子流速显著增大。因此，它能迅速熔化金属材料，可以用来焊接和切割。

等离子弧发生装置如图 5-41 所示。等离子弧经过三种形式的压缩效应得到：电弧通过由水冷却的喷嘴细小孔道时，产生"机械压缩效应"；带电粒子流（离子和电子）在弧柱中的运动可看成是电流在一束平行的"导线"内移动，其自身磁场所产生的电磁力使这些"导线"互相吸引靠近，弧柱被压缩，这种压缩作用称为"电磁收缩效应"；当通入一定压力和流量的氩气或氮气时，冷气流均匀地包围着电弧，使电弧外围受到强烈冷却，迫使带电粒子流往弧柱中心集中,弧柱被进一步压缩,这种压缩作用称为"热压缩效应"。电弧经过以上三种压缩效应后,能量高度集中在直径很小的弧柱中,弧柱中的气体被充分电离成等离子体,故称为等离子弧。

2)等离子弧焊接

穿孔型等离子弧焊接如图5–42所示。等离子弧由于弧柱断面被压缩得较小,因而能量集中(能量密度可达 $10^2 \sim 10^6$ W/cm²)、温度高(弧柱中心温度为 24 000～50 000 K),等离子弧焊可以是手工焊,也可以是自动焊;可以添加填充金属,也可不添加填充金属。

等离子弧焊具有以下特点:

(1)温度高、能量密度大、穿透能力强、厚度小于 12 mm 的工件可不开坡口、不留间隙,能一次焊透双面成形。

(2)焊接速度快,生产率高,热影响区小,焊接变形小,焊缝质量好。

(3)电弧挺直性好,当电流小于 0.1 A 时,电弧仍能稳定燃烧,且能够焊接很细很薄的零件,如 0.025 mm 厚的金属箔和薄板。

(4)设备及控制线路较复杂,气体消耗量大,只宜在室内焊接。

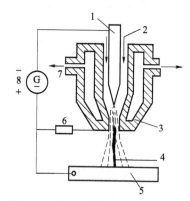

图5–41 等离子弧发生装置原理

1—钨极;2—离子气;3—喷嘴;4—等离子弧;5—工件;
6—电阻;7—冷却水;8—直流电源

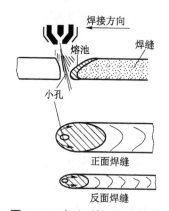

图5–42 穿孔型等离子弧焊接

等离子弧焊是一项先进的焊接工艺,主要应用于国防工业和尖端技术中,它几乎可以焊接所有的金属,尤其是焊接多种难熔金属及易氧化、热敏感性强的材料,如钼、钨、铬、铍、钽、镍、钛及其合金以及不锈钢、超高强度钢等。在极薄金属焊接方面,其地位是不可替代的。例如,焊接钛合金的导弹壳体、飞机上的一些薄壁容器和起落架等。

(三)焊接机器人

焊接机器人是机器人与焊接技术的结合,是自动化焊装生产线中的基本单元,常与其他设备一起组成机器人柔性专业系统,如弧焊机器人工作站等。

焊接机器人能稳定和提高焊接质量,保证其均匀性;提高生产效率,可 24 h 连续生产;可在有害环境下长期工作,改善工人的劳动条件;可实现小批量产品焊接自动化,为焊接柔性生产提供基础。随着制造业的发展,焊接机器人的性能也在不断提高,并逐步向智能化方向发展。

目前在焊接生产中使用的机器人主要有点焊机器人和弧焊机器人等。

1. 点焊机器人

点焊机器人焊钳与变压器的结合有分离式、内藏式和一体式三种，构成了三种形式的点焊机器人系统，如图 5-43 所示。

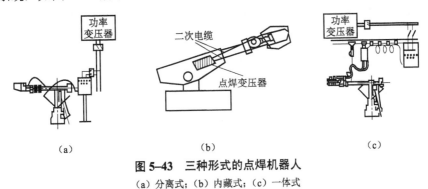

图 5-43　三种形式的点焊机器人
(a) 分离式；(b) 内藏式；(c) 一体式

分离式点焊机器人焊钳与点焊变压器通过二次电缆相连，所需变压器容量大，影响机器人的运动范围和灵活性；内藏式点焊机器人二次电缆大为缩短，变压器容量可减小，但结构较复杂；一体式点焊机器人焊钳和点焊变压器安装在一起，共同固定在机器人手臂末端，省掉了粗大的电缆，节省了能量，但造价较高。

选择点焊机器人时应注意：点焊机器人的工作空间应大于焊接所需工作空间；点焊速度应与生产线速度相匹配；按工件形状、焊缝位置等选择焊钳；选用内存量大、示教功能全和控制精度高的机器人。

点焊机器人约占我国焊接机器人总数的 46%，主要应用在汽车、农机和摩托车等行业。

2. 弧焊机器人

弧焊机器人操作机的结构与通用型机器人基本相似。弧焊机器人必须和焊接电源等周边设备配套构成一个系统，互相协调，才能获得理想的焊接质量和较高的生产率。图 5-44 所示为典型完整配套的弧焊机器人系统。该系统由操作机、工件变位器、控制盒、焊接设备和控制柜 5 部分组成，相当于一个焊接中心或焊接工作站，具有机座可移动、多自由度和多工位轮番焊接等功能。

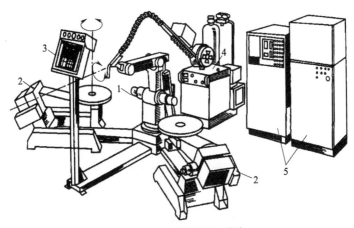

图 5-44　弧焊机器人系统
1—操作机；2—工件变位器；3—控制盒；4—焊接设备；5—控制柜

弧焊机器人的应用范围很广，在通用机械、金属结构、航天航空、机车车辆及造船等行业都有应用。一般的弧焊机器人都配有焊缝自动跟踪（如电弧传感器、激光视觉传感器）和熔池形状控制系统等，可对环境的变化进行一定范围的适应性调整。

焊接机器人目前正朝着智能化方向发展，如能自动检测材料的厚度、工件形状、焊缝轨迹和位置、坡口的尺寸和形式、对缝的间隙；自动设定焊接规范参数、焊枪运动点位或轨迹、填丝或送丝速度、焊钳摆动方式；实时检测是否形成所需要的焊点或焊缝，是否有内部或外部焊接缺陷及排除等。

（四）焊接柔性生产系统

焊接柔性生产系统（WFMS）是在成熟的焊接机器人技术的基础上发展起来的更为先进的自动化焊接加工系统，由多台焊接机器人加工单元组成，可以方便地实现对各种不同类型的工件进行高效率焊接加工。

典型的 WFMS 应由多个既相互独立又有一定联系的焊接机器人、运输系统、物料库、FMS控制器及安全装置组成。每个焊接机器人可以独立作业，也可以按一定的工艺流程进行流水作业，完成对整个工件的焊接。系统控制中心有各焊接单元的状态显示及运送小车、物料的状态信息显示等。

图 5-45 所示为轿车车身自动化装焊生产线，它由主装焊线、左侧层装焊线、右侧层装焊线和底侧层装焊线组成。该生产线上装有 72 台工业机器人和计算机控制系统，自动化程度很高，并具有较大柔性，可进行多种轿车车身的焊接装配生产。

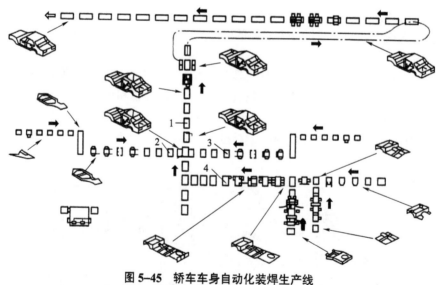

图 5-45　轿车车身自动化装焊生产线

1—主装焊线；2—左侧层装焊线；3—右侧层装焊线；4—底侧层装焊线

复习思考题

1. 什么是铸造？为什么铸造零件在机械制造中应用非常广泛？
2. 砂型铸造生产工艺流程包括哪些主要工序？

3. 简述浇注系统的组成及其作用。
4. 常见的特种铸造方法有哪些？各有什么特点？
5. 什么是合金的铸造性能？它们对铸件质量有何影响？
6. 影响液态合金充型能力的主要因素是什么？
7. 铸造应力是如何产生的？对铸件质量有何影响？
8. 什么是锻压？锻压有何特点？
9. 金属塑性变形的实质是什么？
10. 为什么同种材料的锻件比铸件的力学性能高？
11. 解释什么是加工硬化、回复和再结晶。
12. 影响金属可锻性的因素有哪些？
13. 锻造的基本方法有哪些？
14. 冲压的基本工序有哪些？
15. 什么是焊接？焊接方法分为哪几大类？
16. 焊接接头由哪几个区域组成？
17. 产生焊接应力和变形的原因是什么？如何防止和矫正焊接变形？
18. 产生焊接裂纹的原因是什么？如何防止？
19. 常用的焊接方法有哪些？
20. 焊条、焊芯和药皮有何作用？
21. 什么是金属材料的焊接性？焊接性的好坏如何衡量？

第六章　机械加工工艺

第一节　切削加工概论

金属切削加工是用切削刀具从毛坯上切去多余的金属，以获得所需形状、尺寸精度和表面粗糙度的零件的加工方法。

汽车上的零件除极少数采用精密铸造或精密锻造等无切前加工的方法获得以外，绝大多数零件都是靠切削加工来获得的。因此，如何正确地进行切削加工，对于保证零件质量、提高生产率和降低成本有着重要的意义。

一、切削加工的运动分析及切削要素

汽车零件的形状虽然很多，但分析起来，就是由下列几种表面组成的，即外圆面、内圆面（孔）、平面和成形面。因此只要能对这几种表面进行加工，就能完成所有汽车零件的加工。

外圆面和内圆面（孔）是以某一直线为母线，以圆为轨迹，做旋转运动时所形成的表面。

平面是以一直线为母线，以另一直线为轨迹，做平移运动时所形成的表面。

成形面是以曲线为母线，以圆或直线为轨迹，做旋转或平移运动时所形成的表面。

上述各种表面，分别可用图 6–1 所示的相应的加工方法来获得。由图可知，要对这些表面进行加工，刀具与工件必须具有一定的相对运动，这就是所谓的切削运动。

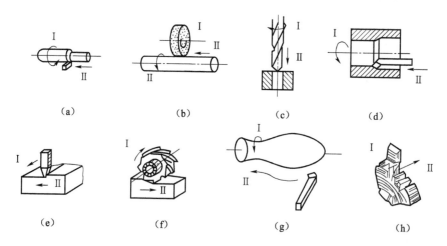

图 6–1　零件不同表面加工时的切削运动

（a）车外圆面；（b）磨外圆面；（c）钻孔；（d）车床上镗孔；（e）刨平面；（f）铣干面；（g）车成形面；（h）铣成形面

切削运动包括主运动（图 6-1 中Ⅰ）和进给运动（图 6-1 中Ⅱ）。

主运动——切除工件上的切削层，使之转变成切屑，以形成工件新表面的运动。它用切削速度（v_c）来表示，是切削运动中速度最高、消耗功率最大的运动。例如，车削时工件的回转运动、铣削时铣刀的回转运动和刨削时刨刀的直线运动等，都是主运动。

进给运动——使切削层不断投入切削的运动，它用进给速度 v_f（mm/s）或进给量 f 来表示。车削时车刀的纵向或横向移动、钻孔时钻头的轴向移动、外圆磨削时工件的旋转运动（圆周进给）和纵向移动均属于进给运动。

一般说来，主运动只有一个，进给运动可以有一个、两个或多个。

在切削过程中，工件上形成了三个表面，如图 6-2 所示，即：

已加工表面——工件上切除切屑后留下的表面。

待加工表面——工件上将被切除切削层的表面。

加工表面（过渡表面）——工件上正在切削的表面。

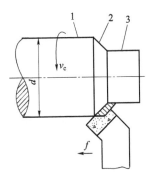

图 6-2　切削用量

1—待加工表面；2—加工表面；3—已加工表面

（一）切削用量

切削用量是衡量切削运动大小的参数，是加工中调整使用机床的依据。合理选择切削用量对保证产品质量和提高生产效率有着密切的关系。

切削用量包括背吃刀量（切削深度）、进给量和切削速度三个要素。

1. 背吃刀量（切削深度）a_p

背吃刀量是指工件上已加工表面与待加工表面间的垂直距离，如图 6-2 所示，也就是每次进给时车刀切入工件的深度，又称切削深度（单位：mm）。车外圆时的背吃刀量 a_p 可按下式计算：

$$a_p = \frac{d_\omega - d_m}{2}$$

式中：d_ω——工件待加工表面直径，mm；

d_m——工件已加工表面直径，mm。

2. 进给量 f

进给量是指工件转一转，车刀沿进给方向移动的距离，如图 6-2 所示。它是表示进给运动大小的参数，又称走刀量（单位：mm/r）。

进给量又分为纵向进给量和横向进给量两种：

纵向进给量——沿车床床身导轨方向的进给量；

横向进给量——垂直于车床床身导轨方向的进给量。

进给速度 v_f 是指单位时间内，刀具相对于工件沿进给运动方向的相对位移。

进给速度与进给量的关系可表示为

$$v_f = nf$$

3. 切削速度 v_c

切削速度是指主运动的线速度，可以理解为车刀在单位时间内车削工件表面的理论展开直线长度。它表示主运动的大小（单位：m/min）。

车削时切削速度可按下式计算：

$$v_c = \frac{\pi d n}{1\,000} \approx \frac{dn}{318}$$

式中：v_c——切削速度，m/min；

　　　d——工件直径，mm；

　　　n——工件转速，r/min。

车削时，工件做旋转运动，不同直径处的各点切削速度不相同，计算时应以最大的切削速度为准，如车外圆时应以待加工表面的直径代入上式计算。

在实际生产中，往往是已知工件直径，并根据工件材料、刀具材料和加工性质等因素确定切削速度，然后计算车床主轴的转速，以便调整机床。这时可把上式改写为

$$n = \frac{1\,000 v_c}{\pi d} \approx \frac{318 v_c}{d}\ (\text{r/min})$$

（二）切削用量的选择原则

提高背吃刀量 a_p、进给量 f、切削速度 v_c 中任何一个要素，都可以缩短切削时间，提高生产率。但受机床功率、工艺系统刚性和刀具耐用度等条件限制，又不能同时将三者都提高。因此，应根据不同的切削加工条件，首先确定一个主要的切削要素，然后再确定其余两个。

粗加工时，应主要考虑提高生产率和保证合理的刀具耐用度。由于粗加工时的加工余量比较大，选用大的背吃刀量 a_p 可减少走刀次数，较大幅度地提高生产率；此外，增大背吃刀量 a_p 对刀具耐用度的影响最小，而提高切削速 v_c 会加剧刀具的磨损，使刀具耐用度显著降低。所以，粗加工时应首先选用较大的背吃刀量，其次再选较大的进给量，最后根据刀具耐用度和机床功率选用合理的切削速度。

精加工时应以保证加工精度和表面质量为主，并兼顾必要的刀具耐用度和生产率。因此，精加工时应首先选用较高或较低的切削速度，避开积屑瘤的产生区域；其次在保证表面粗糙度的前提下尽量选择较大的进给量；而背吃刀量是根据加工要求预留的，应一次切削完成。

二、常用机械加工方法

（一）车削加工

在车床上用车刀对工件进行切削加工的过程称为车削加工。车削外圆时，工件旋转为主运动，车刀的纵向走刀和横向吃刀为进给运动。

主要用车刀在工件上加工回旋表面的机床，称为车床，其种类很多，常用的有卧式车床（见图 6-3）、六角车床、立式车床、多刀自动和半自动车床、仪表车床和数控车床等。

车削加工所用的刀具主要是车刀，还可以使用钻头、铰刀、丝锥和滚花刀等刀具进行加工。

由于车刀的几何角度和采用的切削用量的不同，车削的精度和表面粗糙度也不同。因此，车削外圆可分为粗车、半精车、精车和细车。

车削的工艺特点：

（1）易于保证工件加工面的位置精度。车削时，工件绕固定轴线回转，各表面具有相同的回转轴线，因而易于保证加工面间的同轴度要求；工件端面与轴线的垂直度要求，则主要

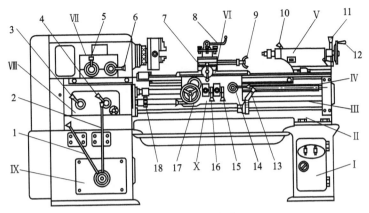

图 6-3 C6132 车床

1，2，6—主运动变速手柄；3，4—进给运动变速手柄；5—刀架左、右移动的换向手柄；7—刀架横向手动手柄；
8—方刀架锁紧手柄；9—小刀架移动手柄；10—尾座套筒锁紧手柄；11—尾座锁紧手柄；12—尾座套筒移动手轮；
13—主轴正反转及停止手柄；14—"对开螺母"开合手柄；15—刀架横向自动手柄；16—刀架纵向自动手柄；
17—刀架纵向手动轮；18—光杠、丝杠更换使用的离合器；Ⅰ—床腿；Ⅱ—床身；Ⅲ—光杠；Ⅳ—丝杠；Ⅴ—尾座；
Ⅵ—刀架；Ⅶ—主轴箱；Ⅷ—进给箱；Ⅸ—变速箱；Ⅹ—溜板箱

由车床本身精度来保证。

（2）切削过程比较平稳。车削是连续切削，切削力变化小，切削过程平稳，有利于采用比较大的切削用量，加工效率高。

（3）车刀结构简单，易制造，刃磨与装夹较方便；还可根据加工要求，选择不同的刀具材料与刀具角度。

（4）车削加工的工件材料种类多。车削不仅可以加工各种钢件、铸铁和有色金属，还可以加工玻璃钢、尼龙等非金属。特别是一些有色金属的精加工，只能通过车削来完成。车削精度一般为 IT13～IT6，表面粗糙度 Ra 值为 1.25～1.6 μm。进行精细车削时，精度可以达到 IT6～IT5，表面粗糙度 Ra 值可达到 0.1～0.4 μm。

车削加工的时候，可以在车床上使用不同的刀具，加工各种回转表面，如内外圆柱面、内外圆锥面、螺纹、沟槽、端面和回转成形面等，如图 6-4 所示。

在单件小批量生产中，各种轴、盘和套等类零件多选择适应性广的卧式车床或数控车床进行加工；直径大而长度短（长颈比 $L/D \approx 0.3 \sim 0.8$）的重型零件，多采用立式车床加工。

成批生产外形较复杂，且具有内孔及螺纹的中小型轴、套类零件时，应选择转塔车床进行加工。

大批量生产形状不太复杂的小型零件，如螺钉、螺母、管接头和轴套等时，多选用半自动和自动车床进行加工。其生产效率很高，但精度低。

（二）铣削加工

在铣床上用铣刀对工件进行切削加工的过程称为铣削加工。铣削加工中，铣刀的旋转为主运动，工件的直线或曲线运动为进给运动。

主要用铣刀在工件上加工各种表面的机床称为铣床。铣床的种类很多，常用的是卧式铣床（见图 6-5）和立式铣床（见图 6-6）。卧式铣床又可以分为万能升降台铣床和卧式升降台铣床。

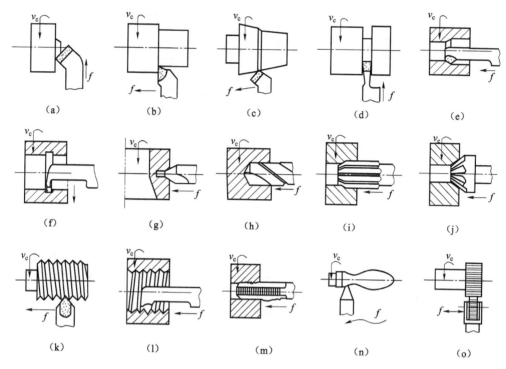

图 6-4 车床的加工范围

(a) 车端面；(b) 车外圆；(c) 车外锥面；(d) 切槽、切断；(e) 镗孔；(f) 切内槽；(g) 钻中心孔；(h) 钻孔；

(i) 铰孔；(j) 锪锥孔；(k) 车外螺纹；(l) 车内螺纹；(m) 攻螺纹；(n) 车成形面；(o) 滚花

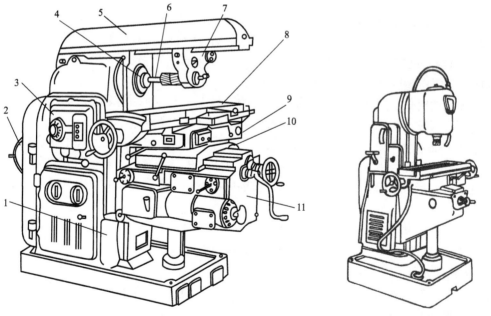

图 6-5 万能卧式铣床的外形图　　**图 6-6 立式铣床**

1—床身；2—电动机；3—主轴变速机构；4—主轴；5—横梁；6—刀杆；7—吊架；

8—纵向工作台；9—转台；10—横向工作台；11—升降台

铣削工艺特点：

（1）生产效率高。铣刀是典型的多刀刃刀具，铣削时有几个刀刃同时参加工作，总的切削宽度较大。铣削的主运动是铣刀的旋转，有利于采用高速铣削，所以铣削的生产效率一般比刨削高。

（2）刀具振动大。铣刀的刀刃切出时会产生冲击，并引起同时工作刀刃数的变化；每个刀刃的切削厚度是变化的，这将使切削力发生变化。因此，切削过程不平稳，容易产生振动。

（3）散热条件好。铣刀刀刃间歇切削，可以得到一定的冷却，因而散热条件好。但是，切入和切出时热的变化、力的冲击将加速刀具的磨损，甚至可能引起硬质合金刀片的碎裂。

（4）加工成本高。这是因为铣床的结构比较复杂，故铣刀的制造和刃磨也比较困难。

（5）加工范围广泛。铣削的形式有很多种，铣刀的类型更是多种多样，再加上分度头、回转工作台及立铣头等附件的组合应用，使铣削加工的范围十分广泛。图 6-7 所示为铣削的主要应用。

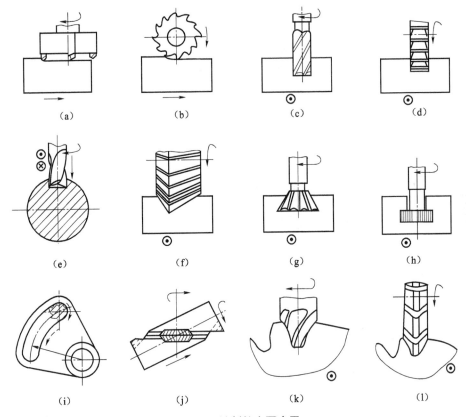

图 6-7　铣削的主要应用

（a）端铣平面；（b）周铣平面；（c）立铣刀铣直槽；（d）三面刃铣刀铣直槽；（e）键槽铣刀铣键槽；

（f）铣角度槽；（g）铣燕尾槽；（h）铣 T 形槽；（i）在圆形工作台上用立铣刀铣圆弧槽；

（j）铣螺旋槽；（k）指状铣刀铣成形面；（l）盘状铣刀铣成形面

单件、小批量生产中，加工小、中型工件多用升降台铣床。单件加工小批量盘形零件，也可以采用立铣刀在立式铣床上加工。加工中、大型工件时可以采用龙门铣床。

（三）刨削加工

在刨床上用刨刀对工件进行切削加工的过程称为刨削加工。这种加工方法通过刀具和工件之间产生相对的直线往复运动来达到刨削工件的目的。牛头刨床是刨削加工中最常用的机床，当这种机床加工水平面的时候，刀具的直线往复运动为主运动，工件的间歇移动为进给运动。

用刨刀加工工件表面的机床称为刨床。刨床种类较多，最常见的是牛头刨床（见图6-8）和龙门刨床。

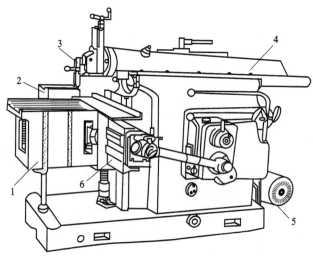

图6-8 牛头刨床的外形

1—工作台；2—工件；3—刨刀；4—滑枕；5—电动机；6—横梁

工艺特点如下：

（1）刨床的结构简单，调整、操作方便；刨刀形状简单，制造、刃磨和安装也比较方便，适应性较好。

（2）生产效率一般较低。刨削时，回程不切削；刀具切入和切出时候有冲击，限制了切削用量的提高。

（3）加工精度中等。一般刨削的精度可达IT9～IT8，表面粗糙度可达 $Ra3.2～1.6$ um。

刨削主要用于加工各种平面、斜面、沟槽等。图6-9所示为牛头刨床所能完成的部分工作。

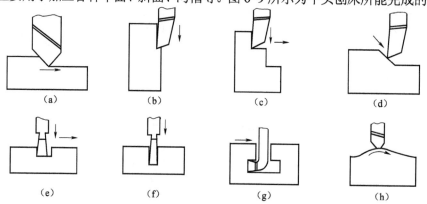

图6-9 刨削的应用

（a）刨平面；（b）刨垂直面；（c）刨台阶面；（d）刨斜面；（e）刨直槽；（f）切断；（j）刨T形槽；（h）刨成形面

铣削与刨削的比较：

（1）适应性。铣削方式很多，铣刀类型多种多样，加上铣床附件（如回转工作台、分度头等）的配合使用，扩大了铣削范围。除了能加工各种平面、沟槽外，还能进行许多刨削无法完成或不便完成的工作，如轴上的键槽、内凹平面和有等分要求的外平面（如四方和六方螺栓头等）都适合铣削加工。

（2）生产率。因铣削时参加切割的刀齿较多，切削速度高，无刨削那样的空回行程，故生产率较高。但加工狭长平面（如导轨面、长槽）时，刨削的生产率比铣削高。

（3）加工质量。一般情况下铣削与刨削的加工质量相近。

（4）设备与刀具费用。铣床结构比刨床复杂，铣刀的制造和刃磨也比刨刀复杂，因此铣削的设备和刀具费用比刨削高。

刨削加工主要用于单件、小批量生产中，在维修车间和模具车间应用较多。

（四）磨削加工

在机床上用砂轮作为刀具对工件表面进行加工的过程称为磨削加工。磨削是零件精加工的主要方法。磨削外圆时，砂轮的旋转为主运动，同时砂轮又做横向进给运动；工件的旋转为圆周进给运动，同时工件又做纵向进给运动。

磨削加工的特点：

（1）加工精度高及表面粗糙度小。一般磨削加工可获得的尺寸精度等级为IT6～IT5，表面粗糙度 Ra 值为 0.8～0.2 μm。若采用精密磨削、超精磨削及镜面磨削，所获得的表面粗糙度值将更小，Ra 值可达 0.1～0.006 μm。

（2）径向磨削力（背向力 F_p）较大。径向分力大易使工艺系统产生变形，影响加工精度。

（3）磨削温度高。在磨削过程中，磨削速度高，一般为切削加工的 10～20 倍，磨削区的温度可达 800℃～1 000℃，甚至能使金属微粒熔化。磨削温度高时还会使淬火钢工件的表面退火，使导热性能差的工件表层产生很大的磨削力，甚至产生裂纹。此外，在高温下变软的工件材料，极易堵塞砂轮，影响砂轮的寿命和工件质量。

（4）砂轮有自锐作用。磨削过程中，砂轮的自锐作用是其他切削刀具所没有的。一般刀具的切削刃，如果磨钝或者损坏，则切削不能继续进行，因砂轮的磨损而变钝，磨粒就会破碎，产生新的、较锋利的棱角；或者圆钝的磨粒从砂轮表面脱落，露出一层新鲜锋利的磨粒，继续对工件进行切削加工。

磨削加工用于半精加工和精加工，可以加工的工件材料范围很广，既可以加工铸铁、碳钢和合金钢等一般材料，也能加工高硬度的淬火钢、硬质合金、陶瓷和玻璃等难加工的材料。但是，磨削不宜精加工塑性较大的有色金属工件。

常见的磨削加工方式如图 6-10 所示。

（五）钻削加工

在钻床上对工件进行切削加工的过程称为钻削加工。所用的设备主要是钻床，所用的刀具有麻花钻头、扩孔钻和铰刀等。在钻床上进行切削加工时，刀具除了做旋转的主运动外，还沿自身的轴线做直线进给运动，而工件是固定不动的。图 6-11 所示为常用的台式钻床。

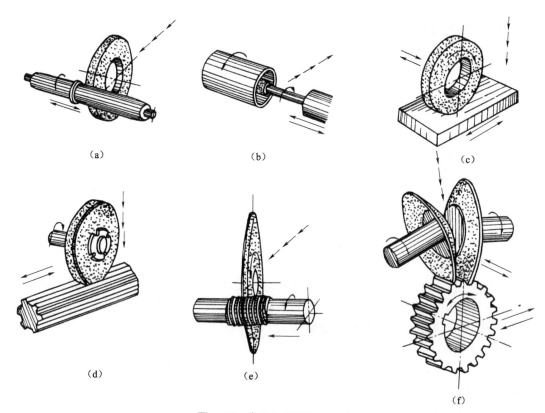

图 6-10　常见的磨削加工方式

（a）外圆磨削；（b）内圆磨削；（c）平面磨削；（d）花键磨削；（e）螺纹磨削；（f）齿形磨削

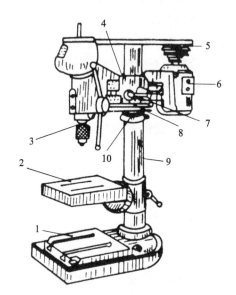

图 6-11　台式钻床

1—固定工作台；2—转动工作台；3—主轴；4—头架；5—三解皮带塔轮；6—电动机；7—锁紧手柄；
8—进刀手柄；9—立柱；10—保险环

钻孔的特点：

（1）在钻削加工时，钻头容易引偏，钻头的刚性很差，定心作用也很差，因而容易导致钻孔时孔轴线歪斜。

（2）钻孔时容易出现孔径扩大的现象，这不仅与钻头引偏有关，还与钻头的磨刃质量有关。钻头的两个主切削刃应磨得对称一致，否则钻出的孔径就会大于钻头直径，产生扩张量。

（3）排屑困难。钻孔时由于切屑较宽，容屑槽尺寸又受到限制，所以排屑困难，致使切屑与孔壁发生较大的摩擦、挤压、拉毛和刮伤已加工表面，降低表面质量，甚至切屑可能堵塞在钻头的卡槽里卡死钻头，将钻头扭断。所以，钻孔的时候要经常退出钻头，清理切屑后再继续钻孔。

（4）切削热不容易传散。钻削时，大量高温切屑不能及时排除，切削液又难以注入切削区，因此温度较高，加速了刀具磨损，限制了切削用量和生产率的提高。

（5）钻削加工的加工质量较差，尺寸精度一般为IT13～IT11，表面粗糙度 Ra 值为50～12.5 μm。

钻孔精度不高，对于精度要求不高的孔可以作为终加工方法，如螺栓孔、润滑油通道等；对于加工精度要求高的孔，由钻孔进行预加工以后，再进行扩孔、铰孔或镗孔。此外，钻孔是在实体材料上面打孔的唯一机加工方法，且操作简单、适应性强。

单件、小批量生产中，中、小型工件上的小孔（$D<13$ mm）常用台式钻床加工；中、小型工件上直径较大的孔（$D<50$ mm）常用立式钻床加工；中、大型工件上的孔采用摇臂钻床加工；回转体工件上的多孔在车床上加工。

在成批和大量生产中，为了保证加工精度，提高生产效率和降低成本，广泛采用钻模、多轴钻或组合机床进行孔加工。

（六）扩孔

扩孔是用扩孔钻对工件上的已有孔的直径进行再扩大的一种加工方法，如图6-12所示。

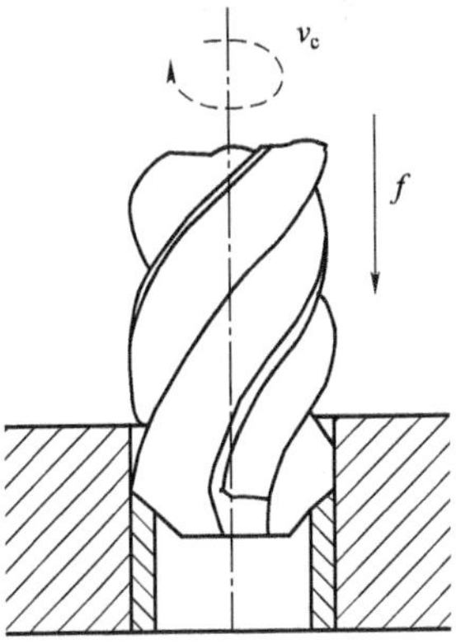

与钻孔比较，扩孔有以下特点：

（1）扩孔钻的齿数较多，因而导向性好，切削稳定，并可校正原有孔的轴线歪斜及圆度误差。

（2）扩孔余量较小，因此容屑槽可做得较浅，钻心厚度相对增大，提高了刀体的强度和刚度。此外由于切屑较窄，故容易排屑，且切屑也不容易刮伤已加工表面。

（3）由于扩孔钻没有横刃，避免了横刃产生的不良影响，因而可以采用较大的进给量。

图6-12　扩孔

与钻孔相比，扩孔的精度高、表面质量好、生产效率高，可以作为半精加工方法，既可以作为精加工前的预加工，也可以作为精度要求不高的孔的终加工。

（七）铰孔

铰孔是用铰刀对未淬硬工件进行精加工的一种加工方法，铰孔有机铰和手铰两种。机铰如图 6-13 所示。

铰孔用的刀具是铰刀，如图 6-14 所示。

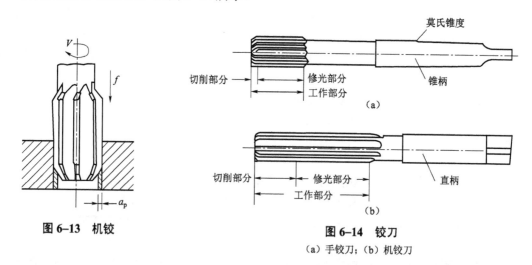

图 6-13 机铰

图 6-14 铰刀

（a）手铰刀；（b）机铰刀

铰孔的特点：

（1）铰刀具有校准部分，可以起校准孔径、修光孔壁的作用，使加工质量得到提高。

（2）铰孔余量和切削力较小；切削速度一般较低，产生的切削热较少，因此变形较小、加工质量较好。

（3）铰刀是标准刀具，一定直径的铰刀只能加工一种直径和尺寸公差等级的孔。

（4）铰孔只能保证孔本身的精度，而不能校正原孔轴线的偏斜以及孔与其他相关表面的位置误差。

（5）生产效率高，尺寸一致性好，适用于成批和大量生产。钻—扩—铰是生产中常用的加工较高精度孔的工艺。

铰孔的适应性较差，铰刀是定尺寸刀具，对于非标准孔、盲孔和台阶孔，不宜采用铰孔。铰孔适用于加工钢、铸铁和非金属材料，但不能加工硬度很高的材料。

（八）镗削加工

在镗床上用镗刀对工件进行切削加工的过程称为镗削加工，所用的设备主要是镗床，所用的刀具是镗刀。在镗床上进行加工时，镗刀做旋转主运动，刀具或工件沿孔的轴线做直线进给运动。常见镗削加工如图 6-15 所示。

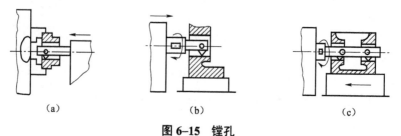

（a）　　　　　　　　（b）　　　　　　　　（c）

图 6-15 镗孔

（a）在车床上镗孔；（b）、（c）在镗床上镗孔

镗孔的特点：

（1）刀具简单，且径向尺寸可以调节，用一把镗刀就可以加工直径不同的孔。

（2）能校正原有孔的轴线歪斜与位置误差。

（3）镗削可方便地调整被加工孔与刀具的相对位置，从而保证被加工的孔与其他表面间的相互位置精度。

（4）镗孔质量主要取决于机床精度和工人技术水平，对操作者的技术要求较高。

（5）与铰孔相比较，生产效率低。

（6）不适宜加工细长的孔。

镗孔适用于单件小批量生产中，对复杂的大型工件上的孔系进行加工。此外，对于直径较大的孔（$D>80$ mm）、内成形表面和孔内环槽等，镗孔是唯一适合的加工方法。

三、金属切削过程中的物理现象及其基本规律

在金属切削过程中，会出现一系列的物理现象，如切削变形、切削力、切削热及刀具磨损等。这些物理现象都是以切屑形成过程为基础的，而生产实践中出现的积屑瘤、振动、卷屑和断屑等问题，都与切削过程中的变形规律有关。因此，研究这些基本规律，有助于合理使用刀具，充分发挥刀具性能，合理选择切削用量，提高生产率和零件的加工质量，降低生产成本。

（一）切屑的形成与类型

切削时，在刀具切削刃的切割和前面的推挤作用下，使被切削的金属层产生变形、剪切滑移进而分离变成切屑，这个过程称为切削过程。

由于工件材料性质和切削条件不同，切削过程中滑移变形的程度也就不同，因此产生了多种类型的切屑，一般可分为四种类型，如图 6-16 所示。

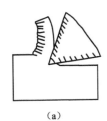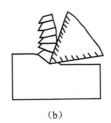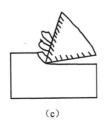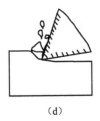

（a）　　　　　　　（b）　　　　　　　（c）　　　　　　　（d）

图 6-16　切屑的类型

（a）带状切屑；（b）节状切屑；（c）单元切屑；（d）崩碎切屑

1. 带状切屑［见图 6-16（a）］

它的内表面光滑，外表面呈毛茸状。一般在加工塑性金属材料时，因切削厚度较小、切削速度较高、刀具角度较大而形成带状切屑。它是车削加工中最常见的切屑。

形成带状切屑的切削过程比较平稳，切削力变化小，因而工件表面粗糙度较小。但若产生连绵不断的带状切屑，则会妨碍工件加工，容易发生人身事故，所以必须采取断屑措施。

2. 节状切屑［见图 6-16（b）］

它的外形与带状切屑不同的是外表面呈锯齿形，其内表面有时有裂纹。这类切屑大多是在工件塑性降低、切削速度较低、切削厚度较大、刀具前角较小时，由于切屑剪切滑移过程中滑移量较大，在局部地方达到了材料的断裂强度而形成的。

3. 单元切屑［见图 6–16（c）］

如果在节状切屑的整个剪切面上剪应力超过了材料断裂强度，则整个单元被切离，成为梯形的单元切屑，又称粒状切屑。

4. 崩碎切屑［见图 6–16（d）］

切削脆性金属材料时，因其材料的塑性很小，抗拉强度较低，刀具切入后，靠近切削刃和刀具前面的局部金属未经塑性变形就被挤裂或脆断，形成不规则的崩碎切屑。当工件材料越脆、切削厚度越大、刀具前角越小时，越易形成这类切屑。

这类切屑与刀具前面的接触长度较短，切削力、切削热集中在切削刃附近，容易使刀具磨损和崩刃，并会增大工件的表面粗糙度。

（二）积屑瘤

用中等切削速度切削钢料或其他塑性金属，有时在车刀前刀面上靠近主切削刃的部位牢固地粘着一小块金属（见图 6–17），其硬度为金属材料本身硬度的 2～3.5 倍，这就是积屑瘤，又称刀瘤。

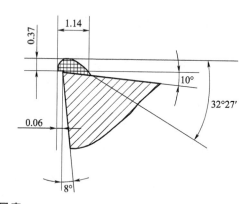

图 6–17　积屑瘤

积屑瘤在形成过程中，金属材料因塑性变形而被强化。因此，积屑瘤的硬度比工件材料的硬度高，能代替切削刃进行切削，起到保护切削刃的作用。同时，积屑瘤使刀具的实际工作前角增大，使切削力减小，切削变得轻快。所以，粗加工时产生积屑瘤有一定的好处。

但是，积屑瘤的顶端伸出切削刃之外，而且在不断地产生和脱落，使实际切削深度和切削厚度发生变化，影响工件的尺寸精度；另外，积屑瘤在工件表面上刻划出不均匀的沟痕，影响工件的表面粗糙度。积屑瘤破碎后，一部分被切屑带走，一部分嵌入工件表面，在已加工表面上留下许多硬质点，使工件表面加工质量下降。因此，精加工时，应尽量避免积屑瘤的产生。由于在中等切削速度下易产生积屑瘤，故精加工多采用高速或低速加工。

（三）加工硬化和残余应力

在切削塑性材料时，工件已加工表面表层的硬度明显提高而塑性下降，这一现象称为加工硬化。这是表层金属经过反复多次变形和摩擦的结果。

残余应力是指在外力消失以后，残存在物体内部而总体又保持平衡的内应力。在切削过程中，由于金属的塑性变形以及切削力、切削热等因素的作用，在已加工表面的表层内会产生残余应力。表面残余应力往往与加工硬化同时出现。

切削加工所造成的工件表面硬化层以及伴随产生的残余应力，会加剧刀具的磨损，给后续加工带来困难；同时容易引起工件变形，影响加工精度，甚至使工件表面产生裂纹，影响零件的使用。

（四）切削热和切削温度

切削热来源于切削层金属发生弹性变形和塑性变形产生的热量以及切屑与前刀面、工件与后刀面之间摩擦产生的热。

切削热通过切屑、工件、刀具和周围的介质传散出去。

如不用冷却润滑液，以中速车削钢料时，切削热传散的比例为：切削热的 50%～86%由切屑带走；10%～40%传入工件；3%～9%传入车刀；1%左右传入周围空气。

切削温度通常指切削区域的平均温度。切削温度的高低，取决于切削时产生热量的多少和散热条件的好坏。例如，车削不锈钢时，由变形产生的热量较高，工件材料的导热系数低，热量不易传散，因此切削温度高。

传入工件的切削热可使工件产生热变形，影响工件的加工精度。

传入刀具的切削热比例虽不大，但由于刀具的体积小、热容量小，因而温度高。切削温度高会加剧刀具的磨损。

（五）冷却润滑液

冷却润滑液的作用：

（1）冷却作用。冷却润滑液能带走切削区大量的切削热，改善散热条件，因而降低了切削温度，提高了刀具的耐用度，为提高生产率创造了有利条件。

（2）润滑作用。冷却润滑液能渗透到工件表面与刀具之间及切屑与刀具之间的微小间隙中，形成一层薄薄的吸附膜，减小了摩擦系数，因此减小了切削力和切削热，从而使刀具的磨损减少。它还能限制积屑瘤的生长，改善加工表面质量。对精加工来说，润滑作用就显得更加重要。

（3）清洗作用。为防止切削过程中产生的细小切屑或磨削中的砂粒、磨屑黏附在工件、刀具和机床上，影响工件表面质量和损坏机床，要求冷却润滑液具有良好的清洗能力。清洗性能的好坏，与冷却润滑液的渗透性、流动性和使用的压力有关。

（4）防锈作用。切削液中加入防锈添加剂，可使其与金属表面起化学反应而生成保护膜，起到防锈、防蚀作用。

此外，切削液还应具有抗泡性、抗霉菌变质能力，达到排放时不污染环境、对人体无害及使用经济等要求。

金属切削加工中常用的冷却润滑液可分为三大类：水溶液、乳化液和切削油。

（六）刀具磨损

当刀具磨损到一定程度时，若不及时重磨，不但会影响工件的加工精度和表面质量，而且会使刀具磨损得更快，甚至崩刃而造成重磨困难和刀具材料浪费。所以，刀具磨损对产品质量、生产率和加工成本都有直接影响。

影响刀具磨损的主要因素与影响切削温度的主要因素基本相同。凡使切削温度升高的因素，都会使刀具磨损加快。

（1）工件材料。工件材料的强度和硬度越高，刀具磨损越快。

（2）刀具角度。刀具角度直接影响刀具的磨损程度和散热条件等。

（3）切削用量。切削速度对刀具磨损的影响最大，其次是进给量，影响最小的是背吃刀量。

刀具磨损限度是指刀具从开始切削到不能继续使用为止的那段磨损量。

刀具由刃磨后开始切削一直到磨损量达到磨损限度为止的总切削时间称为刀具耐用度，也就是刀具两次重磨之间纯切削时间的总和，一般用符号"T"表示。

刀具寿命是指一把新刀具从开始使用直到报废为止的实际切削时间的总和。

如磨损限度相同，刀具耐用度越大，表示刀具的磨损越慢。

合理的刀具耐用度常根据经济性或最大生产率来确定。从经济性考虑，复杂刀具的耐用度时间应比简单刀具大。例如，硬质合金焊接车刀的耐用度为 60 min，高速钢钻头为 80～120 min，齿轮刀具为 200～300 min。

使用可转位车刀，能缩短换刀时间和降低刀具成本。加工难加工材料时，为了提高生产率，可将车刀耐用度降低到 15～30 min，这样可大大提高切削速度。

第二节　机械加工工艺过程

一、机械加工工艺过程

所谓机械加工工艺是对各种机械加工方法与过程的总称。

机器或机械设备是由许多零、部件装配而成的，它的生产过程是一个复杂过程。首先，要把各种原材料，如生铁和钢材等，在铸造、锻压等车间制成零件的毛坯；然后送到机械加工、热处理等车间进行切削加工和处理，制成零件，再把各种零、部件送到装配车间装配成一台机械设备；最后经过磨合、调整和试验等，达到规定的性能指标后正式出厂。上述与原材料（或半成品）改变为成品直接有关的过程是生产的主要过程。此外，还必须有生产的辅助过程，即与由原材料（半成品）改变为成品间接有关的过程，如原材料（半成品）的运输、保存和供应，生产工具的制造、管理和准备及设备的维修等。综上所述，由原材料到成品之间各个相互联系的劳动过程的总和称为生产过程。

在生产过程中，直接改变生产对象的形状、尺寸、相对位置和性质等，使其成为成品或半成品的过程，称为工艺过程。工艺过程包括铸造、锻造、焊接、冲压、机械加工、热处理、表面处理和装配工艺过程等。

机械加工工艺过程是利用机械加工的方法，使毛坯逐步改变形状和尺寸而成为合格零件的全部过程。此外，还包括改变材料物理性能的工艺过程，如滚压加工、挤压加工等使用机械方法的表面强化工艺。机械加工工艺过程在机械设备生产中占有较大的比重及重要的位置，其中绝大部分是在机械加工车间中应用金属切削机床进行加工。

机械加工工艺过程是由按一定顺序排列的一系列工序组成的。毛坯依次通过各道工序，逐渐变成所需要的零件。每一道工序又可分为若干个安装、工位、工步及走刀。

1. 工序

之所以要划分为若干工序，一方面由于零件具有许多不同形状和不同精度等级的表面，而这些表面（或同一表面）的加工往往不是一台机床所能胜任的；另一方面划分工序有利于生产组织，可以提高生产率和降低成本。

所谓工序，是指一个或一组工人，在一个工作地（机械设备）上对同一个或同时对几个工件所连续完成的那一部分工艺过程。可见，工作地、工人、零件和连续作业是构成工序的四个要素，其中任一要素的变更即构成新的工序。连续作业是指在该工序内的全部工作要不间断地接连完成。一个工序包括的内容可能很复杂，也可能很简单；可能自动化程度很高，也可能只是简单的手工操作（如去毛刺）。但只要改变了机床（或工作地点），就是改变了工序。如加工图6-18所示的阶梯轴，在不同生产形式下的工序可分别由表6-1和表6-2给出。

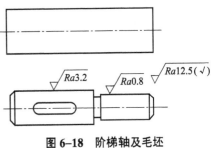

图 6-18　阶梯轴及毛坯

表 6-1　阶梯轴单件生产的工艺过程

工序号	工序名称	设备
1	车端面，打中心孔，车外圆，切退刀槽，倒角	车床
2	铣键槽	铣床
3	磨外圆，去毛刺	磨床

表 6-2　阶梯轴大批大量生产的工艺过程

工序号	工序名称	设备
1	铣端面，打中心孔	铣端面和打中心孔机床
2	粗车外圆	车床
3	粗车外圆，倒角，切退刀槽	车床
4	铣键槽	铣床
5	磨外圆	磨床
6	去毛刺	钳工台

工件是指按工件由一台机床送到另一台机床顺序地进行加工。工序是工艺过程的基本组成部分，是生产计划管理、经济核算的基本单元，也是计算设备负荷、确定生产人员数量、技术等级以及工具数量等的依据。

2. 安装

安装是指工件（或装配单元）经一次装夹后所完成的那一部分工序。安装可看成是一个辅助工步，而装夹是指定位与夹紧的操作过程。

在一个工序内可以包括一次或几次安装。

应该注意，在每一个工序中，安装次数应尽量少，以免影响加工精度和增加辅助时间。

3. 工位

在有些情况下，在一个工序中，工件在加工过程中需多次改变位置，以便进行不同的加工。因此，为了完成一定的工序部分，一次装夹工件后，工件（或装配单元）与夹具或设备的可动部分一起相对于刀具或设备的固定部分所占据的每一个位置称为工位。工位是用来区分复杂工序的不同工作位置的。

一个工序可包括几个工位。例如，在组合机床上加工 IT7 公差等级的孔，通常是在六工位回转工作台上加工，如图 6-19 所示。每个工位安装一个工件，与各工位相对应的钻、扩和铰等刀具则安装在多轴头上，定时完成进给和退刀运动。因此，除第一工位用来装卸工件以外，同时有五个工件被加工。对一个工件来说，在一个工位上加工完毕后，工作台转位，再进行下一个工位的加工，这样经过六个工位（回转一圈）以后，加工完成。六个工位的工作依次是安装、预钻孔、钻孔、扩孔、粗铰及精铰。

由此可见，采用多工位加工可以减少工件的安装次数，从而减少多次安装带来的加工误差，并可以提高生产率。

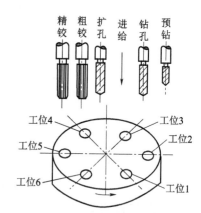

图 6-19　在六工位回转工作台式组合机床上进行加工

4. 工步

有时在一个工序中，还可包括几个工步。

工步是指一次安装中，在工件的加工表面、切削刀具和切削用量中的转速与进给量不变的情况下所连续完成的那一部分工序。因此，上述所列举的三个要素中，只要有一个发生变化，就认为是另一个工步。如图 6-20 所示，在车床上用同一把车刀以相同的主轴转速和刀具进给量顺次车削外圆 I 和 II，即是在两个工步内完成加工的。有时在零件的机械加工中，为提高生产率，常采用多刀同时加工几个表面，也是一个工步，称为复合工步。图 6-21 所示为在多刀半自动车床上用多把车刀同时车削外圆、端面及空刀槽的示意图，它是一个复合工步。

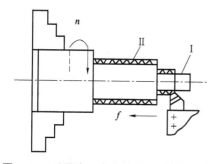

图 6-20　分两个工步分别车削阶梯轴外圆

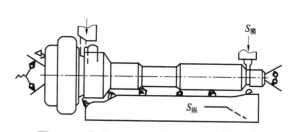

图 6-21　复合工步——多刀车削汽车某一轴

更换刀具等工作，称为辅助工步，它是由人和（或）设备连续完成的一部分工序，该部分工序不改变工件的形状、尺寸和表面粗糙度，但它是完成工序所必需的。

5. 走刀

在一个工步中，有时因所需切去的金属层很厚而不能一次切完，则需分成几次进行切削，这时每次切削就称为一次走刀，如图 6-22 所示用棒料制造阶梯轴时，第二工步中包括了两次走刀。

由此可见，工位、工步和走刀都是为了说明一个复杂工序中各种工作顺序而提出的。

一个零件从毛坯到加工为成品所采取的机械加工工艺过程，根据产量及生产条件等因素的不同，工序不同，工序的划分及每一个工序所包含的内容也不同。

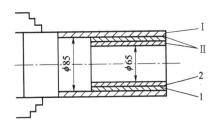

图 6-22 以棒料制造阶梯轴

Ⅰ—第一工步（在 $\phi 85$ mm）；Ⅱ—第二工步（在 $\phi 65$ mm）；
1—第二工步第一次走刀；2—第二工步第二次走刀

二、生产类型及其工艺特点

为了使所制造出的零件能满足"优质、高产、低消耗"的要求，工艺过程不能仅凭经验来确定，而必须按照机械制造工艺学的原理和方法，并结合生产实践和具体生产条件予以确定，最终形成工艺文件。工艺文件是指导工人操作和用于生产、工艺管理等的各种技术文件。

规定产品或零部件制造工艺过程和操作方法等的工艺文件，称为工艺规程。

零件机械加工的工艺规程与其所采用的生产组织类型是密切相关的，所以在制定零件的机械加工工艺规程时，应首先确定零件机械加工的生产组织类型。而生产组织类型又与零件的年生产纲领有关。

（一）生产纲领

生产纲领是指企业在计划期内应当生产的产品产量和进度计划。

生产纲领中应计入备品和废品的数量。产品的生产纲领确定后，就可根据各零件的数量、供维修用的备品率和在整个加工过程中允许的总废品率来确定零件的生产纲领。在成批生产中，当零件的生产纲领确定后，就要根据车间具体情况按一定期限分批投产。一次投入或产出的同一产品（或零件）的数量，称为生产批量。

零件在计划期为一年中的生产纲领 N 可按下式计算：

$$N = Qn(1+a\%)(1+b\%)$$

式中：N——零件的年生产纲领，件；

Q——产品的年生产纲领，台/年；

n——每台产品中所含零件的数量，件/台；

$a\%$——备品的百分率；

$b\%$——废品的百分率。

（二）生产类型及其工艺特点

生产类型是指企业（或车间、工段、班组、工作地）生产专业化程度的分类，一般分为大量生产、成批生产和单件生产三种类型。

1. 大量生产

大量生产是指在机床上长期地进行某种固定的工序。例如，汽车、拖拉机、轴承、缝纫机和自行车的制造，通常是以大量生产的方式进行的。

2. 成批生产

成批生产是在一年中分批地生产相同的零件，生产呈周期性的重复。每批生产相同零件的数量，即生产批量的大小要根据具体生产条件来确定。根据产品结构特点、生产纲领和批量等，成批生产又可分为大批、中批和小批生产。大批生产的工艺特征与大量生产相似，而小批生产与单件生产的工艺特征相似。通用机床（一般的车、铣、刨、钻和磨床）的制造往往属于这种生产类型。

3. 单件生产

单件生产是指单个或少数几个地生产不同结构、尺寸的产品，很少重复。例如，重型机器、大型船舶制造及新产品试制等常属于这种生产类型。

（三）生产类型和生产组织形式的确定

在计算出零件的生产纲领以后，可参考表 6-3 所提出的规范，确定相应的生产类型。生产类型确定以后，就可确定相应的生产组织形式，即在大量生产时采用自动线、在成批生产时采用流水线、在单件小批生产时采用机群式的生产组织形式。

表 6-3　各种生产类型的生产纲领（单位为件）及工艺特点　　　　件

纲领及特点	生产类型	单件生产	批量生产			大量生产
			小批	中批	大批	
产品类型	重型机械	<5	5～100	100～300	300～1 000	>1 000
	中型机械	<20	20～200	200～500	500～5 000	>5 000
	轻型机械	<100	100～500	500～5 000	5 000～50 000	>50 000
工艺特点	毛坯特点	自由锻造、木模手工造型，毛坯精度低、余量大		部分采用模锻、金属模造型，毛坯精度及余量中等		广泛采用模锻、机器造型等高效方法，毛坯精度高、余量小
	机床设备及机床布置	通用机床按机群式排列，部分采用数控机床及柔性制造单元		通用机床和部分专用机床及高效自动机床，机床按零件类别分工段排列		广泛采用自动机床、专用机床，采用自动线或专用机床流水线排列
	夹具及尺寸保证	通用夹具、标准附件或组合夹具，划线试切保证尺寸		通用夹具、专用或成组夹具，定程法保证尺寸		高效专用夹具，定程及自动测量控制尺寸
	刀具、量具	通用刀具、标准量具		专用或标准刀具、量具		专用刀具、量具，自动测量
	零件的互换性	配对制造，互换性低，多采用钳工修配		多数互换，部分试配或修配		全部互换，高精度偶件采用分组装配、配磨
	工艺文件的要求	编制简单的工艺过程卡片		编制详细的工艺规程及关键工序的工序卡片		编制详细的工艺规程、工序卡片和调整卡片
	生产率	用传统加工方法，生产率低，用数控机床可提高生产率		中等		高
	成本	较高		中等		低
	发展趋势	采用成组工艺，采用数控机床、加工中心及柔性制造单元		采用成组工艺，采用柔性制造系统或柔性自动线		用计算机控制的自动化制造系统、车间或无人工厂，实现自适应控制

从生产组织形式的优势出发，常希望提高生产纲领。为此，可按照零件的相似原理对零件进行相似性分析，再按照零件的相似程度将相似零件划分为零件组，从而扩大零件组的生产纲领，即按成组工艺组织生产。

另一方面，由于市场情况的变动、国际竞争的激烈，要求零件更新换代频繁，生产柔性加大，于是出现了一种多品种小批量的生产类型。这种生产类型将逐渐成为企业的一种主要生产类型，即使生产纲领很大的大量生产类型，也常需要分批地变换产品形式，从而构成了多品种、小批量生产类型。为适应这种生产类型，数控加工方法、柔性制造系统和计算机集成制造系统等现代化的生产方式获得了迅速发展。

三、工件的安装

为了在工件的某一部位上加工出符合规定技术要求的表面，工件在机械加工前，必须先放在机床夹具上（或直接放在机床上），使它相对于机床和刀具有一个正确的位置，这个过程称为定位。工件确定了位置以后，还不能进行加工，因为加工过程中所产生的各种力（如切削力、离心力等）会使工件偏离已定好的位置。为了使它在加工过程中保持正确的位置，还必须把它压紧夹牢，这个过程称为夹紧。工件从定位到夹紧的整个过程称为安装。定位和夹紧有时是同时进行的。

工件安装好以后，就决定了工件与刀具运动轨迹的相对位置，从而决定了工件加工表面的形状和加工表面与其他表面之间的相对位置。工件安装情况的好坏不仅会直接影响加工精度，而且还会影响生产率；工件装卸是否方便和迅速也是确定夹具复杂程度的一个因素。因此，工件的安装是一个非常重要的问题。

工件在机床上加工时，在不同的生产条件下安装方法是不同的。按照工件定位的方法来分，有直接找正安装、划线找正安装及使用专用夹具安装三种方式。如图 6-23 所示的偏心毛坯，在车床上加工与外圆 A 同心的孔 C 及 D，安装时必须设法使 A 轴线与车床主轴轴线重合，这可以采用三种不同的安装方式。

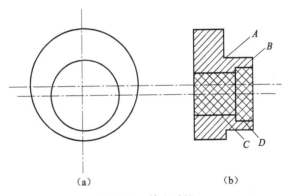

(a)　　(b)

图 6-23　偏心毛坯

1. 直接找正安装

如图 6-24 所示，车床夹具为通用四爪卡盘，将工件轻夹在某一个位置上，然后用划针盘找正工件外圆面 A，证实 A 确与车床主轴同心后，夹紧工件。这种方法是用工件的表面 A 作为找正定位的依据，故称为直接找正安装。

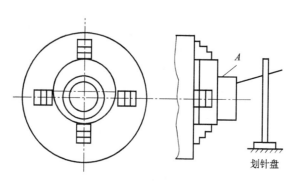

划针盘

图 6-24　直接找正法

工件在机床上的应有位置，是通过一系列尝试而获得的。它的安装精度取决于工人的经验及所采用的找正工具。在一般情况下，安装精度为 0.1～0.5 mm（但有丰富经验的工人采用比较精确的千分表时，可达 0.01 mm 或更小）。因此，它存在下列缺点：

（1）要求操作者工作细心且技术较熟练。

（2）找正工件位置所需时间长，往往比加工时间还长。

（3）工件要有可供找正的表面。

但是由于这种安装方式无须专用夹具，故在单件、小批生产或修理、试制车间等采用较多。此外，在对工件的安装精度要求很高（如 0.01～0.005 mm 或更小）而采用专用夹具不能予以保证时，用精密量具来直接找正是适宜的。比如，在精密分度蜗轮滚齿前，工件需在滚齿机工作台上找正其径向精度，就宜采用直接找正法，可使工件的圆跳动很小。

2. 划线找正安装

如图 6-25 所示，车床夹具为通用四爪卡盘。先在工件端面 B 划出一个与外圆面 A 同心的圆 F。安装工件时，用卡盘将工件轻夹在某一个位置上，然后用划线盘找正圆 F，证实 F 确与车床主轴同心后，夹紧工件。这种方法是用工件上的划线作为找正定位的根据，故称划线找正安装。

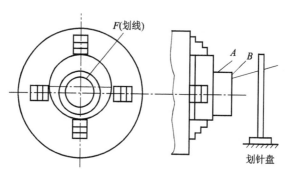

F(划线)

划针盘

图 6-25　划线找正安装

有些重、大、复杂的工件，往往先在待加工处划线，然后装上机床，安装时根据在工件上划好的线采用划针找正工件的位置。

这种安装方式存在下列缺点：

（1）增加划线工序，而且要由技术较熟练的工人来划线，划线工时较多。

（2）划线会产生度量误差，划的线本身也有一定的宽度，冲中心眼也会有误差，再加上找正时也会产生线里线外的观察误差，这些误差积累起来就会造成安装精度较低（一般为0.2～0.5 mm）。

（3）安装需要较多的时间，可能比加工时间还长，还要由技术较熟练的工人来操作。

因此，在大批、大量生产中不采用这种安装方式；即使在单件、小批生产中，如果可用直接找正安装，最好也不采用划线找正安装。

但是在单件、小批生产中或在生产大型零件时，在采用专用夹具较为昂贵而又无直接找正安装所需表面的情况下，则应采用划线找正安装。虽有条件使用专用夹具，但毛坯制造误差很大，表面粗糙或是工件结构复杂，以致使用专用夹具安装不能保证加工面的余量或余量不均匀以及不能保证工件的加工面与不加工面之间的位置精度时，也应采用划线找正安装。

复杂工件的划线往往不能一次完成，而必须分为两次或多次进行，因为有时要在某些表面加工以后才能划线。

3. 使用专用夹具安装

如图 6-26 所示，车床夹具为专用夹具（示意图）。此夹具有两个相对于车床主轴轴线可以径向等距离同步移动的 V 形块（自动定心结构）。在安装工件时，两个 V 形块向中心移动，使两个 V 形槽与工件的外圆 A 接触并夹紧。由于夹具是专为加工此工件该道工序而设计制造的，两个 V 形块夹紧工件时，能使工件自动定心，可保证外圆 A 与车床主轴同心。这种方法称为使用专用夹具安装。

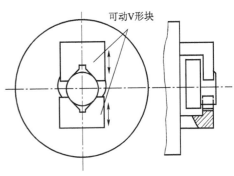

图 6-26　使用专用夹具安装

夹具是使工件在机床上得到迅速、正确装夹的一种工艺装备（也可用来引导刀具）。夹具与刀具间的正确相对位置，已在工件未装夹前就预先在机床上调整好。所以，在加工一批工件时，不必逐个找正定位，就能保证加工的技术要求。在夹具上装夹工件时，靠工件上已选定的定位基面与夹具上定位元件的工作表面保持接触来实现工件的定位，再用一定的夹紧装置或机构使之夹紧。

在成批、大量生产中，为了提高生产率、保证加工质量、减轻劳动强度以及可能由技术水平较低的工人来加工技术要求较高的工件，从而降低生产费用，所以，广泛采用夹具来装夹工件。有时，在单件、小批生产中，由于某些零件的精度要求较高，不使用夹具就不容易保证质量，故往往也要使用专用夹具。

第三节　典型表面加工

机械产品都是由零件组成的。机械零件的种类很多，形状各异，但都是由外圆、孔和平面等基本表面所组成的。本节主要介绍这几类典型表面的加工方法。

一、外圆表面的加工

外圆表面是轴类、盘套类零件的主要表面。外圆表面的加工在汽车零件制造过程中占有很重要的地位。不同零件上的外圆面或者同一零件上的不同外圆面往往具有不同的技术要求，需要结合具体的生产条件，拟订合理的加工方案。

（一）外圆表面的技术要求

对外圆面加工的技术要求，大致可以分为以下三个方面：

（1）本身精度。直径和长度的尺寸精度、外圆面的圆度等形状精度等。

（2）位置精度。与其他外圆面或孔的同轴度、与端面的垂直度等。

（3）表面质量。主要指的是表面粗糙度。对于某些重要零件，还要对表层硬度、剩余应力和显微组织等有要求。

（二）外圆表面加工方案的分析

对于钢铁零件，外圆面加工的主要方法是车削和磨削。若要求精度高、表面粗糙度值小，则还要进行研磨、超级光磨等加工。对于某些精度要求不高，仅要求光亮的表面，可以通过抛光来获得，但是在抛光前要达到较小的表面粗糙度值。对于塑性较大的有色金属零件，由于其精加工不易磨削，故常采用精细车削。

图 6-27 所示为外圆表面的加工方案，并注明了各种工序能达到的精度和表面粗糙度（单位为 μm）。

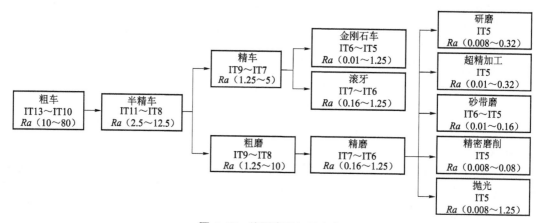

图 6-27 外圆表面加工方案

外圆表面加工方案的选择，除应满足技术要求之外，还与零件的材料、热处理要求、零件的结构、生产类型以及现场的设备条件和技术水平密切相关。总的来说，一项合理的加工方案应能经济地达到技术要求，并能满足高生产率的要求。

几种常见汽车零件的加工方案如下：

（1）活塞裙部外圆。粗车—半精车—精车—细车。

（2）活塞销外圆。粗车—半精车—渗碳淬火—粗磨—精磨—研磨。

（3）曲轴轴颈。粗车—半精车—高频淬火—粗磨—精磨—超精加工。

二、孔的加工

孔是组成零件的基本表面之一，零件上有多种多样的孔，常见的有以下几种：

（1）紧固孔，如螺钉和其他非配合的油孔等。

（2）回转体零件上的孔，如套筒、法兰盘及齿轮上的孔等。

（3）箱类零件上的孔，如床头箱体上的主轴和传动轴的轴承孔等，这类孔往往构成孔系。

（4）深孔，即 $L/D > 5 \sim 10$ 的孔，如车床主轴。

（5）圆锥孔，如车床主轴前端的锥孔以及装配用的定位销孔等。

（一）孔的技术要求

与外圆面相似，孔的技术要求也可以分为以下三个方面：

（1）本身精度。孔径和长度的尺寸精度、孔的形状精度，如圆度、圆柱度及轴线度等。

（2）位置精度。孔与孔，或孔与外圆面的同轴度；孔与孔，或孔与其他表面之间的尺寸精度、平行度、垂直度及角度等。

（3）表面质量。表面粗糙度和表层物理力学性能等要求。

（二）孔加工方案的分析

拟订孔加工方案的原则和外圆面的相同，即首先要满足加工表面的技术要求，同时考虑经济性和生产率等方面的因素。但拟订孔的加工方案比外圆面要复杂得多，其原因如下：

（1）孔的类型很多，各种孔的功用不同，致使其孔径、长径比以及孔的技术要求等方面差别很大；另一方面，孔是内表面，刀具受孔径及孔长的限制，刀体一般呈细长状，刚性差，排屑和注入切削液也比较困难。因此，加工孔比加工同样精度和表面粗糙度的外圆面困难。

（2）加工外圆面的基本方法只有车、磨和光整加工，而常用的孔加工方法则有钻、扩、铰、镗、磨、拉和光整加工多种，且每一种方法都有一定的应用范围和局限性。

（3）带孔零件的结构和尺寸是多种多样的，除回转体零件外，还有大量的箱体、支架类零件。而相同的孔加工方法，又往往可以在不同的机床上进行。例如，钻、扩、铰可以在钻床、车床、镗床或铣床上进行；镗孔可在镗床、车床、铣床或钻床上进行。因此，在拟订孔的加工方案时，还要根据零件的结构尺寸，选择合适的机床，使零件便于装夹。

孔加工常用的方案如图 6-28 所示（Ra 的单位为 μm）。拟定孔加工方案时，除要考虑加工表面所要求的精度、表面粗糙度、材料性质、热处理要求以及生产规模以外，还要考虑孔径大小和长径比。

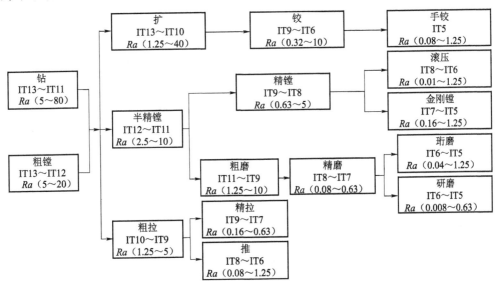

图 6-28 孔加工常用的方案

图 6-28 中所列是指在一般的条件下，各种加工方法所能达到的经济精度和表面粗糙度。当加工条件改变时，所得到的精度和表面粗糙度也将改变。

几种常见零件孔的加工方案：

（1）活塞销孔：钻—扩—粗镗—半精镗—精镗—挤压。

（2）齿轮内孔：粗镗—半精镗—精镗—精磨。

（3）汽缸孔：粗镗—半精镗—精镗—珩磨。

三、平面的加工

平面是底盘和板形零件的主要表面，也是箱体类零件的主要表面之一。根据所起作用的不同，常见的平面有以下几种：

（1）非接合面，这类平面只是在外观或防腐蚀需要时才进行加工。

（2）接合面和重要接合面，如零、部件的固定连接平面等。

（3）导向平面，如机床的导轨面等。

（4）精密测量工具的工作表面。

（一）平面的技术要求

与外圆面和孔不同，一般平面本身尺寸精度要求不高，其技术要求也可以分为以下三个方面：

（1）形状精度，如平面度和直线度等。

（2）位置精度，如平面之间的尺寸精度以及平行度、垂直度等。

（3）表面质量，如表面粗糙度、表层硬度、剩余应力和显微组织等。

（二）平面加工方案的分析

图 6-29 按平面的技术要求列出了平面加工常用的方案（表中 Ra 的单位为 μm）。

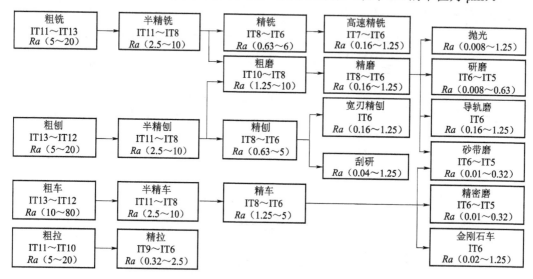

图 6-29 平面加工常用的方案

与外圆表面和孔加工相似，在选择平面的加工方案时，除了要考虑平面的精度和表面粗糙度要求外，还应考虑零件的结构和尺寸、材料性能和热处理要求以及生产规模等。

几种常见零件平面的加工方案：
（1）连杆端面：粗磨—精磨。
（2）缸体侧面：粗铣—精铣。
（3）缸体轴瓦结合面：铣—拉。

复习思考题

1. 切削运动包括哪些？什么是切削用量三要素？
2. 切削用量的选用原则有哪些？
3. 切屑有哪几种类型？各有什么特点？
4. 什么是积屑瘤？粗、精加工时有什么用处？
5. 切削热是如何产生的？
6. 润滑液有哪些作用？
7. 什么是机加工工艺、生产过程和机加工工艺过程？
8. 什么是工序、安装、工位、工步和走刀？
9. 工件的安装方式有哪些？各有什么工艺？
10. 相同材料、尺寸、精度与表面粗糙度的外圆面和孔，哪个更难加工一些？为什么？
11. 成形面加工一般有哪几种方式？各有何特点？

第七章　零件选材与加工工艺分析

第一节　零件的失效与选材

机械零件和工程结构的质量高低，除了与结构设计、毛坯制造及切削加工工艺等有关外，材料选用是否合理也是其中的一个重要因素。要做到合理选用材料，就必须全面分析零件的工作条件、受力性质大小以及失效形式，然后综合各种因素，提出能满足零件工作条件的性能要求，再选择合适的材料并进行相应的热处理以满足性能要求。

一、零件的失效

一台设备总是由一些零（部）件所组成的，每个零（部）件都有其自己的功能，或完成规定的运动，或传递力、力矩或能量。而所谓的失效，主要是指零件在使用过程中，由于某种原因，导致其尺寸、形状或材料的组织与性能发生变化而不能完美地完成指定的功能。零件的失效一般包括以下几种情况：

（1）零件被完全破坏，不能继续工作。

（2）虽能安全工作，但不能完美地起到预期的作用。

（3）零件严重损坏，继续工作不安全。

（一）失效形式

零件的失效形式多种多样，通常按零件的工作条件及失效的宏观表现与规律，将失效分为变形失效、断裂失效和表面损伤失效三种主要形式，见表 7-1。

表 7-1　零件失效的形式

失效形式		零件举例
变形失效	弹性变形失效	细长轴、薄壁件以及尺寸与匹配关系要求严格的精密零件等
	塑性变形失效	连杆螺栓、软齿面齿轮等
	翘曲畸变失效	壳体
断裂失效	塑性断裂失效	锚链、锅炉、低温分离器等
	低应力脆性断裂失效	硬质合金刀具、冷作模具等
	疲劳断裂失效	弹簧、桥梁、压力容器、曲轴、连杆、齿轮等
	蠕变断裂失效	高温炉管、换热器等

续表

失效形式		零件举例
表面损伤失效	磨损失效	量具、刃具、推土机铲斗等
	表面疲劳失效	凸轮、齿轮、滚动轴承等点或线接触的高副传动机构零件
	腐蚀失效	化工容器、管道等

1. 变形失效

变形失效是指零件变形量超过其允许范围而造成的失效。如高温下工作的螺栓发生松弛，就是过量弹性变形转化为塑性变形而造成的失效。

2. 断裂失效

断裂失效是指零件完全断裂而无法工作的失效，如钢丝绳在吊运中的断裂。

3. 表面损伤失效

表面损伤失效是指零件在工作中，因机械和化学作用，使其表面损伤而造成的失效。如齿轮经长期工作轮齿表面被磨损，而使精度降低的现象，即属于表面损伤失效。

（二）失效原因

零件失效的因素很多，主要从方案设计、材料选择、加工工艺和安装使用等方面考虑。

1. 设计不合理

零件结构形状、尺寸等设计不合理，对零件的受力性质和大小、温度及环境等工作条件估计不足或判断有误、安全系数过小等，均会使零件的性能满足不了工作性能要求而引起失效。

2. 选材不合理

选用材料的性能不能满足零件工作条件要求，或所选材料质量差，如含有过量的夹杂物、杂质元素及成分不合格等，这些都容易造成零件失效。

3. 加工工艺不当

零件或毛坯在加工和成形过程中，由于工艺方法、工艺参数不正确等，常会出现某些缺陷，导致失效。这些缺陷包括零件在锻造过程中产生的夹层、冷热裂纹；焊接过程中的未焊透、偏析、冷热裂纹；铸造过程中的疏松、夹渣；机加工过程中的尺寸公差和表面粗糙度不合适；热处理过程中产生的淬裂、硬度不足、回火脆性、硬软层硬度梯度过大；精加工磨削中的磨削裂纹等。

4. 安装使用不正确

机器在装配和安装过程中，未达到所要求的技术指标，如齿轮、杆、螺旋等啮合传动件的间隙不合适（过紧或过松，接触状态未调整好），连接零件必要的"防松"不可靠，铆焊结构的必要探伤检验不良，润滑与密封装置不良等；使用中不按工艺规程操作和维修，保养不善或过载使用等，均会造成失效。

（三）失效分析步骤

机械构件由于服役条件不同，其失效的情况千变万化，涉及多门学科知识，因而难以规定统一的失效分析步骤。现列出失效分析的一般步骤。

1. 现场调查研究和收集资料

调查研究的目的是进一步了解与失效产品有关的背景资料和现场情况。例如，收集现场相关的信息、失效件残骸，调查有关失效件的设计图纸、设计资料以及操作、试验记录等有关的技术档案资料。

2. 整理分析

对所收集的资料、信息进行整理，并从零件的工作环境、受力状态、材料及制造工艺等多方面进行分析，为后续试验明确方向。

3. 断口分析

对失效件进行宏观与微观断口分析，确定失效的发源地与失效形式，初步确定可能的失效原因。

4. 组织结构的分析

通过对失效件的组织结构及缺陷的检验分析，可判定构件所用材料、加工工艺是否符合要求。

5. 性能测试及分析

测试与失效方式有关的各种性能指标，并与设计要求进行比较，核查是否达到额定指标或符合设计参数的要求。

6. 综合分析

综合各方面的证据资料及分析测试结果，判断并确定失效的主要原因，提出防止与改进措施，写出报告。

二、零件的选材

（一）零件选材的基本原则

1. 使用性原则

使用性能是指零件在正常使用状态下，材料应该具有的机械性能、物理性能和化学性能。使用性能是保证零件完成规定功能的必要条件。在大多数情况下，它是选材首先要考虑的问题。

由于不同的零件，其工作条件和失效形式不同，使得不同的零件所要求材料应具备的使用性能也不尽相同。因此，对零件进行选材时，首先要根据零件的工作条件和失效形式，正确地判断其所要求的主要使用性能；然后根据主要的使用性能指标来选择较为合适的材料，有时还需要进行一定的模拟试验来最终确定零件的材料。

对大多数机械零件和工程构件来说，使用性能主要指力学性能。例如，内燃机的连杆螺栓，在工作时整个截面上承受均匀分布的拉应力，而且是周期性变化的。因此，对连杆螺栓的材料，除了要求有高的屈服极限、强度极限外，还要求有高的疲劳强度。由于整个截面上受力均匀，因此还要求材料有足够的淬透性，保证材料整个截面都能淬透。对一些在特殊条件下工作的零件，则必须根据要求考虑到材料的物理性能和化学性能。例如，耐酸容器与管道必须考虑材料的耐腐蚀性；变压器铁芯要求有良好的导磁性。

几种常用零件的工作条件、失效形式及主要力学性能指标见表 7–2。

表 7-2　几种常用零件的工作条件、失效形式及主要力学性能指标

零件	工作条件			常见失效形式	主要力学性能指标
	应力种类	载荷性质	受载状态		
紧固螺栓	拉、剪应力	静载	—	过量变形、断裂	强度、塑性
传动轴	弯、扭应力	循环，冲击	轴颈摩擦、振动	疲劳断裂、过量变形、轴颈磨损	综合力学性能
传动齿轮	压、弯应力	循环，冲击	摩擦、振动	齿折断、疲劳断裂、磨损、接触疲劳（点蚀）	表面高硬度及疲劳强度,芯部较高强度、韧性
弹簧	扭、弯应力	交变，冲击	振动	弹性失稳、疲劳破坏	弹性强度、屈强比、疲劳强度
冷作模具	复杂应力	交变，冲击	强烈摩擦	磨损、脆性断裂	硬度及足够的强度和韧性
压铸模	复杂应力	循环，冲击	高温、摩擦、金属液腐蚀	热疲劳、脆性断裂、磨损	高温强度、抗热疲劳性、足够的韧性和热硬性
滚动轴承	压应力	交变，冲击	滚动摩擦	疲劳断裂、磨损、接触疲劳（点蚀）	接触疲劳强度、硬度、耐蚀性、足够的韧性

　　对零件的工作条件、失效形式进行全面分析，并根据零件的几何形状和尺寸、工作中所受的载荷及使用寿命，通过力学计算确定出零件应具有的力学性能指标及数值后，即可利用手册选材。但是，零件所要求的力学性能指标不能简单地同手册所给出的数据等同相待，还必须注意以下几点：

　　（1）材料的性能不但与化学成分有关，还与加工、处理后的状态有关，金属材料尤为明显。所以，要分析手册中的性能指标是在什么样的加工、处理条件下获得的。

　　（2）材料的性能与加工、处理时试样的尺寸有关，且随截面尺寸的增大，力学性能一般是降低的。因此，必须考虑零件尺寸与手册中试样尺寸的差别，并进行适当的修正。

　　（3）材料的化学成分、加工、处理的工艺参数本身都有一定的波动范围，所以，其力学性能数据也相应地有一个波动范围。一般手册中的性能数据大多是波动范围的下限值，也就是说，在尺寸和处理条件相同的情况下，手册的数据是偏安全的。

　　综合上述具体情况，应对手册数据进行修正。在可能的条件下，尤其是对大量生产的重要零件，可用零件实物进行强度和寿命的模拟试验，为选材提供可靠数据。

　　2. 工艺性原则

　　材料的工艺性能是指材料加工成零件的难易程度。在选材的过程中，同使用性能相比，工艺性能常处于次要地位。小批量生产时，材料工艺性能的影响不是很大，但在某些特殊情况下，如大批量生产时，工艺性能也会成为选材考虑的主要依据，易切削钢的选用与生产就是个最好的例子。另外，一种材料即使使用性能很好，但若加工极其困难，或者加工费用太高，一般情况下这种材料也是不可取的。所以，材料的工艺性能应满足生产工艺的要求，这是选材必须考虑的问题。

　　高分子材料的成形工艺比较简单，切削加工性能较好。但是，其导热性差，在切削加工过程中不易散热，易使工件温度急剧升高，从而使热固性塑料变焦或使热塑性塑料变软。

陶瓷材料成形后硬度极高，除了可以用碳化硅、金刚石砂轮磨削外，几乎不能进行其他加工。

金属材料的加工比较复杂，常用的加工方法有铸造、锻造、冲压、焊接和切削加工等。从工艺性出发，如果设计的是铸件，最好选择共晶或接近共晶成分的合金；若设计的是锻件、冲压件，最好选择呈固溶体的合金；如果设计的是焊接结构，最适宜的材料是低碳钢或低碳合金钢。为了便于切削加工，一般希望钢铁材料的硬度控制在 170～230 HBS，这可通过选择合适的热处理方法来实现。

对于不同的工艺性能来说，同一材料可能有不同的表现。例如，灰铸铁的铸造性能和切削加工性能很好，但其锻造性能和焊接性能很差。因此，选材时应从整个制造过程考虑材料的工艺性能，进行综合权衡。此外，即使对于同一种工艺性能，由于工艺条件的不同，同一种材料的表现也不尽相同。因此，生产中常通过改变工艺规范、调整工艺参数，改进刀具和设备，或通过热处理改性等途径来改善材料的工艺性能。

3. 经济性原则

材料的经济性是选材的根本原则。在满足使用性能的前提下，应尽可能选用价格低廉、资源充足、加工方便和总成本低的材料，以取得最大的经济效益，提高产品在市场上的竞争力。常用金属材料的相对价格见表 7-3。

价格是影响材料经济性的重要因素。材料的价格在产品的总成本中占有较大的比重。据有关资料统计，在一般的工业部门中，材料的价格占产品价格的 30%～70%。在金属材料中，碳钢和铸铁的价格较低，同时工艺性能较好，在满足零件使用性能的前提下应尽量选用。

表 7-3 常用金属材料的相对价格

材料	相对价格	材料	相对价格
碳素结构钢	1	铬不锈钢	5
低合金结构钢	1.25	铬镍不锈钢	15
优质碳素结构钢	1.3～1.5	普通黄铜	13～17
易切钢	1.7	锡青铜、铝青铜	19
合金结构钢（除铬-镍）	1.7～2.5	灰铸铁	0.5
铬镍合金结构钢	5	球墨铸铁	0.7
滚动轴承钢	3	可锻铸铁	2～2.2
合金工具钢	1.6	碳素铸钢	2.5～3
低合金工具钢	3～4	铸造铝合金、铜合金	8～40
高速钢	16～20	铸造锡基轴承合金	23
硬质合金	150～200	铸造铅基轴承合金	10

资源的丰富与否是影响材料经济性的一个重要因素。我国铬资源较少，镍、铬类合金钢的价格一般较贵，所以，应尽量选用我国资源丰富的锰、硅、硼、钼、钒类合金钢来代替镍、铬类合金钢。此外，采用适当的强化方法，提高廉价材料的使用价值，往往可以获得良好的

经济效益。

　　分析材料的经济性，要考虑所选材料对总的制造费用和零件质量、寿命等的影响。制造费用在零件的总成本中往往占很大的比重。采用制造工艺复杂的廉价材料制造零件，不一定比采用工艺性能好而价格较高的材料的经济性好。例如，模具的制造费用昂贵，而其材料费用仅占总成本的 6%～20%。因此，采用价格较贵但使用寿命长的合金钢或硬质合金制造模具比采用价格低廉但使用寿命短的碳素工具钢更为经济。

　　材料的经济性还表现在其供应条件方面。选材时应尽量选用标准化、系列化和通用化的材料，同时应尽量减少所需材料的品种和规格，以便于采购和管理及减少不必要的附加费用。

　　近年来，在使用结构材料的过程中，也十分重视性价比这一非常重要的复合指标。民用产品（包括机械产品）设计中，一般把经济性放在首位；而对于国防军品，材料和产品的性能则被放在首位。

（二）选材的方法

　　大多数零件是在多种应力作用下工作的，而每个零件的受力情况又因其工作条件的不同而不同。因此，应根据零件的工作条件，找出其最主要的性能要求，以此作为选材的主要依据。

1. 以综合力学性能为主时的选材

　　承受冲击力和循环载荷的零件，如连杆、锤杆、锻模等，其主要失效形式是过量变形与疲劳断裂。对这类零件的性能要求主要是综合力学性能要好，根据零件的受力和尺寸大小，常选用中碳钢或中碳合金钢，并进行调质或正火处理。

2. 以疲劳强度为主时的选材

　　疲劳破坏是零件在交变应力作用下最常见的破坏形式，如发动机曲轴、齿轮、弹簧及滚动轴承等零件的失效，大多数是由疲劳破坏引起的。这类零件的选材，应主要考虑疲劳强度。

　　应力集中是导致疲劳破坏的重要原因。实践证明，材料强度越高，疲劳强度也越高；在强度相同时，调质后的组织比退火、正火后的组织具有更好的塑性和韧性，且对应力集中的敏感性较小，具有较高的疲劳强度。因此，对受力较大的零件应选用淬透性较好的材料，以便进行调质处理；对材料表面进行强化处理，也可有效地提高疲劳强度。

3. 以磨损为主时的选材

　　根据零件工作条件的不同，可分为两种情况：

　　（1）磨损较大、受力较小的零件和各种量具，如钻套、顶尖等，可选用高碳钢或高碳合金钢，并进行淬火和低温回火，获得高硬度回火马氏体和碳化物组织，以满足要求。

　　（2）同时受磨损和交变应力作用的零件，为使其耐磨并具有较高的疲劳强度，应选用能进行表面淬火或渗碳或渗氮等的钢材，经热处理后使零件"外硬内韧"，既耐磨又能承受冲击。例如，机床中重要的齿轮和主轴，应选用中碳钢或中碳合金钢，经正火或调质后再进行表面淬火，获得较好的综合力学性能；对于承受大冲击力和要求耐磨性高的汽车、拖拉机变速齿轮，应选用低碳钢经渗碳后淬火、低温回火，使表面获得高硬度的高碳马氏体和碳化物组织，耐磨性高，而芯部是低碳马氏体，强度高，塑性和韧性好，能承受冲击。

　　要求硬度、耐磨性更高以及热处理变形小的精密零件，如高精度磨床主轴及镗床主轴等，常选用氮化用钢进行渗氮处理。

（三）选材的步骤

（1）分析零件的工作条件及失效形式，确定零件的性能要求。一般主要考虑力学性能，特殊情况还应考虑物理、化学性能。

（2）对同类零件的用材情况进行调查研究，可从其使用性能、原材料供应和加工等方面分析选材是否合理，以此作为选材的依据。

（3）从确定的零件性能要求中，找出最关键的性能要求；然后通过力学计算或试验等方法，确定零件应具有的力学性能指标或理化性能指标。这一项是选材的关键，要根据零件的尺寸、受力大小，算出应力分布，再由工作应力、使用寿命或安全性与材料性能的关系，确定出性能指标数值。

（4）根据确定的最关键的性能指标数值要求，查阅材料手册找出几种合适材料，对这些材料的应用范围进行分析、对比和判断，最后选出合适的材料。所选材料除应满足零件的使用性能和工艺性能要求外，还要能适应高效加工和组织现代化生产。

（5）确定热处理方法或其他强化方法。

（6）审核所选材料的经济性。

（7）关键零件投产前应对所选材料进行试验，以验证所选材料与热处理方法能否达到各项性能指标要求、冷热加工有无困难。当试验结果合格后，可小批投产。

对于不重要零件或某些单件、小批生产的非标准设备以及维修中所用的材料，若对材料的选用和热处理都有成熟资料和经验时，可不进行试验和试制。

第二节 零件毛坯的选择

产品从原材料加工到成品一般要经过多道工序才能完成。对金属制品，虽然可以采用少切削或无切削加工等新工艺直接由原料制成成品，但目前大多数制品仍然是通过铸造、锻造、冲压或焊接等加工方法先制成毛坯，再经切削等加工制成。因此，零件毛坯的选择是否合理，不仅影响到每个零件乃至整部机械的制造质量和使用性能，而且对零件的制造工艺过程、生产周期和成本也有很大的影响。表7-4列出了常用毛坯生产方法的比较，可供选择毛坯时参考。

表7-4 常用毛坯生产方法选择比较

生产方法 比较内容	铸造	锻造	冲压	焊接
成形特点	液态凝固成形	固态下塑性变形		永久性连接
对原材料工艺性能要求	流动性好，收缩率低	塑性好，变形抗力小		强度高、塑性好、液态下化学稳定性好
常用毛坯材料	灰铸铁、中碳铸钢及铝、铜合金	中碳钢和合金结构钢	低碳钢及有色金属薄板	低碳钢、低合金结构钢、不锈钢及铝合金

续表

生产方法 比较内容	铸造	锻造	冲压	焊接
毛坯组织特征	晶粒粗大、疏松，杂质排列无方向性	晶粒细小、致密，杂质呈纤维方向排列	组织细密，可产生纤维组织	焊缝区为铸态组织，融合区和过热区有粗大晶粒
毛坯性能特征	铸铁件力学性能差，但减震性和耐磨性好；铸钢件力学性能好	比相同成分的铸钢件力学性能好	材料强度、硬度提高，结构刚度好	接头的力学性能可达到或接近母材
毛坯精度和表面质量	砂型铸造精度低、表面粗糙；特种铸造表面粗糙度较小	自由锻锻件精度较低，表面粗糙；模锻件精度中等，表面质量较好	精度高，表面质量好	精度较低，接头处表面粗糙
适宜的形状	形状不受限，可相当复杂，尤其是内腔形状	自由锻简单，模锻可较复杂	可较复杂	不受限
适宜的尺寸与重量	砂型铸造不受限	自由锻不受限，模锻件小于 150 kg	不受限	不受限
材料利用率	高	自由锻低、模锻中等	较高	较高
生产周期	较长	自由锻短、模锻长	长	短
生产成本	低	较高	低	较高
生产率	低	自由锻低、模锻较高	高	低、中
适宜的生产批量	单件、成批	自由锻单件、小批，模锻成批、大量	大批量	单件、成批
适用范围	铸铁件用于受力不大或承压为主的零件；铸钢件用于承受重载而形状复杂的大、中型零件	用于承受重载、动载或复杂载荷的重要零件，以及强度高、耐冲击耐疲劳且形状较简单的重要零件	用于以薄板料成形的各种零件的大批量生产	用于制造金属结构件或组合件和零件的修补

一、概述

毛坯是形状和尺寸与成品相接近，且通常比成品大出一部分加工量的待加工件。毛坯一般要经过切削加工、热处理或其他加工处理后才能达到设计所要求的最终形状、尺寸、表面质量及性能指标。

（一）毛坯的分类

1. 按用途分类

毛坯可分为结构毛坯件、工具毛坯件及其他毛坯件。

1）结构毛坯件

结构毛坯件包括机器结构中的机械零件毛坯件（如齿轮、轴、箱体等）和工程结构毛坯件（如梁、柱、杆等）。

2）工具毛坯件

工具毛坯件包括刃具、模具和量具等毛坯件。

3）其他毛坯件

其他毛坯件包括日常制品、艺术制品等毛坯件。

2. 按加工方法分类

毛坯可分为铸件、锻件、冲压件和焊接件等。

（二）毛坯选择的内容

主要指毛坯材料的选用及毛坯加工方法的选择。

1. 毛坯材料的选用

毛坯材料一般多选用金属材料，如铸铁、碳钢、合金钢、有色金属和粉末冶金材料；也有的选用非金属材料作毛坯材料，如工程塑料、复合材料等。

2. 毛坯加工方法的选择

通常采用铸造、锻造、冲压、粉末冶金、挤压、轧制、焊接和黏结等方法。在每种加工方法的大类中还可细分为若干小类，如铸造可分为砂型铸造和特种铸造。

二、毛坯选择的基本原则

毛坯应依据零件的结构类型、使用性能、生产批量和生产条件进行选择。选择时，必须遵循以下基本原则。

（一）保证零件的使用性能

1. 不同结构的零件毛坯生产方法的选用

不同的零件具有不同的结构、形状与尺寸，应选择与各自零件相适应的生产方法。通常情况下，重量超过 100 kg 的毛坯，采用砂型铸造、自由锻造或拼焊等毛坯制造方法。砂型铸造生产的毛坯不受尺寸和形状的限制。自由锻造生产的毛坯比较简单。重量超过 1.5 t 的锻件需用水压机进行锻造。拼焊的大型毛坯可用厚钢板、铸钢件或锻件作为毛坯组件，再通过焊接成为毛坯。小型毛坯的生产方法较多，应根据其具体的形状选用适当的生产方法，选用时可参考表 7–5。

2. 不同内在质量的零件毛坯生产方法的选用

一般来说，铸件的力学性能低于同材质的锻件。因此，对于受力复杂或在高速重载下工作的零件常选用锻件。焊接结构由于主要使用轧材或配合使用锻件/铸钢件装配焊成，故其内在质量也比较高。

3. 不同条件下工作的零件毛坯生产方法的选用

零件的工作条件不同，对其性能要求亦不相同，相应的毛坯材料及生产方法必须满足这些要求。例如，由于灰铸铁的抗振性能好，故机床床身和动力机械的缸体常选用灰铸铁，并选用铸造方法生产，即可满足其使用性能与工艺性能要求。但是对轧钢机机架来说，由于其受力较大而且比较复杂，为了防止变形，要求结构刚度和紧度较高，故常采用铸钢件。

（二）满足材料的工艺性能要求

所谓毛坯的工艺性能良好，其要求有三个方面：一是所选毛坯的加工方法能把毛坯制造出来；二是能容易地制造出来；三是所生产的毛坯能保证质量。第二点对批量生产的情况更为重要。

表 7-5　各类毛坯比较

毛坯种类	加工方法	最大质量/kg	最小壁厚/mm	精度等级 IT	毛坯尺寸公差/mm	表面粗糙度/μm
铸件	砂型铸造	无限制	3.2	16～14	1～8	100～25
	金属型铸造	100	1.5	14～12	0.1～0.5	12.5～6.3
	压力铸造	10～16	锌0.5 其他合金1	13～11	0.05～0.15	3.2～0.8
	熔模铸造	5	0.7	14～11	0.05～0.2	12.5～1.6
	离心铸造	200	3～5	16～15	1～8	12.5
锻件	自由锻造	无限制	—	16～14	1.5～10	—
	锤上模锻	100	2.5	14～12	0.4～2.5	12.5
	卧式锻造机上模锻	100	2.5	14～12	0.4～2.5	
	精密模锻	100	1.5	高于10	0.05～0.1	3.2～0.8
挤压件	冷挤压	小型零件		7～6	0.02～0.05	1.6～0.8
冲压件	冷冲压	尺寸可很大	0.08～0.13	12～9	0.05～0.5	1.6～0.8
焊接件	气焊	无限制	1	16～14	1～8	—
	手弧焊		2			
	电渣焊		40			
	压焊		3			

工艺性能与毛坯的加工方法相联系，毛坯选择什么加工方法，则相应希望选择的毛坯材料具有适应该方法所要求的工艺性能。主要有以下几种：

1. 铸造性能

铸造性能指铸造时的流动性、收缩率、偏析、缩孔和气孔等缺陷倾向。例如，灰铸铁铸造性好于球墨铸铁而更优于铸钢。

2. 锻压性能

锻压性能是指锻压时的塑性、变形抗力、可加工温度范围、抗氧化性、热脆倾向和冷裂倾向等。例如，就锻压性能而言，低碳钢优于高碳钢、碳素钢优于合金钢、低合金钢优于高合金钢。

3. 焊接性能

焊接性能包括接合性能及使用性能。前者指在一定工艺条件下所获得优质接头的能力，常用抗裂性及接头性能下降程度来衡量；后者指接头所具有的性能在使用条件下安全运行的能力。低碳钢、低合金结构钢焊接性能优于中、高碳钢及中、高合金钢。铝、铜合金及铸铁焊接性能差。

毛坯的材料选用与加工方法选择应同时考虑，一般而言，选择材料与加工方法是互为依赖、相互影响的。什么样的加工方法必须配合选择什么样的材料，反之什么样的材料也必定选择相对应的加工方法。例如，选择灰铸铁材料，必须采用铸造方法；而选择锻压加工则必须配合选用可锻性好的钢材或非铁合金，而不会去选铸铁，否则无法制出毛坯。如表 7-6 所示，表中"△"表示各种材料适宜或可以采用的毛坯生产方法。

表 7-6　材料与毛坯生产方法的关系

材料 ＼ 毛坯生产方法	砂型铸造	金属型铸造	压力铸造	熔模铸造	锻造	冷冲压	粉末冶金	焊接
低碳钢	△	—	—	△	△	△	△	△
中碳钢	△	—	—	△	△	△	△	△
高碳钢	△	—	—	△	△	△	△	△
灰铸铁	△	△	—	—	—	—	—	△
铝合金	△	△	△	△	△	△	△	△
铜合金	△	△	△	△	△	△	△	△
不锈钢	△	—	—	△	△	△	—	△
工具钢和模具钢	△	—	—	△	△	—	△	△
塑料	—	—	—	—	—	—	—	△
橡胶	—	—	—	—	—	—	—	—

（三）降低制造成本

零件的制造成本包括所消耗的材料费用、燃料和动力费、工资、设备与工艺装备的折旧费和修理费、废品损失费以及其他辅助费用等。在选择毛坯的类型及生产方法时，通常是在满足零件使用性要求和工艺性要求的前提下，对几个可供选择的方案从经济上进行分析比较，从中选择总成本较低的方案。

（1）尽量选用生产过程简单、生产率高、生产周期短、能耗与材耗少、投资小的毛坯加工方法，既降低了成本，又保证了质量。

（2）毛坯的加工批量决定了加工的机械化、自动化程度。批量越大，越有利于这一程度的提高。

毛坯的生产成本与批量的大小关系极大。当零件的批量很大时，应采用高生产率的毛坯生产方法，如冲压、模锻、注塑成型以及压力铸造等。这样虽然模具费用高、设备复杂，但批量越大，单件产品分摊的模具费用就越少，成本就相应下降。当零件的批量小时，则应采用自由锻造、砂型铸造等毛坯生产方法。

分析毛坯生产方法的经济性时，不能单纯考虑毛坯的生产成本，还应比较毛坯的材料利用率和后续的机械加工成本，从而选用零件总制造成本最低的最佳毛坯生产方法。这就要求在选择毛坯的生产方法时，必须密切注意毛坯制造技术的发展状况，大力采用新技术、新工艺。

目前，多种少、无切削的毛坯生产方法已经得到广泛应用。它们既能节约大量金属材料，又能大大降低机械加工费用，从而使生产成本显著下降。

（四）符合生产条件

所选的毛坯加工方法是否在本企业的生产工厂、车间和小组实际可行。毛坯的加工应符合本单位的设备条件，包括车间面积、炉子的容量、天车的吨位、设备的功能及先进性等；还应和实际的技术水平和现有的加工工艺状况相吻合，尽量选用先进设备、新型材料、先进的加工工艺方法，尽可能向少切削、无切削加工方向发展。当本单位无法解决或生产不合算时要考虑外协加工或外购毛坯，以降低成本。

以上四项原则是相互联系的，应在保证毛坯质量要求的前提下，力求选用高效、低成本、制造周期短的毛坯生产方法。

三、汽车零件的毛坯选择

一辆汽车由上万个零部件组装而成，而上万个零部件又是由各种不同的材料制成的。以我国中型载货汽车用材为例，钢铁约占 64%，铸铁约占 21%，有色金属约占 1%，非金属材料约占 14%。

汽车主要由发动机、底盘、车身和电气系统四部分组成。图 7-1 所示为汽车主要零件的系统结构图。表 7-7 和表 7-8 所示分别为汽车发动机和底盘及车身主要零件的毛坯选择实例。

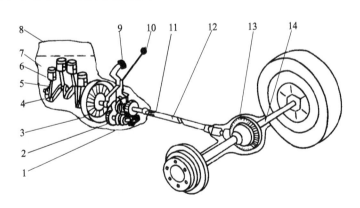

图 7-1 汽车发动机及传动系统示意图

1—变速箱；2—变速齿轮；3—离合器；4—曲轴；5—连杆；6—活塞；7—缸体；8—气缸盖；
9—离合器踏板；10—变速手柄；11—万向节；12—传动轴；13—后桥齿轮；14—半轴

表7-7 汽车发动机主要零件的毛坯选择实例

代表性零件	性能要求	主要失效形式	毛坯加工方法	常用材料	热处理及其他
缸体、缸盖、飞轮和正时齿轮	刚度、强度和尺寸稳定性	裂缝、孔壁磨损和翘曲变形	铸造	HT200	不处理或去应力退火
			铸造	ZL105	淬火+时效
缸套、排气门座等	耐磨性、耐热性	过量磨损	铸造	合金铸铁	如高磷（$\omega_P > 0.5\%$）或高硼铸铁缸套（$\omega_B \geq 0.06\%$）、铌铸铁缸套
曲轴等	刚度、强度、耐磨性和疲劳抗力	过量磨损、断裂	铸造	QT500-7	表面淬火、圆角滚压和渗氮
			锻造	45	调质+局部表面淬火
活塞销等	强度、冲击韧性和耐磨性	磨损、变形、断齿	拉拔型材	20、20Cr、20CrMnTi、12Cr2Ni4、20Mn2TiB	渗碳+淬火+低温回火
连杆、连杆螺栓等	强度、疲劳抗力和冲击韧性	过量变形、裂缝和断裂	锻造	45、40Cr、40MnB	调质、探伤，连杆螺栓也可用50MnVB 冷镦
各种轴承和轴瓦	疲劳抗力、耐磨性	磨损、剥落、烧蚀和破裂	锻压	轴承钢、轴瓦材料	一般外购
排气门	耐热性、耐磨性	起沟槽、尺寸变宽和氧化烧蚀	锻压	耐热气阀钢、4Cr8Si2、6Mn20Al、15MoVNb、4Cr10Si2Mo	淬火+回火
气门弹簧	疲劳抗力	变形、弹力不足和断裂	拉拔、卷簧（压力加工）	65Mn、5CrVA	淬火+中温回火
活塞	耐热、强度	烧蚀、变形和开裂	铸造	ZL108、ZL111	淬火及时效
支架、盖和挡板等	强度、刚度	变形	冲压、焊接	Q235、08、20、16Mn	—

表 7-8　汽车底盘和车身主要零件的材料、毛坯选择实例

代表性零件	性能要求	主要失效形式	毛坯加工方法	常用材料	热处理及其他
纵梁、横梁、传动轴、保险杠和钢圈等	强度、刚度和韧性	弯曲、扭斜、铆钉松动和断裂	冲压	09SiV、09SiCr、20、16Mn、10Ti、13MnTi	—
前桥（前轴）、转向节臂（羊角）和半轴等	强度、韧性和疲劳抗力	弯曲、变形、扭曲变形和断裂	模锻	45、40MnB、40Cr	调质处理，圆角滚压，无损探伤，检验
变速箱齿轮、后桥齿轮	强度、耐磨性、接触疲劳抗力及断裂抗力	麻点、剥落、齿面过量磨损、变形和断齿	锻造	20CrMnTi、20Mn2TiB、12Cr2Ni4	渗碳（深度大于0.8mm），淬火＋回火，表面硬度58～62 HRC
变速器壳、离合器壳	刚度、尺寸稳定性和一定强度	裂缝、轴承孔磨损	铸造	HT200	去应力退火
后桥壳等	刚度、尺寸稳定性和一定强度	弯曲、断裂	铸造	KTH350-10、QT400-15	还可用优质钢板冲压后焊成或铸钢铸成
钢板弹簧等	耐疲劳、冲击和腐蚀	折断、弹性减退和弯度减小	冲压	65Mn、55Si2Mn、50CrMn、55SiMnVB	淬火、中温回火和喷水强化
驾驶室、车厢罩等	刚度、尺寸稳定性	变形、开裂	冲压、焊接	08、20	冲压成形
分离泵、油塞和油管	耐磨性、强度	磨损、开裂	铸造、拉拔	铝合金、紫铜	—

第三节　零件热处理的技术条件和工序位置

在制造汽车零件过程中，除了进行各种冷热加工外，还要穿插进行热处理。正确分析和理解热处理的技术条件，合理安排零件加工工艺路线中的热处理工序，对于改善金属材料的切削加工性能、保证零件的质量及满足使用性能要求都具有重要的意义。

一、热处理的工序位置

根据热处理的目的和工序位置的不同，热处理可分为预备热处理和最终热处理两类。

（一）预备热处理的工序位置

预备热处理包括退火、正火和调质等。其工序位置一般安排在毛坯生产之后、切削加工之前，或粗加工之后、精加工之前。

1. 退火、正火的工序位置

通常退火、正火都安排在毛坯生产之后、切削加工之前，以消除前一道工序所造成的诸如内应力、晶粒粗大、组织与成分不均匀等缺陷，改善切削加工性，并为最终热处理做组织准备。例如，40Cr 钢制造的气缸盖螺栓，在热加工后和切削加工以前，应进行一次退火或正火处理。对精密零件，为了消除切削加工的残余应力，在切削加工工序之间还应安排去应力退火。

2. 调质处理的工序位置

调质一般安排在粗加工之后、精加工或半精加工之前，其目的是获得良好的综合力学性能，或为以后的表面淬火及易变形的精密零件的整体淬火做组织准备。

（二）最终热处理的工序位置

最终热处理包括淬火、回火和表面热处理等。零件经最终热处理后就获得所需的使用性能。因零件表面的硬度较高，除进行磨削加工外，一般不能再进行其他的切削加工，所以最终热处理均安排在半精加工之后。

在实际生产中，灰铸铁件、铸钢件和某些钢轧件、钢锻件因工作要求性能不高，在铸造、锻造后经退火、正火或调质后就能满足使用性能，往往不再进行其他热处理，此时这些热处理就成为最终热处理。

二、零件热处理的技术条件及标注

需要热处理的零件，设计者应根据零件的性能要求，在图样上标明零件所用材料的牌号，并注明热处理的技术条件，以供热处理生产和检验时使用。

热处理技术条件的内容包括零件最终的热处理方法、热处理后应达到的力学性能指标等。零件热处理后应达到的力学性能指标一般仅需标注出硬度值。但对于某些力学性能要求较高的重要零件，如动力机械中的曲轴、连杆和齿轮等关键零件，还应标注出强度、塑性和韧性指标，有的还应给出对显微组织的要求。对于渗碳件，还应标注出渗碳淬火、回火后表面和芯部的硬度、渗碳的部位（全部或局部）、渗碳层深度等。对于表面淬火零件，在图样上应标注出淬硬层的硬度、深度与淬硬部位，有的还应给出对显微组织及限制变形的要求（如轴淬火后的弯曲度、孔的变形量等）。

在图样上标注热处理的技术条件时，可用文字对热处理条件加以简要说明，也可用 GB/T 12603—2005 规定的热处理工艺分类及代号表示。热处理技术条件一般标注在零件图标题栏上方的技术要求中，如图 7-2 所示。在标注硬度值时应有一个波动范围：一般布氏硬度在 30～40 HBS，洛氏硬度在 5 HRC 左右，如"正火 210～240 HBS""淬火回火 40～50 HRC"。

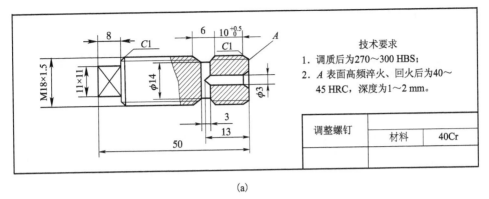

技术要求
1. 调质后为270～300 HBS；
2. A 表面高频淬火，回火后为40～45 HRC，深度为1～2 mm。

调整螺钉	材料	40Cr

(a)

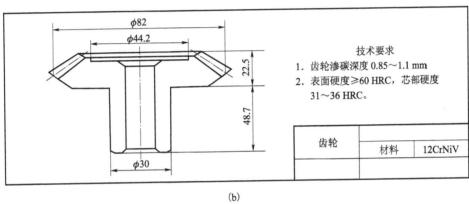

技术要求
1. 齿轮渗碳深度0.85～1.1 mm；
2. 表面硬度≥60 HRC，芯部硬度31～36 HRC。

齿轮	材料	12CrNiV

(b)

图7-2　热处理技术条件的标注示例

（a）局部热处理时；（b）整体热处理时

第四节　典型零件材料和毛坯的选择及加工工艺分析

机械零件按照形状特征和用途的不同，主要分为轴杆类零件、盘套类零件和箱架类零件三类。它们在机械上的重要程度、工作条件不同，对性能的要求也不同。因此，正确选择零件的材料种类和牌号、毛坯类型和毛坯加工方法，合理安排零件的加工工艺路线，具有重要意义。

一、轴杆类零件

轴杆类零件一般是回转体零件，其结构特点是轴向（纵向）尺寸远大于径向（横向）尺寸。轴杆类零件包括各种传动轴、机床主轴、丝杠、光杠、曲轴、偏心轴、凸轮轴、齿轮轴、连杆、拨叉、锤杆、摇臂以及螺栓和销子等，如图7-3所示。

轴是机械上最重要的零件之一，一切回转运动的零件，如齿轮、凸轮等都装在轴上，所以，轴主要起传递运动和转矩的作用。下面以图7-4所示的曲轴为例进行分析。

（一）工作条件

175型柴油机为单缸四冲程柴油机，气缸直径为75 mm，转速为2 200～2 600 r/min，功率为 4.4 kW。由于功率不大，因此曲轴所承受的弯曲、扭转和冲击等载荷也不大。

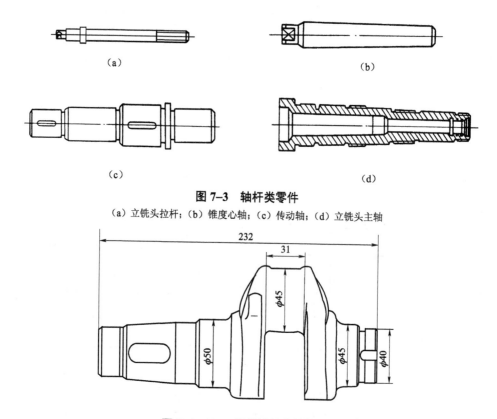

图 7-3　轴杆类零件

（a）立铣头拉杆；（b）锥度心轴；（c）传动轴；（d）立铣头主轴

图 7-4　175A 型柴油机曲轴简图

（二）性能要求

由于该曲轴在滑动轴承中工作，故要求轴颈部位有较高的硬度及耐磨性。一般性能要求是抗拉强度 $R_m \geqslant 750$ MPa，整体硬度在 240～260 HBS，轴颈表面硬度 $\geqslant 625$ HV，断后伸长率 $A \geqslant 2\%$，冲击韧性 $a_K \geqslant 150$ kJ/m^2。

（三）材料选择

曲轴材料主要有优质中碳钢、中碳合金钢、铸钢、球墨铸铁、珠光体可锻铸铁以及合金铸铁等。根据上述曲轴的工作条件和性能要求，该曲轴材料可选用 QT700-2。

（四）毛坯选择

根据上述曲轴的工作条件、性能要求以及选用的材料，应选铸造毛坯。当然，该曲轴也可选用 45、45Cr 钢通过模锻制造，从而适应批量生产的要求。

（五）加工工艺路线

生产中，该曲轴的加工工艺路线一般为铸造→正火→去应力退火→切削加工→轴颈气体渗氮。

其中正火为预备热处理，去应力退火、气体渗氮属于最终热处理。它们的作用如下：

（1）正火。

正火主要是为了消除毛坯的铸造应力，以及获得细珠光体组织，以满足强度要求。

（2）去应力退火。

去应力退火主要是为了消除正火时产生的内应力。

（3）气体渗氮。

气体渗氮的主要目的是在保证不改变组织及加工精度的前提下提高轴颈表面的硬度和耐磨性。

二、盘套类零件

盘套类零件一般是指径向尺寸大于轴向尺寸或两个方向尺寸相差不大的回转体零件。属于这一类的零件有各种齿轮、带轮、飞轮、模具、联轴节、套环、轴承环以及螺母、垫等，如图 7-5 所示。

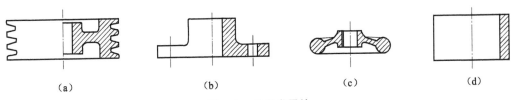

（a）　　　　　（b）　　　　　（c）　　　　　（d）

图 7-5　盘套类零件

（a）带轮；（b）法兰盘；（c）手轮；（d）套筒

由于这类零件在机械中的使用要求和工作条件有很大差异，因此所用材料和毛坯各不相同。下面以汽车齿轮为例进行分析。

汽车齿轮主要分装在变速箱和差速器中。在变速箱中，通过齿轮改变发动机、曲轴和主轴齿轮的速比；在差速器中，通过齿轮增加扭矩，并调节左右轮的转速。全部发动机的动力均通过齿轮传给车轴，推动汽车运行。图 7-6 所示为某载货汽车变速器齿轮的简图。

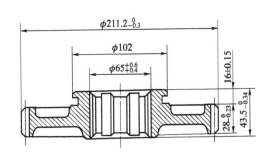

图 7-6　某载货汽车变速器齿轮简图

（一）工作条件

该齿轮的工作条件比机床齿轮恶劣。工作过程中承受着较高的载荷，齿面受到很大的交变或脉动接触应力及摩擦力，齿根受到很大的交变或脉动弯曲应力，尤其是在汽车起动、爬坡行驶时，还受到变动的大载荷和强烈的冲击。

（二）性能要求

根据上述工作条件，要求齿轮表面有较高的耐磨性和疲劳强度，芯部保持较高的强度与韧性，要求根部抗拉强度 $R_m > 1\ 000$ MPa，冲击韧性 $a_K > 60$ J/cm²，齿面硬度 58～64 HRC，芯部硬度 30～45 HRC。

（三）材料选择

根据上述齿轮的工作条件和性能要求，确定该齿轮材料为 20Cr 或 20CrMnTi。

（四）毛坯选择

该齿轮形状比较复杂，性能要求也高，故不宜采用圆钢毛坯，而应采用模锻制造毛坯，以使材料纤维合理分布，提高力学性能。单件、小批生产时，也可用自由锻造生产毛坯。

（五）加工工艺路线

生产中，该齿轮的加工工艺路线一般为下料→锻造→正火→粗、半精加工（内孔及端面留余量）→渗碳（内孔防渗）＋淬火＋低温回火→喷丸→推拉花键孔→磨端面→磨齿→最终检验。其中正火为预备热处理，淬火、回火属于最终热处理。它们的作用如下：

1. 正火

正火主要是为了消除毛坯的锻造应力，获得良好的切削加工性能，均匀组织，细化晶粒，为以后的热处理做组织准备。

2. 渗碳

渗碳是为了提高轮齿表面的碳含量，以保证淬火后得到高硬度和良好耐磨性的高碳马氏体组织。

3. 淬火、回火

其目的是使轮齿表面有高硬度，同时使芯部获得足够的强度和韧性。由于 20CrMnTi 是细晶粒合金渗碳钢，故可在渗碳后经预冷直接淬火，也可采用等温淬火以减小齿轮的变形。

工艺路线中的喷丸处理，不仅可以清除齿轮表面的氧化皮，而且是一项可使齿面形成压应力、提高其疲劳强度的强化工序。

其他汽车齿轮的选材及热处理工艺见表 7-9。

表 7-9　汽车齿轮的选材及热处理工艺

齿轮类型	常用钢种	热 处 理	
		主要工序	技术条件
汽车变速箱和分动箱齿轮	20CrMo、20CrMnTi	渗碳	层深：m_n[①]<3 时，$0.6\sim1$ mm；$3<m_n<5$ 时，$0.9\sim1.3$ mm；$m_n>5$ 时，$1.1\sim1.5$ mm。齿面硬度：$58\sim64$ HRC。芯部硬度：$m_n\leq5$ 时，$32\sim45$ HRC；$m_n>5$ 时，$29\sim45$ HRC
	40Cr	（浅层）碳氮共渗	层深：>0.2 mm。表面硬度：$51\sim61$ HRC
汽车驱动桥主动和从动圆柱齿轮	20CrMo、20CrMnTi	渗碳	渗层深度按图纸要求，硬度要求同"汽车变速箱和分动箱齿轮"的渗碳工序
汽车驱动桥主动和从动圆锥齿轮	20CrMo、20CrMnTi	渗碳	层深：m_s[②]<5 时，$0.9\sim1.3$ mm；$5<m_s<8$ 时，$1\sim1.4$ mm；$m_s>8$ 时，$1.2\sim1.6$ mm。齿面硬度：$58\sim64$ HRC。芯部硬度：$m_s\leq8$ 时，$32\sim45$ HRC；$m_s>8$ 时，$29\sim45$ HRC

齿轮类型	常用钢种	热 处 理	
		主要工序	技术条件
汽车驱动桥差速器行星及半轴齿轮	20CrMo、20CrMnTi、20CrMnMo	渗碳	层深：$m_n<3$ 时，$0.6\sim1$ mm；$3<m_n<5$ 时，$0.9\sim1.3$ mm；$m_n>5$ 时，$1.1\sim1.5$ mm。齿面硬度：$58\sim64$ HRC。芯部硬度：$m_n\leq5$ 时，$32\sim45$ HRC；$m_n>5$ 时，$29\sim45$ HRC
汽车发动机凸轮轴齿轮	HT150、HT200	—	$170\sim229$ HBS
汽车曲轴正时齿轮	35、40、45、40Cr	正火	$149\sim179$ HBS
		调质	$207\sim241$ HBS
汽车起动机齿轮	15Cr 、20Cr、20CrMo、15CrMnMo、20CrMnTi	渗碳	层深：$0.7\sim1.1$ mm。齿面硬度：$58\sim63$ HRC。芯部硬度：$33\sim43$ HRC
汽车里程表齿轮	Q215、20	（浅层）碳氮共渗	层深：$0.2\sim0.35$ mm

注：① m_n—法向模数；② m_s—端面模数。

三、箱架类零件

箱架类零件一般结构复杂，有不规则的外形和内腔，且壁厚不均，如图 7-7 所示。这类零件包括各种机械设备的机身、底座、支架、横梁、工作台，以及齿轮箱、轴承座、阀体、泵体等。重量从几千克至数十吨不等，工作条件也相差很大。

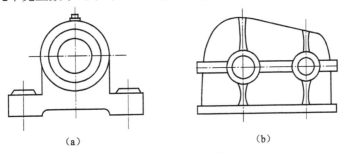

图 7-7　箱架类零件
（a）轴承座；（b）减速器箱体、箱盖

箱架类零件的整体性能要求强韧性较好，但具体受力状况有很大差异。一般的基础零件如机身、底座等，以承压为主，要求有较好的刚度和减震性；有些机械的机身、支架往往同时承受压、拉和弯曲应力的联合作用，或者还受冲击载荷。箱架类零件一般受力不大，但要求有良好的刚度和密封性。

鉴于箱架类零件的结构特点和使用要求，通常都以铸件为毛坯，且以铸造性能良好、价格便宜，并有良好耐压、耐磨和减震性能的铸铁为主；受力复杂或受较大冲击载荷的零件，则采用铸钢件；受力不大，要求自重轻或要求导热良好，则采用铸造铝合金件；受力很小，要求自重轻等，可考虑选用工程塑料件。在单件生产或工期要求紧迫的情况下，或受力较大、形状简单、尺寸较大时，也可采用焊接件。

若选用铸钢件，为了消除粗大的晶粒组织、偏析及铸造应力，对铸钢件应进行完全退火或正火处理；对铸铁件一般要进行去应力退火或时效处理；对铝合金铸件，应根据成分不同，进行退火或淬火时效处理。

下面以图 7-8 所示的双级圆柱齿轮减速箱箱体为例进行分析。

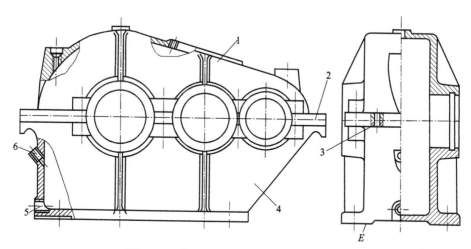

图 7-8　双级圆柱齿轮减速箱箱体结构简图
1—盖；2—对合面；3—定位销孔；4—底座；5—出油孔；6—油面指示器孔

（一）工作条件

由图 7-8 可以看出，其上有三对精度较高的轴承孔，形状复杂。

（二）性能要求

该箱体要求有较好的刚度、减震性和密封性，轴承孔承受载荷较大。

（三）材料选择

根据上述箱体的工作条件和性能要求，确定该箱体的材料为 HT250。

（四）毛坯选择

采用砂型铸造，铸造后应进行去应力退火。单件生产也可用焊接件。

（五）加工工艺路线

生产中，该箱体的加工工艺路线一般为铸造毛坯→去应力退火→划线→切削加工。其中去应力退火是为了消除铸造内应力、稳定尺寸、减少箱体在加工和使用过程中的变形。

复习思考题

1. 什么是失效？失效包括哪几种情况？

2. 失效分为哪几种主要形式？

3. 失效原因有哪些？

4. 简述失效分析的一般步骤。

5. 零件选材的基本原则有哪些？

6. 简述选材的一般步骤。

7. 什么是毛坯？按用途和加工方法，毛坯分为哪几类？

8. 毛坯选择的基本原则有哪些？

9. 预备热处理和最终热处理的工序位置分别是如何安排的？

10. 某机械上的传动轴，要求有良好的综合力学性能，轴颈处要求耐磨（硬度达 50～55 HRC），用 45 钢制造，其加工工艺路线为下料→锻造→热处理→粗加工→热处理→精加工→热处理→精磨。试说明工艺路线中各个热处理的名称及目的。

11. 钢锉用 T12 钢制造，要求硬度为 60～64 HRC，其加工工艺路线为热轧钢板下料→正火→球化退火→切削加工→淬火＋低温回火→校直。试说明工艺路线中各个热处理工序的目的及热处理后的组织。

第八章　现代制造技术

随着现代科学技术的高速发展，出现了一批传统制造技术难以完成的新任务，如具有高硬度、高强度和高韧性的难加工材料的加工，具有复杂曲面的特殊形状零件（如潜艇螺旋桨叶片、火箭发动机喷射器、飞行控制陀螺仪和汽车发动机盘轴类零件等）的加工。而现代制造技术正是在传统制造技术的基础上，随着计算机科学、信息科学，尤其是计算机网络技术的发展，为解决艰难任务而建立的新制造模式。本章主要介绍两种现代制造技术：高能束加工和快速成型。

第一节　高能束加工

一、电子束加工

（一）电子束加工原理

电子束加工是指在真空条件下，利用电子枪中产生的电子经加速、聚焦后形成的能量密度为 $10^6 \sim 10^9$ W/cm^2 的极细束流高速冲击工件表面上极小的部位，并在几分之一微秒时间内，将能量转换为热能，使工件被冲击部位的材料上升到几千摄氏度，进而使材料局部熔化或蒸发，最终去除材料。图 8-1 所示为电子束加工原理图。

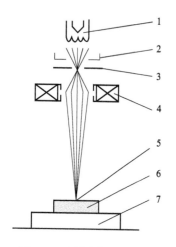

图 8-1　电子束加工原理图

1—发射阴极；2—控制栅极；3—加速阳极；
4—聚焦系统；5—电子束斑点；
6—工件；7—工作台

（二）电子束加工的特点

（1）电子束加工属于高功率密度的非接触式加工，工件不受机械力作用，应力变形极小，同时也不存在传统加工刀具损耗的问题。

（2）可精确控制电子束的强度、位置和聚焦，从而使其加工速度可控性强，便于自动化控制。

（3）由于电子束加工的环境污染少，故适合加工纯度要求很高的半导体材料及易氧化的金属材料。

（4）电子束加工由于加工热量巨大，热传导区域大，加工时要考虑热影响。

（三）电子束加工的应用

1. 电子束打孔

电子束可以完成不锈钢、耐热钢、宝石、陶瓷和玻璃等各种材料上的小孔、深孔，最小加工直径可达 0.003 mm，最大深径比可达 10。图 8-2 所示为电子束打孔的原理。

实际加工中，如飞机机翼吸附屏的孔、喷气发动机套上的冷却孔，此类孔数量巨大（高达数百万），孔径微小，密度连续分布且孔径也有变化，非常适合电子束打孔。电子束可以在塑料和人造革上打许多微孔，令其像真皮一样具有透气性。而一些合成纤维为增加透气性和弹性，其喷

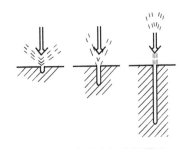

图 8-2　电子束打孔的原理

丝头型孔往往制成异形孔截面，这可利用脉冲电子束对图形扫描制出。电子束还可凭借偏转磁场的变化在工件内偏转方向加工出弯曲的孔。

2. 电子束切割

利用电子束再配合工件的相对运动，可加工出所需的曲面。电子束切割适用范围广，可对各种材料进行切割，切口宽度仅为 3～6 μm。

3. 光刻

当使用低能量密度的电子束照射高分子材料时，将使材料分子链被切断或重新组合，引起分子量的变化即产生潜像，再将其浸入溶剂中将潜像显影出来。把这种方法与其他处理工艺结合使用，可实现在金属掩膜或材料表面上刻槽。

4. 其他应用

用计算机控制，对陶瓷、半导体或金属材料进行电子刻蚀加工、异种金属焊接、电子束热处理等。

二、离子束加工

（一）离子束加工原理

离子束加工是在真空条件下利用离子源（离子枪）产生的离子经加速聚焦形成高能的离子束流投射到工件表面，使材料变形、破坏和分离，以达到加工目的。

因为离子带正电荷且质量是电子的千万倍，且加速到较高速度时，具有比电子束大得多的撞击动能，所以离子束是通过撞击工件表面引起工件变形、分离和破坏进行加工的，而不像电子束是通过热效应进行加工的。

（二）离子束加工的特点

（1）离子束流密度和能量可得到精确控制，在亚微米和纳米加工中很有发展前途。

（2）在较高真空度下进行加工，环境污染少，特别适合加工高纯度的半导体材料及易氧化的金属材料。

（3）加工应力小，变形极微小，加工表面质量高，适合于各种材料和低刚度零件的加工。

（三）离子束加工的应用范围

1. 离子刻蚀

当所带能量为 0.1～5 keV、直径为十分之几纳米的氩离子轰击工件表面，且此高能离子所传递的能量超过工件表面原子（或分子）间键合力时，材料表面的原子（或分子）就被逐个溅射出来，以达到加工目的。这一加工过程即为离子刻蚀。这种加工本质上属于一种原子尺度的切削加工，故又称为离子铣削。离子束刻蚀可用于加工空气轴承的沟槽、打孔，加工极薄材料及超高精度非球面透镜，还可用于刻蚀集成电路等的高精度图形。

2. 离子溅射沉积

此方法是指采用能量为 0.1～5 keV 的氩离子轰击某种材料制成的靶材，将靶材原子击出并令其沉积到工件表面上并形成一层薄膜。实际上此法为一种镀膜工艺。

3. 离子镀膜

离子镀膜一方面是把靶材射出的原子向工件表面沉积，另一方面还有高速中性粒子打击工件表面以增强镀层与基材之间的结合力（可达 10～20 MPa），此法适应性强、膜层均匀致密、韧性好及沉积速度快，目前已获得广泛应用。

4. 离子注入

用 5～500 keV 能量的离子束，直接轰击工件表面，由于离子能量相当大，可使离子钻进被加工工件材料表面层，改变其表面层的化学成分，从而改变工件表面层的机械物理性能。

此法不受温度及注入何种元素及粒量的限制，可根据不同需求注入不同离子（如磷、氮和碳等）。注入表面元素的均匀性好，纯度高，其注入的粒量及深度可控制，但设备费用大、成本高、生产率较低。

三、高压水射流加工

（一）高压水射流加工原理

水滴石穿体现了在人们眼中秉性柔弱的水本身潜在的威力，作为一项独立而完整的加工技术——高压水射流的产生却是最近四十年的事。高压水射流加工是运用液体增压原理，通过特定的装置（增压泵或高压泵），将动力源（电动机）的机械能转换成压力能，具有巨大压力能的水在通过小孔喷嘴（又一换能装置）时，再将压力能转变成动能，从而形成高速射流，因而又常叫高速水射流加工。

高速水射流本身具有较高的刚性，在与被加工面碰撞时，产生极高的冲击动压并形成涡流，从微观上看相对于射流平均速度存在着超高速区和低速区（有时可能为负值），因而高压水射流表面上虽为圆柱模型，但内部实际上存在着刚性高和刚性低的部分，刚性高的部分产生的冲击动压使传播时间减少，增大了冲击强度，以宏观上看起到快速劈砍作用；而低刚度部分相对于高刚度部分形成了柔性空间，起吸屑、排屑作用。这两者的结合使其切割材料时犹如一把轴向"锯刀"加工。

高速水射流破坏材料的过程是一个动态断裂过程，对脆性材料（如岩石）等主要是以裂纹破坏及扩散为主；而对塑性材料则符合最大的拉应力瞬时断裂准则，即一旦材料中某点的法向拉应力达到或超过某一临界值时，该点即发生断裂。根据弹性力学，动态断裂强度与静态断裂强度相比要高出一个数量级左右，主要是因为动态应力作用时间短，材料中裂纹来不及发展，因而这个动态断裂不仅与应力有关，还与拉伸应力的作用时间相关。

（二）高压水射流加工的特点

（1）具有冷加工特性。作为切割介质的水具有良好的散热性，并对发热工件具有冷却作用。工件切口处的温度小，不会造成工件的烧蚀、氧化及金相组织变化，被切工件无热变形和热影响区，亦没有熔渣产生。

（2）加工过程为点切割。切割可以在任意点开始和停止，加工精度高，工件切缝宽度均匀细小（0.075～0.40 mm），切割造成的材料损耗小，适于切割贵重金属材料，并可进行穿孔、修边和雕花等多种切割。

（3）切割侧向作用力小，避免产生切口变形。水射流穿透力强，可有效切割易变形材料（如铜、铅及铝等薄软金属）和非金属材料（如海绵、橡胶制品、塑料、木材和纸张等）。

（4）加工适用性强。切割不同硬度合成材料时，通过控制水压，可去除软的部位，保留硬的部分。还可进行切割深度调整并完成切割和清洗作业。设备的喷嘴和加工表面无直接接触，可用于高速加工，并可通过数控系统进行复杂零件的自动加工。

（5）安全、卫生及成本低。切割产生的废液可排屑，故无粉尘、无污染。用水切割时无任何有害气体或物质产生。加工用水的费用很低，在缺水的情况下可循环使用。

（三）高压水射流加工的应用范围

高压水射流加工作为一项新技术，在某种意义上讲是切割领域的一次革命，有着十分广阔的应用前景，随着技术的成熟及某些技术问题的解决，对其他切割工艺是一种完美补充。目前其用途和优势主要体现在难加工材料方面。对于陶瓷、硬质合金、高速钢、模具钢、淬火钢、白口铸铁、钨钼钴合金、耐热合金、钛合金、耐蚀合金、复合材料、煅烧陶瓷、不锈钢、高锰钢和可锻铸铁等一般工程材料，高压水射流除切割外，稍降低压力或增大靶距和流量还可以用于清洗、破碎、表面毛化和强化处理。目前高压水射流已在以下行业获得成功应用：军工汽车制造与修理、航空航天、机械加工、国防、兵器、电子电力、石油、采矿、轻工、建筑建材、核工业、化工、船舶、食品、医疗、林业、农业和市政工程等。

四、激光加工

（一）激光加工原理

激光加工是在光热效应下产生的高温熔融和冲击波的综合作用过程。通过光学系统将激光束聚焦成尺寸与光波波长相近的极小光斑，其功率密度可达 $10^7 \sim 10^{11}$ W/cm²，温度可达 10 000℃，将材料在瞬间熔化和蒸发，工件表面不断吸收激光能量，凹坑处的金属蒸气迅速膨胀，压力猛然增大，熔融物被产生的强烈冲击波喷溅出去。为了把熔融物去除，还需要对加工区吹氧（加工金属时），或吹保护性气体，如二氧化碳、氮等（加工可燃材料时）。

对工件的激光加工由激光加工机完成。如图 8-3 所示，激光加工机通常由激光器、电源、光学系统和机械系统等组成。激光器是激光加工设备的核心，常用的激光器有固

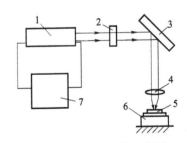

图 8-3　激光加工机示意图

1—激光器；2—光栅；3—反射镜；
4—聚焦镜；5—工件；6—工作台；7—电源

体和气体两大类。它能把电能转换成激光束输出，经光学系统聚焦后，照射在工作台上，由数控系统控制和驱动，完成加工所需的进给运动。

（二）激光加工的特点

（1）激光加工属非接触加工，无明显机械力，也无工具损耗，工件不变形，加工速度快，热影响区小，可达高精度加工，易实现自动化。

（2）激光加工功率密度是所有加工方法中最高的，所以不受材料限制，几乎可加工任何金属与非金属材料。

（3）激光加工可通过惰性气体、空气或透明介质对工件进行加工，如可通过玻璃对隔离室内的工件进行加工或对真空管内的工件进行焊接。

（4）激光可聚焦形成微米级光斑，输出功率大小可调节，常用于精密细微加工，最高加工精度可达 0.001 mm，表面粗糙度 Ra 值可达 0.4～0.1 μm。

（5）激光加工能源消耗少，无加工污染，在节能、环保等方面有较大优势。

（三）激光加工的应用

1. 激光打孔

激光打孔主要用于特殊材料或特殊工件上的孔加工，如仪表中的宝石轴承、陶瓷、玻璃、金刚石拉丝模等非金属材料和硬质合金、不锈钢等金属材料的细微孔的加工。

激光打孔的效率非常高，功率密度通常为 10^7～10^8 W/cm^2，打孔时间甚至可缩短至传统切削加工的百分之一以下，生产率大大提高。

激光打孔的尺寸公差等级可达 IT7，表面粗糙度 Ra 值可达 0.16～0.08 μm。

2. 激光焊接

激光束焊接是以聚集的激光束作为能源的特种熔化焊接方法。

焊接用激光器有 YAG 固体激光器和 CO_2 气体激光器，此外还有 CO 激光器、半导体激光器和准分子激光器等。

激光器利用原子受激辐射的原理，使物质受激而产生波长均一、方向一致和强度非常高的光束。经聚焦后，激光束的能量更为集中，能量密度可达 10^5～10^7 W/cm^2。

如将焦点调节到焊件结合处，光能迅速转换成热能，使金属瞬间熔化，冷却凝固后成为焊缝。

3. 激光切割

激光切割是利用聚焦以后的高功率密度（10^5～10^7 W/cm^2）激光束连续照射工件，光束能量以及活性气体辅助切割过程附加的化学反应热能均被材料吸收，引起照射点材料温度急剧上升，到达沸点后材料开始气化，并形成孔洞，且光束与工件相对移动，使材料形成切缝，切缝处熔渣被一定压力的辅助气体吹除。

激光切割是激光加工中应用最广泛的一种，其切割速度快、质量高、省材料、热影响区小、变形小、无刀具磨损、没有接触能量损耗、噪声小、易实现自动化，而且还可穿透玻璃切割真空管内的灯丝。由于以上诸多优点，所以深受各制造领域的欢迎，不足之处是一次性投资较大，且切割深度受限。

4. 激光表面热处理

当激光能量密度在 10^3～10^5 W/cm^2 时，对工件表面进行扫描，在极短的时间内加热到相变温度（由扫描速度决定时间长短），工件表层由于热量迅速向内传导而快速冷却，实现了工件表层材料的相变硬化（激光淬火）。

与其他表面热处理相比，激光热处理工艺简单、生产率高、工艺过程易实现自动化。一般无须冷却介质，对环境无污染，对工件表面加热快、冷却快，硬度比常温淬火高15%~20%；耗能少，工件变形小，适合精密局部表面硬化及内孔或形状复杂零件表面的局部硬化处理，但激光表面热处理设备费用高，工件表面硬化深度受限，因而不适合大负荷的重型零件。

5. 其他应用

近年来，各行业中对激光合金化、激光抛光、激光冲击硬化法和激光清洗模具技术也在进行不断地深入研究及应用。

第二节 快 速 成 型

快速成型制造技术（RP技术）是20世纪90年代发展起来的一项先进制造技术，是为制造业企业新产品开发服务的一项关键共性技术，对促进企业产品创新、缩短新产品开发周期、提高产品竞争力有积极的推动作用。自问世以来，该技术已经在发达国家的制造业中得到了广泛应用，并由此产生了一个新兴的技术领域。

快速成型制造技术是在现代 CAD/CAM 技术、激光技术、计算机数控技术、精密伺服驱动技术以及新材料技术的基础上集成发展起来的，不同种类的快速成型系统因所用成形材料不同，成形原理和系统特点也各有不同，但其基本原理都是一样的。

快速成型制造技术的优越性显而易见，它可以在无须准备任何模具、刀具和工装卡具的情况下，直接接受产品设计（CAD）数据，快速制造出新产品的样件、模具或模型。因此，快速成型制造技术的推广应用可以大大缩短新产品开发周期、降低开发成本以及提高开发质量。由传统的"去除法"到今天的"增长法"，由有模制造到无模制造，这就是快速成型制造技术相对于制造业产生的革命性意义。

一、快速成型制造技术原理

快速成型制造技术属于离散堆积成型，其原理就是"分层制造，逐层叠加"，类似于数学上的积分过程。快速成型从成型原理上提出一个全新的思维模式模型，即将计算机上制作的零件三维模型，进行网格化处理并存储，对其进行分层处理，得到各层截面的二维轮廓信息，按照这些轮廓信息自动生成加工路径，由成型头在控制系统的控制下，选择性地固化或切割一层层的成型材料，形成各个截面轮廓薄片，并逐步顺序叠加成三维坯件，然后进行坯件的后处理，形成零件。

（一）快速成型制造技术通常有五个加工环节

1. 产品三维模型的构建

由于快速成型制造系统是由三维模型直接驱动，因此要构建出所加工工件的三维模型。构建三维模型通常有三种方法：

（1）利用计算机辅助设计软件（如 Pro/E，SolidWorks，UG 等）直接构建；

（2）将已有产品的二维图进行转换直接形成三维模型；

（3）对产品实体进行激光扫描、CT 断层扫描，得到点云数据，最后利用反求工程的方法来构造三维模型。

2. 三维模型的近似处理

由于零件往往由一些不规则的自由曲面组成，加工前首先要对模型进行近似处理，以方便后续的数据处理工作。数据处理通常将模型转化为 STL 格式文件，由于其简单、实用，目前已经成为快速成型领域的准标准接口文件。它是用一系列的小三角形平面来逼近原来的模型，每个小三角形用三个顶点坐标和一个法向量来描述，三角形的大小可以根据精度要求进行选择。STL 文件有二进制码和 ASCII 码两种输出形式，二进制码输出形式所占的空间比 ASCII 码输出形式的文件所占用的空间小得多，但 ASCII 码输出形式可以阅读和检查。

3. 三维模型的切片处理

根据被加工模型的特征选择合适的加工方向，在成型高度方向上用一系列一定间隔的平面切割近似后的模型，以便提取截面的轮廓信息。间隔一般取 0.05～0.5 mm，常用 0.1 mm。间隔越小，成型精度越高，但成型时间也越长，效率也就越低。

4. 成型加工

根据切片处理的截面轮廓，在计算机控制下，由相应的激光头或喷头按各截面轮廓信息做扫描运动，在工作台上一层一层地堆积材料，然后将各层相黏结，最终得到成型工件。

5. 成型工件的后处理

从成型系统里取出成型件，进行打磨、抛光、涂挂，或放在高温炉中进行后烧结，进一步提高其强度。

（二）快速成型制造技术具有以下几个重要特征

（1）制造任意复杂的三维几何实体。由于采用离散堆积成型的原理，它将一个复杂的三维制造过程简化为二维过程的叠加，可以实现对任意复杂形状工件的加工。越是复杂的工件越能显示出 RP 技术的优越性。此外，它特别适合于复杂型腔、复杂曲面等传统制造方法难以制造甚至无法制造的零件。

（2）加工快速性。通过对一个原始三维模型的修改或重组就可获得一个新零件的设计和加工信息，极大地缩短了加工时间。

（3）加工的高度柔性。RP 技术加工时无须专用夹具或工具即可完成复杂的制造过程，极大地节约了成本。

（4）快速成型技术实现了机械工程学科多年来追求的两大一体化目标，即材料提取过程与制造过程的一体化和设计与制造的一体化。

（5）高度连接性。RP 技术通过与反求工程、CAD 技术、网络技术和虚拟现实等相结合，成为产品快速开发的有力工具。

因此，快速成型技术在制造领域中起着越来越重要的作用，并将对制造业产生重要影响。

二、典型快速成型制造技术工艺方法

快速成型技术根据成型方法可分为两类：基于激光及其他光源的成型技术（Laser Technology），如光固化成型（SLA）、分层实体制造（LOM）、激光选区烧结（SLS）和形状沉积成型（SDM）等；基于喷射的成型技术（Jetting Technology），如熔融沉积成型（FDM）、三维印刷（3DP）和多相喷射沉积（MJD）。下面对其中比较成熟的工艺作简单的介绍。

（一）光固化成型

光固化成型 SLA（Stereo lithography Apparatus）工艺也称光造型或立体光刻，由 Charles Hul 于 1984 年获美国专利。1988 年，美国 3D System 公司推出商品化样机 SLA–I，这是世界上第一台快速成型机。SLA 方法是目前快速成型技术领域中研究得最多的方法，也是技术上最为成熟的方法。

SLA 技术是基于液态光敏树脂的光聚合原理工作的。这种液态材料在一定波长和强度的紫外光照射下能迅速发生光聚合反应，分子量急剧增大，材料也就从液态转变成固态。

SLA 技术的工作原理如图 8–4 所示，树脂槽中盛满液态光敏树脂，激光束在扫描镜的作用下能在液态表面上扫描，扫描的轨迹及光线的有无均由计算机控制，光点打到的地方，液体就固化。成型开始时，工作平台在液面下一个确定的深度，聚焦后的光斑在液面上按计算机的指令逐点扫描，即逐

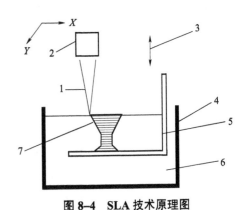

图 8–4　SLA 技术原理图
1—激光束；2—扫面镜；3—Z 轴升降；4—树脂槽；
5—托盘；6—光敏树脂；7—零件原型

点固化。当一层扫描完成后，未被照射的地方仍是液态光敏树脂。然后托盘下降，已成型的层面上又布满一层树脂，刮板将黏度较大的树脂液面刮平，然后再进行下一层的扫描，新固化的一层牢固地黏在前一层上，如此重复直到整个零件制造完毕，得到一个零件原型。

SLA 工艺成型的零件精度较高，加工精度一般可达到 0.1 mm，原材料利用率近 100%。但这种方法也有自身的局限性，如需要支撑、树脂收缩导致精度下降以及光固化树脂有一定的毒性等。

（二）分层实体制造

分层实体制造 LOM（Laminated Object Manufacturing）工艺也称叠层实体制造，由美国 Helisys 公司的 Michael Feygin 于 1986 年研制成功。LOM（见图 8–5）工艺采用薄片材料，如纸、塑料薄膜等。片材表面事先涂覆上一层热熔胶，加工时，热压辊热压片材，使之与下面已成型的工件黏接。用 CO_2 激光器在刚黏接的新层上切割出零件截面轮廓和工件外框，并在截面轮廓与外框之间多余的区域内切割出上下对齐的网格。激光切割完成后，工作台带动已成型的工件下降，与带状片材分离。供料机构转动收料轴和供料轴，带动料带移动，使新层移到加工区域。工作台上升到加工平面，热压辊热压，工件的层数增加一层，高度增加一个料厚，再在新层上切割截面轮廓。如此反复直至零件的所有截面黏接、切割完。最后，去除切碎的多余部分，得到分层制造的实体零件。

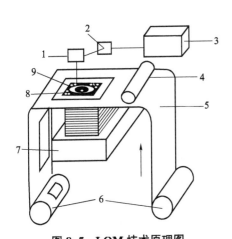

图 8–5　LOM 技术原理图
1—扫描系统；2—光路系统；3—激光器；
4—加热器；5—纸料；6—滚筒；7—工作平台；
8—工边角料；9—零件原型

LOM 工艺只需在片材上切割出零件截面的轮廓，而不用扫描整个截面。因此，成型厚壁零件的速度较快，易于制造大型零件。工艺过程中不存在材料相变，因此不易引起翘曲变形。工件外框与截面轮廓之间的多余材料在加工中起到支撑作用，所以 LOM 工艺无须加支撑。缺点是材料浪费严重，表面质量差。

（三）激光选区烧结

激光选区烧结 SLS（Selective Laser Sintering）工艺，由美国德克萨斯大学奥斯汀分校的 C.R.Dechard 于 1989 年研制成功。SLS（见图 8-6）工艺是利用粉末状材料成型的，即将材料粉末铺洒在已成型零件的上表面，并刮平，用高强度的 CO_2 激光器在刚铺的新层上扫描出零件截面，材料粉末在高强度的激光照射下被烧结在一起，得到零件的截面，并与下面已成型的部分连接。当一层截面烧结完后，铺上新的一层材料粉末，有选择地烧结下层截面。烧结完成后去掉多余的粉末，再进行打磨、烘干等处理得到零件。

SLS 工艺的特点是材料适应面广，不仅能制造塑料零件，还能制造陶瓷、蜡等材料的零件，特别是可以制造金属零件，这使 SLS 工艺颇具吸引力。SLS 工艺无须加支撑，因为没有烧结的粉末起到了支撑的作用。

（四）熔融沉积成型

熔融沉积成型（FDM）工艺由美国学者 Scott Crump 于 1988 年研制成功。FDM（见图 8-7）的材料一般是热塑性材料，如蜡、ABS 和尼龙等。在成型过程中，丝状材料在喷头内被加热熔化，同时喷头沿工件截面轮廓和填充轨迹运动，熔化的材料被挤出后迅速凝固，层层叠加最终形成工件。

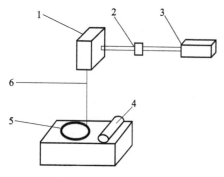

图 8-6　SLS 技术原理图
1—扫描镜；2—透镜；3—激光器；
4—压平辊子；5—零件原型；6—激光束

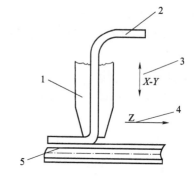

图 8-7　FDM 技术原理图
1—加热装置；2—丝材；3—Z 向送丝；
4—X-Y 向驱动；5—零件原型

三、典型快速成型制造技术的应用

目前就快速成型制造技术的发展水平而言，在国内主要是应用于新产品（包括产品的更新换代）开发的设计验证和模拟样品的试制上，即完成从产品的概念设计（或改型设计）—造型设计—结构设计—基本功能评估—模拟样件试制这段开发过程。对某些以塑料结构为主的产品还可以进行小批量试制，或进行一些物理方面的功能测试、装配验证和实际外观效果审视，甚至将产品小批量组装先行投放市场，达到投石问路的目的。

快速成型制造技术的应用主要体现在以下几个方面：

（一）新产品开发过程中的设计验证与功能验证

RP 技术可快速地将产品设计的 CAD 模型转换成物理实物模型，这样可以方便验证设计人员的设计思想和产品结构的合理性、可装配性和美观性，发现设计中的问题可及时修改。如果用传统方法，需要完成绘图、工艺设计和工装模具制造等多个环节，周期长、费用高。如果不进行设计验证而直接投产，则一旦存在设计失误，将会造成极大的损失。

（二）可制造性、可装配性检验和供货询价、市场宣传

对有限空间的复杂系统，如汽车、卫星和导弹的可制造性和可装配性用 RP 方法进行检验和设计，将大大降低此类系统的设计制造难度。对于难以确定的复杂零件，可以用 RP 技术进行试生产以确定最佳、合理的工艺。此外，RP 原型还是产品从设计到商品化各个环节中进行交流的有效手段，比如，为客户提供产品样件、进行市场宣传等。快速成型技术已成为并行工程和敏捷制造的一种技术途径。

（三）单件、小批量和特殊复杂零件的直接生产

对于高分子材料的零部件，可用高强度的工程塑料直接快速成型，满足使用要求；对于复杂金属零件，可通过快速铸造或直接金属件成型获得。该项应用对航空航天及国防工业有特殊意义。

（四）快速模具制造

通过各种转换技术将 RP 原型转换成各种快速模具，如低熔点合金模、硅胶模、金属冷喷模和陶瓷模等，进行中小批量零件的生产，满足产品更新换代快、批量越来越小的发展趋势。快速成型应用的领域几乎包括了制造领域的各个行业，在医疗、人体工程和文物保护等行业也得到了越来越广泛的应用。

总之，快速成型技术的发展是近 20 年来制造领域的突破性进展，它不仅在制造原理上与传统方法迥然不同，更重要的是在目前产业策略以市场响应速度为第一的状况下，RP 技术可以缩短产品开发周期、降低开发成本、提高企业的竞争力。

四、快速成型制造技术的新发展

3D 打印技术作为快速成型技术的一种具体应用得到迅速发展。3D 打印技术是一种以数字模型文件为基础，运用粉末状金属或塑料等可黏合材料，通过逐层打印的方式来构造物体的技术，为快速成型制造技术的一种。

（一）3D 打印技术在军事领域中的发展

备受瞩目的 3D 打印技术正在被悄悄地运用于军事领域。2012 年年底，美国《外交政策》杂志网站刊登题为《今日未来武器，2013 年值得关注的五种武器》文章，文中称，2013 年最值得关注的武器就是 3D 打印枪。2012 年 10 月，"分布式防御"组织负责人利用 3D 打印技术，成功地打造出 AR-15 半自动步枪的弹匣和其他部件。美国军方已应用 3D 打印技术辅助制造导弹用弹出式点火器模型，并取得了良好的效果。美国 GE 航空已应用 3D 打印技术制造出终极喷气发动机，并将所有的专门技术应用于下一代的军用发动机上，使其能够自动地将高推力模式转换为高效率模式。3D 打印技术可以制造过去认为复杂而不经济的产品，并大大减轻产品重量。

美陆军目前正加速 3D 打印技术实战化部署，以增强持续战斗力。2013 年 1 月 7 日，美

国陆军快速装备部队（REF）将其第 2 个移动远征实验室部署到战区，该实验室集成有多项新式技术，可通过卡车或直升机运送至任何地点，实验室通过使用 3D 打印机和计算机数字控制（CNC）设备将铝、塑料和钢材生产加工成所需零、部件。

3D 打印技术可以大大缩短武器装备研发周期。随着 3D 打印技术在军事领域的广泛应用，它正被大量用于武器装备研发。有关专家称，20 世纪 80–90 年代，各国军队至少要花 10～20 年的时间，才能研发出新一代战斗机。比如，美国 F–15 研发花了 6 年，F–22 则花了 16 年；俄苏–27 花了 10 年，苏–30 也花了 6 年。但如果借助 3D 打印技术及其他信息技术，最少只需 3 年的时间就能研制出一款新战斗机。如今，3D 打印技术正被计划用于各种武器装备，如水面舰艇、潜艇和战机的设计制造。

除了能够提升武器装备的研发速度外，3D 打印技术还能够大幅度降低武器装备的造价成本。传统的武器装备生产主要是做"减"法，原材料通过切割、磨削、腐蚀和熔融等工序，除去多余部分形成零、部件，然后被拼装、焊接成产品。这一过程中，将有90%的原材料被浪费掉。美国 F–22 战机中尺寸最大的 Ti6Al4V 钛合金整体加强框，所需毛坯模锻件重达 2 796 kg，而实际成型零件重量不足 144kg，材料的利用率仅为 4.90%。

在未来信息化战场上，维修受损武器将变得十分轻松。技术保障人员可随时启动携带的 3D 打印机，直接把所需的部件一个个"打印"并装配起来，让武器重新投入战场。有了这种"克隆"武器的"移动兵工厂"，战时可快速补充作战消耗。

（二）国内快速成型制造技术的新发展

我国于 1999 年开始金属零件激光快速成型技术的研究。在国家"863"和"973"计划及国家自然科学基金重点项目等的大力支持下，集中开展了镍基高温合金及多种钛合金的成型研究，形成了多套具有工业化示范水平的激光快速成型系统和装备，掌握了金属零件激光快速成型的关键工艺及组织性能控制方法，所成型的钛合金及 Inconel 718 合金的力学性能均达到或超过了锻件的水平，为该技术在上述材料零件的直接制造方面奠定了基础。

中国的钛合金激光成型技术起步较晚，直到 1995 年美国解密其研发计划 3 年后才开始投入研究。早期基本属于跟随美国的学习阶段，不过却后来居上，其中，中航激光技术团队取得的成就最为显著。"观察者网"文章表示，早在 2000 年前后，中航激光技术团队就已开始"3D 激光焊接快速成型技术"的研发，解决了多项世界技术难题，能生产出结构复杂、尺寸达到 4 m 量级及性能满足主承力结构要求的产品。

如今，中国已具备使用激光成型超过 12 m² 的复杂钛合金构件的技术和能力，成为当今世界上唯一掌握激光成型钛合金大型主承力构件制造、应用的国家。在解决了材料变形和缺陷控制的难题后，中国生产的钛合金结构部件迅速成为中国航空力量的一项独特优势，中国先进战机上的钛合金构件所占比例已超过 20%。

目前，国产歼–15 项目率先采用数字化协同设计理念：三维数字化设计改变了设计流程，提高了试制效率；五级成熟度管理模式，冲破了设计和制造的组织壁垒，而这些均与 3D 打印技术关系紧密。

复习思考题

1. 现代制造技术与传统制造技术的区别是什么？
2. 电子束加工的原理是什么？具有哪些特点和用途？
3. 离子束加工的原理是什么？具有哪些特点和用途？
4. 高压水射流加工的原理是什么？具有哪些特点和用途？
5. 激光加工的原理是什么？具有哪些特点和用途？
6. 简述快速成型制造技术的加工环节。
7. 典型快速成型制造技术的工艺方法有哪些？各种方法的工作原理是什么？
8. 简述 3D 打印技术在军事领域中的发展。

参 考 文 献

[1] 黄勇. 工程材料及机械制造基础 [M]. 北京：国防工业出版社，2003.
[2] 张春林. 机械工程概论 [M]. 北京：北京理工大学出版社，2013.
[3] 林江. 机械制造基础 [M]. 北京：机械工业出版社，2010.
[4] 黄胜银. 机械制造基础 [M]. 北京：机械工业出版社，2014.
[5] 杜素梅. 机械制造基础 [M]. 北京：国防工业出版社，2012.
[6] 赵建中. 机械制造基础 [M]. 北京：北京理工大学出版社，2013.
[7] 张玉玺. 机械制造基础 [M]. 北京：清华大学出版社，2010.
[8] 骆莉. 工程材料及机械制造基础 [M]. 武汉：华中科技大学出版社，2012.
[9] 明哲. 工程材料及机械制造基础 [M]. 北京：清华大学出版社，2012.
[10] 林江. 工程材料及机械制造基础 [M]. 北京：机械工业出版社，2013.